PRÁTICAS PEDAGÓGICAS REMOTAS EM ENGENHARIA

Blucher

sociedade brasileira de
AUTOMÁTICA

Organizadores

Ademar Gonçalves da Costa Junior

Alan Kardek Rêgo Segundo

José Alberto Naves Cocota Junior

Ícaro Bezerra Queiroz de Araújo

PRÁTICAS PEDAGÓGICAS REMOTAS EM ENGENHARIA

Fundamentos e estudos de casos

Volume 1

Práticas pedagógicas remotas em Engenharia: fundamentos e estudos de casos, volume 1

Publisher Edgard Blücher
Editores Eduardo Blücher e Jonatas Eliakim
Coordenação editorial Andressa Lira
Produção editorial Ariana Corrêa
Revisão de texto Maurício Katayama
Diagramação Horizon Soluções Editoriais
Capa Leandro Cunha
Imagem da capa iStockphoto
Editora Blucher
Rua Pedroso Alvarenga, 1245, 4° andar
CEP 04531-934 – São Paulo – SP – Brasil
Tel.: 55 11 3078-5366
contato@blucher.com.br
www.blucher.com.br

Dados Internacionais de Catalogação na Publicação (CIP)
Angélica Ilacqua CRB-8/7057

Práticas pedagógicas remotas em Engenharia : fundamentos e estudos de casos : volume 1 / organizado por Ademar Gonçalves da Costa Junior...[et al]. – São Paulo : Blucher, 2024.
260 p. : il. (SBA Press)
Bibliografia
ISBN 978-85-212-2184-5

1. Engenharia - Estudo e ensino 2. Ensino à distância I. Costa Junior, Ademar Gonçalves da

23-5775 CDD 620.007

Índice para catálogo sistemático: 1. Engenharia – Estudo e ensino

Em memória do meu pai, com amor (A.G.C.J.).
Às nossas famílias que sentiram nossa ausência durante
a organização do livro

Agradecimentos

Armando Ítalo Sette Antonialli e Flávio Yukio Watanabe expressam seus sinceros agradecimentos ao Grupo de Trabalho em Metodologias Ativas e Avaliação (MetAA), pelo aprendizado e pela parceria desde 2017; à organização da II Semana do Ensino Remoto para as Ciências Exatas e Tecnológicas (SERCET), pela oportunidade de conduzir uma oficina de PBL; e aos Programas de Pós-Graduação em Genética Evolutiva e Biologia Molecular (PPGGEv) e em Fisioterapia (PPGFT) da UFSCar pelos convites para tratar da temática que encerra este capítulo. Não poderíamos deixar de agradecer ao Programa de Pós-Graduação em Engenharia Mecânica da UFSCar pela oportunidade de elaborar e ofertar a disciplina EMec-013 (Formação e Desenvolvimento Docente em Engenharia), e também pelos contatos de outras instituições em busca de diferentes atividades de formação docente, que nos têm permitido aprimorar de forma permanente o nosso próprio entendimento sobre metodologias ativas e temas correlatos: Universidade Federal de Alfenas (UNIFAL), Universidade Federal do Recôncavo da Bahia (UFRB), Universidade Tecnológica Federal do Paraná (UTFPR) e Universidade Estadual de Campinas (UNICAMP).

Rainer Zanghi e Luciano de Oliveira Daniel agradecem os colegas docentes do Departamento de Engenharia Elétrica da UFF que participaram dos encontros virtuais realizados em 2020 e contribuíram com suas experiências sobre sua prática docente. Cabe agradecimento especial aos discentes que proporcionaram excelentes experiências de ensino-aprendizagem, principalmente aqueles engajados e comprometidos na sua transformação pela educação.

Danúbia Soares Pires agradece ao IFMA e aos alunos da disciplina de Circuitos Elétricos I, semestres 2021.1 e 2021.2, por possibilitarem a realização desta pesquisa.

Taynan Roger Silva, Paulo Felipe Possa Parreira, Heitor Augusto de Novais, Eduardo José da Silva Luz e Alan Kardek Rêgo Segundo agradecem ao Prof.

Luis Claudio Gambôa Lopes pelo desenvolvimento do software PICSimLab, realizado de forma independente em seus momentos livres. O presente trabalho foi realizado com apoio da Coordenação de Aperfeiçoamento de Pessoal de Nível Superior (CAPES) (código de financiamento 001), do Conselho Nacional de Desenvolvimento Científico e Tecnológico (CNPq), do Instituto Tecnológico Vale (ITV) e da Universidade Federal de Ouro Preto (UFOP).

Paulo Rogério Scalassara, André Sanches Fonseca Sobrinho e Bruno Augusto Angélico Trabalho agradecem à UTFPR e ao professor Luis Claudio Gambôa Lopes, desenvolvedor do PICSimLab, realizado com o apoio da Coordenação de Aperfeiçoamento de Pessoal de Nível Superior (CAPES) (código de financiamento 001).

Apresentação

A organização dos dois volumes do livro *Práticas pedagógicas remotas* partiu de uma provocação realizada pelo nosso colega, Prof. Luis Antonio Aguirre da Universidade Federal de Minas Gerais (UFMG), que havia lembrado de um item de pauta da reunião do Comitê Técnico de Educação em Engenharia ocorrido durante o SBAI 2019 na cidade de Ouro Preto, que era apoiar a criação de um livro. Não havia a previsão de uma pandemia na época do evento, porém esse fator abriu a oportunidade para que fosse lançado em 2021 uma chamada aberta para contribuições a essa temática.

Muitos colegas se esforçaram e contribuíram durante meses na busca de algumas soluções que pudessem ser implementadas no período emergencial remoto, nome este que poderia variar em cada instituição de ensino, não só no país como no mundo. Eis que este livro é fruto de diversas contribuições ocorridas durante o período pandêmico e possivelmente será utilizado neste retorno ao ensino presencial que ocorreu a partir de 2022.

As contribuições dos autores, presentes nos dois volumes, dignificam o trabalho realizado por todos os colegas durante a pandemia, mesmo com todas as dificuldades impostas, visando contribuir com o aprimoramento dos cursos de Engenharias no Brasil. Precisamos formar engenheiros(as) para o século XXI, os quais deverão ter um conhecimento técnico, que já é bem explorado nas diversas instituições, como também habilidades comportamentais. Estas poderão ser alcançadas se nós, docentes, também nos esforçarmos em entregar uma nova forma de ensino e aprendizagem para que a força de trabalho possa contribuir cada vez mais com o país que queremos.

Também precisamos que as novas Diretrizes Curriculares Nacionais (DCNs) das Engenharias, estabelecidas em 2019, possam dar novos frutos nos diversos cursos e novos rumos para a Engenharia brasileira, que tem destaque em diversas áreas. Esperamos que os dois volumes possam dar esse direcionamento e novas ideias possas surgir nas instituições de ensino. Dessa forma, os volumes foram pensados para os colegas docentes que estão, neste momento, implementando novas ideias e conceitos em seus cursos de graduação e que possam ajudar no desenvolvimento de novas soluções, incluindo possíveis pesquisas na área de educação em Engenharia, desde alunos de graduação até possíveis teses de doutorado que possam contribuir com as diversas temáticas.

Apesar de ser voltada para as áreas da Engenharia Elétrica, abrangidas pela Sociedade Brasileira de Automática (SBA), estes dois volumes também podem ser utilizados para outras demandas nos diversos cursos de Engenharias, bastando adaptá-las para a situação que se queira abordar. Esperamos que eles possam fornecer uma contribuição na área de educação em Engenharia e que possamos pensar em soluções, não só individuais nas instituições de ensino, como também na formação de redes de pesquisa, contribuindo para a formação da Engenharia no século XXI.

Materiais dos capítulos dos dois volumes estão disponíveis no diretório do livro no site da Editora Blucher.

Agradecemos o tempo, o esforço e a contribuição dos autores e dos revisores que puderam desempenhar um papel tão importante na construção destes dois volumes de *Práticas pedagógicas remotas*. Também agradecemos o apoio dado pelo Comitê Editorial da SBA-Press e pela diretoria da SBA, que não mediram esforços para que eles pudessem ser publicados.

Por fim, dedicamos estes dois volumes a todos que, durante o período pandêmico, passaram e aos que ainda estão passando por enormes dificuldades, de qualquer ordem, seja financeira, de saúde e/ou com a perda de colegas e familiares.

Sempre em frente!

Ademar Gonçalves da Costa Junior
Alan Kardek Rêgo Segundo
José Alberto Naves Cocota Junior
Ícaro Bezerra Queiroz de Araújo
João Pessoa, Ouro Preto e Maceió, setembro de 2023.

Prefácio

É com imensa satisfação que me deparo com o desafio de apresentar esta obra. Tal sentimento é multifaceteado. Por um lado vejo mais uma obra sendo publicada pela SBA-Press em parceria com a Editora Blucher como resultado de um empreendimento que merece todo apoio. Por outro lado, trata-se de uma obra em um tema de extrema relevância e atualidade: o ensino remoto, com foco em engenharia, que é, em sua essência, multidisciplinar e cujo ensino de forma remota apresenta uma variedade de novos desafios. Outro motivo de satisfação é constatar o rápido e entusiasta envolvimento da comunidade em resposta à proposta de composição desta obra, cuja execução foi concluída com destreza e competência pelos editores. Assim, de antemão, parabenizo editores, autores e a Sociedade Brasileira de Automática junto com a Editora Blucher por esta relevante realização.

Todos fomos tomados de surpresa quando, logo no início do primeiro semestre letivo de 2020, foi decretado o isolamento social como parte do combate à pandemia de covid-19. Tão logo foi percebido que tal cenário poderia durar mais do que se imaginava inicialmente, a sociedade se adaptou. Teve que adaptar-se! Muitos passaram a trabalhar no modelo chamado home office, estabelecimentos que prestavam serviços considerados menos críticos deixaram o atendimento presencial, e aqueles cujos serviços eram essenciais tiveram que estabelecer protocolos de comportamento específicos. As instituições de ensino não escaparam à necessidade de diversas mudanças. A maioria dos servidores passou a realizar suas tarefas fora das instalações de suas instituições, o que inclui, entre muitas outras atividades, o ensino remoto nos níveis fundamental, médio e superior.

O cenário descrito também catalisou os esforços despendidos em ajustes não somente na grade curricular, mas também em técnicas pedagógicas demandadas pelas Diretrizes Nacionais Curriculares (DCN) publicadas em 2019. Portanto, as instituições de ensino superior tiveram diversos motivos para efetivar importantes mudanças em curto prazo.

O esforço pessoal e institucional foi enorme. Foi necessário adequar conteúdo e criar meios para transmiti-lo de maneira palatável. O desafio de expor sobre um tema sem a fundamental realimentação de gestos e do olhar do ouvinte precisou ser enfrentado. Passados quatro semestres, em retrospectiva, não é muito difícil detectar o que funcionou, o que não funcionou, o que gostamos e aquilo que desejamos evitar sempre que possível. É inegável que nesse período habilidades e competências foram desenvolvidas e que seu valor transcende o esforço de guerra contra a pandemia. Agora, de volta ao ensino presencial, é fundamental fazer um registro de experiências, ainda que limitado ao ensino de Engenharia. Se, por um lado, não temos garantia de que nunca mais será necessário regressar ao ensino remoto, por outro, muito do que foi desenvolvido e apropriado nesse modelo pode e deve ser utilizado no contexto de ensino presencial, com os benefícios de uma gama cada vez mais variada e adequada de práticas pedagógicas centradas no estudante.

Assim, esta obra nasceu após uma gestação penosa, mas desafiadora. O volume 1 inclui oito capítulos de 23 autores vinculados a dez instituições, que compartilham com a comunidade suas experiências no desenvolvimento e execução de práticas pedagógicas remotas. Os dois primeiros capítulos lidam essencialmente com conceitos e técnicas, ao passo que os outros seis detalham e discutem estudos de caso e experiências específicas.

No capítulo intitulado "Laboratórios virtuais e remotos: uma visão geral sobre conceitos e implementações incluindo o Brasil", após mencionar a necessidade de práticas pedagógicas mais centradas nos estudantes, os autores fornecem um panorama do uso de laboratórios virtuais e remotos em Engenharia Elétrica.

O segundo capítulo tem por título "Metodologias ativas no ensino remoto de Engenharia: fundamentos e estratégias". Nesse capítulo os autores, à semelhança do que foi feito no primeiro capítulo, reforçam a importância do ensino centrado no estudante, mas indicam a necessidade de adaptar as técnicas existentes ao ensino remoto. Nesse capítulo, o foco dos autores é no uso de "recursos interativos online em aulas expositivas, sejam elas presenciais ou remotas".

Um interessante estudo de caso é discutido no capítulo intitulado "Experiências na transição para aulas emergenciais remotas em um curso de graduação em Engenharia Elétrica: resultados da UFF". Nesse capítulo os autores, cientes da necessidade de práticas pedagógicas centradas no estudante, comparam de maneira qualitativa e quantitativa os resultados do ensino remoto com dados obtidos em semestres anteriores, em que o modelo dominante era o ensino presencial.

Um outro estudo de caso é discutido no capítulo intitulado "Ensino de circuitos elétricos em tempos de pandemia: a Engenharia (re)descobrindo Paulo Freire". O ponto de motivação desse capítulo é muito pertinente: como adaptar ao ensino de Engenharia, especificamente o de circuitos elétricos, conceitos pedagógicos desenvolvidos no contexto do ensino de humanidades? Resultados da experiência dessa adaptação são apresentados e discutidos.

No capítulo "Abordagem de ensino remoto com softwares gratuitos em laboratório virtual de sistemas embarcados na UFOP", os autores descrevem sua experiência no ensino de microeletrônica em ambientes virtuais usando softwares gratuitos, com um olhar crítico nas demandas do mercado de trabalho. Os autores também reportam os resultados obtidos de um questionário sobre a avaliação da qualidade do processo pedagógico nessa nova realidade.

Como ensinar temas essencialmente práticos no formato remoto? Essa é uma questão considerada e investigada no contexto do ensino de microeletrônica no capítulo intitulado: "Simulador de circuitos PICSimLab para ensino remoto das disciplinas sistemas microcontrolados e embarcados na UTFPR" que lida com uma problemática semelhante à do capítulo anterior. Em particular, o capítulo se concentra em uma possível solução com base em softwares livres para simulação e na abordagem baseada em projetos.

No capítulo intitulado "Abordagens de instrumentação industrial para um ensino remoto participativo", os autores reforçam a necessidade do uso de práticas pedagógicas mais centradas no estudante. Com isso em mente, eles descrevem atividades remotas síncronas e assíncronas, atividades individuais e atividades em grupo. O uso de softwares é apresentado, distinguindo entre ambiente virtual de aprendizagem, ambiente de colaboração pessoal e ambiente de simulação. Um aspecto fundamental discutido no capítulo é o processo de avaliação em um cenário remoto.

Este volume encerra com mais um estudo de caso, agora na área de robótica. No capítulo intitulado "Práticas de ensino remoto da robótica utilizando simuladores: estudos de caso com minicurso prático e competição de equipes", os autores investigam o uso de simuladores específicos na definição de práticas no ensino remoto na área de engenharia de robôs. O objetivo é conceber novas práticas pedagógicas aplicáveis ao ensino remoto. Nesse sentido os autores conceberam e executaram duas práticas, a saber: um minicurso que capacita o estudante a usar um simulador, e uma competição de equipes, realizada em ambiente virtual.

Estou convicto de que este volume será de extrema valia para todos os que têm a importante e desafiadora missão de conduzir, influenciar e facilitar a apropriação de conhecimento em Engenharia. Não me parece justo terminar sem externar o fato de que estou ciente de que os desafios, dificuldades e necessidade de adaptação não se deram somente por parte de quem está à frente de uma turma, mas também por parte dos estudantes. Fica aqui o desafio de, quem sabe, termos no futuro próximo um espaço para o registro dessas muitas experiências, mas relatadas por parte daqueles que tanto prezamos: nossos queridos estudantes.

Luis Antonio Aguirre
Belo Horizonte, agosto de 2023

Sobre os organizadores

Ademar Gonçalves da Costa Junior

É professor do Instituto Federal da Paraíba (IFPB), *campus* João Pessoa. Recebeu o título de doutor em Engenharia Mecânica pela Universidade Federal da Paraíba (UFPB) em 2016, concluiu MBA em Gestão de Projetos pela Universidade de Salvador (Unifacs) em 2009, é mestre e graduado em Engenharia Elétrica pela Universidade Federal de Campina Grande (UFCG), em 2005 e em 2002, respectivamente. Realizou estudos de pós-doutorado na Universidade Federal de Santa Catarina no Programa de Pós-Graduação em Engenharia de Automação e Sistemas (PPGEAS) em 2019. Como experiência profissional, trabalhou em diversos setores da indústria, como automotiva (Ford Motor Company), têxtil (Coteminas), química (Baterias Moura), telecomunicações (Telemar – ex-Telpa), eletro-eletrônica (Samsung), além de ter atuado em diferentes instituições de ensino – Instituto Federal da Bahia (IFBA), Fucapi-AM, FIP-PB e Escola Técnica Redentorista-PB. É membro do Comitê Técnico (TC 9.4) em *Control Education* do International Federation of Automatic Control (IFAC), da Sociedade Brasileira de Automática (SBA) e da Associação Brasileira de Educação em Engenharia (ABENGE). Integra o corpo editorial da *Revista Principia* (IFPB, Brasil), sendo seu editor-chefe desde 2021, e da *Revista Politécnica* (Colômbia). Atuou como coordenador técnico da área de educação em Engenharia da SBA para os biênios 2019-2021 e 2021-2023. Foi coordenador científico do Congresso Brasileiro de Automática (CBA) em 2018, além de prestar serviços como coordenador técnico e como revisor para diversos congressos e revistas científicas. Consta como autor e coautor de dezenas de artigos publicados em revistas científicas, congressos e capítulos de livros, organizador de livros, além de possuir registro de software e patente depositada. Seus interesses em pesquisa são nos seguintes temas: identificação de sistemas dinâmicos, sistemas de controle e de automação, instrumentação, educação em Engenharia e suas aplicações em diversas áreas. No momento atual, hidrogênio verde e em agricultura digital.

Alan Kardek Rêgo Segundo

Possui graduação em Engenharia de Controle e Automação pela Universidade Federal de Ouro Preto (UFOP), obtido em 2008, mestrado e doutorado em Engenharia Agrícola pela Universidade Federal de Viçosa (UFV) em 2010 e em 2014, respectivamente. Foi coordenador da proposta de criação e coordenador do Programa de Pós-Graduação em Instrumentação, Controle e Automação de Processos de Mineração (PROFICAM), em associação com o Instituto Tecnológico Vale (ITV). Atualmente atua como pesquisador do PROFICAM e do Programa de Pós-Graduação em Ciências da Computação da UFOP. É membro do Comitê Técnico (TC 9.4) no IFAC e foi vice-coordenador do Comitê de Educação em Engenharia da Sociedade Brasileira de Automática (SBA) no biênio 2021-2023. Tem experiência e interesse pelas áreas de circuitos eletrônicos, sistemas embarcados e instrumentação, atuando principalmente nos seguintes temas: microcontroladores, automação de processos e sistemas de monitoramento de parâmetros elétricos do solo/minério.

José Alberto Naves Cocota Junior

É graduado em Engenharia de Controle e Automação pela Escola de Minas da UFOP (2005), mestre em Engenharia Elétrica pela COPPE da Universidade Federal do Rio de Janeiro (2009) e doutor em Engenharia de Materiais pela REDEMAT da Universidade Estadual de Minas Gerais (UFOP-UEMG), em 2017. Ministra disciplinas e realiza pesquisas na área de robótica e de controle de processos na Escola de Minas, na qual é o atual diretor. Ainda na UFOP, foi presidente do Núcleo Docente Estruturante (NDE) e coordenador do curso de Engenharia de Controle e Automação, chefe do Departamento de Engenharia de Controle e Automação (DECAT), vice-coordenador do Programa de Pós-Graduação em Instrumentação, Controle e Automação de Processos de Mineração (PROFICAM).

Ícaro Bezerra Queiroz de Araújo

Possui graduação (2013) em Engenharia Elétrica pelo IFPB, mestrado (2015) e doutorado (2019) em Engenharia Elétrica e da Computação pela Universidade Federal do Rio Grande do Norte (UFRN). Atualmente é professor adjunto do Instituto de Computação da Universidade Federal de Alagoas (UFAL). Tem experiência na área de modelagem matemática e identificação de sistemas dinâmicos lineares e não lineares.

Participantes

Ademar Gonçalves da Costa Junior (org.) (Capítulo 1)
Instituto Federal de Educação, Ciência e Tecnologia da Paraíba (IFPB), *campus* João Pessoa, Laboratório de Instrumentação, Sistemas de Controle e Automação (LINSCA)

Alan Kardek Rêgo Segundo (org.) (Capítulos 1 e 6)
Universidade Federal de Ouro Preto (UFOP)

André Sanches Fonseca Sobrinho (Capítulo 5)
Universidade Tecnológica Federal do Paraná (UTFPR)

Anísio Rogério Braga (Capítulo 7)
Universidade Federal de Minas Gerais (UFMG)

Armando Ítalo Sette Antonialli (Capítulo 2)
Universidade Federal de São Carlos (UFSCar)

Bruno Augusto Angélico (Capítulo 5)
Universidade de São Paulo (USP)

Carmela Maria Polito Braga (Capítulo 7)
Universidade Federal de Minas Gerais (UFMG)

Danúbia Soares Pires (Capítulo 4)
Instituto Federal de Educação, Ciência e Tecnologia do Maranhão (IFMA)

Eduardo José da Silva Luz (Capítulo 6)
Universidade Federal de Ouro Preto (UFOP)

Filipe Augusto Santos Rocha (Capítulo 8)
Universidade Federal do Rio de Janeiro (UFRJ)

Flávio Yukio Watanabe (Capítulo 2)
Universidade Federal de São Carlos (UFSCar)

Gustavo Medeiros Freitas (Capítulo 8)
Universidade Federal de Minas Gerais (UFMG)

Heitor Augusto de Novais (Capítulo 6)
Universidade Federal de Ouro Preto (UFOP)

Hugo César Coelho Michel (Capítulo 7)
Universidade Federal de Minas Gerais (UFMG)

Jacó Dias Domingues (Capítulo 8)
Instituto Tecnológico Vale (ITV)

José Alberto Cocota Naves Junior (org.) (Capítulo 1)
Universidade Federal de Ouro Preto (UFOP)

Luciano de Oliveira Daniel (Capítulo 3)
Universidade Federal Fluminense (UFF)

Paulo Felipe Possa Parreira (Capítulo 6)
Universidade Federal de Ouro Preto (UFOP)

Paulo Rogério Scalassara (Capítulo 5)
Universidade Tecnológica Federal do Paraná (UTFPR)

Rainer Zanghi (Capítulo 3)
Universidade Federal Fluminense (UFF)

Taynan Roger Silva (Capítulo 6)
Instituto Tecnológico Vale (ITV)

Wenderson Gustavo Serrantola (Capítulo 8)
Universidade Federal do Rio de Janeiro (UFRJ)

Conteúdo

Parte I – Fundamentos

Capítulo 1

Laboratórios virtuais e remotos: uma visão geral sobre conceitos e implementações incluindo o Brasil

Ademar Gonçalves da Costa Junior
Alan Kardek Rêgo Segundo
José Alberto Cocota Naves Junior

1.1 Introdução

A concepção de práticas pedagógicas experimentais advém da tentativa de consolidação do conhecimento teórico em algo prático, nas profissões passadas e presentes. Em Engenharia, não distante disso, os laboratórios podem oferecer ao aluno, de forma antecipada, algum contato com parte das atividades profissionais que o esperam no mercado de trabalho. O uso de práticas laboratoriais é de extrema importância para aperfeiçoar o aprendizado em disciplinas dentro do conceito de STEM (*Science, Technology, Engineering, and Math*) (Khine; Areepattamannil, 2019; Penprase, 2020).

Em um modelo tradicional de aulas em um curso superior, a aula é usada como a principal atividade para que os alunos possam ter acesso ao novo "conhecimento" apresentado pelo docente, em uma típica aula expositiva por meio de quadro, giz/pincel e slides. O trabalho posterior é que os alunos possam desenvolver algumas atividades tais como a análise, a síntese e os exercícios, fora do ambiente de sala de aula. Tal trabalho pode ser acompanhado pelo docente por meio de algum plantão de dúvidas em dia e horário específico em uma sala física, ou, atualmente, por meio de algum aplicativo de troca de mensagens ou de reuniões instantâneas. Esse trabalho posterior pode ser realizado de forma individualizada ou por meio de grupos formais ou informais de alunos, podendo contar com o auxílio de um monitor.

Partindo desse cenário, Bazzo (2017, p. 100) afirma, no contexto da aula tradicional, que :

> [...] o professor, detentor do conhecimento, é o centro de onde irradiam todas as ações em sala de aula. É ele quem define os ritmos e as intensidades com que se deve desenrolar a programação didática. Dele também se espera uma reprodução limpa e precisa das formulações canônicas, ou seja, daquelas soluções clássicas, isentas, portanto, dos erros já superados [...] cada conhecimento abordado, perfeitamente estruturado, adquire para o aluno um caráter hermético, quase dogmático, não possibilitando sequer uma abertura para discussões estruturantes, tão fecundadas para o desenvolvimento da criatividade. Assim, conceitos transformam-se em leis, e ensino em regras de procedimento.

A busca pela modernização do aprendizado, como contraponto ao modelo tradicional, passa pelo foco no uso de metodologias ativas de aprendizagem, podendo ser mesclado com a aprendizagem híbrida. Segundo Moran (2018, p. 4),

> Metodologias ativas dão ênfase ao papel protagonista do aluno, ao seu envolvimento direto, participativo e reflexivo em todas as etapas do processo, experimentando, desenhando, criando, com orientação do professor; a abordagem híbrida destaca a flexibilidade, a mistura e compartilhamento de espaços, tempos, atividades, materiais, técnicas e tecnologias que compõem esse processo ativo.

No documento "Destaque de inovação: recomendações para o fortalecimento e modernização do ensino de Engenharia no Brasil" (CNI, 2018, p. 20), elaborado pela Confederação Nacional da Indústria (CNI) e a Mobilização Empresarial pela Inovação (MEI), incluindo diversos atores da área acadêmica e da indústria que têm buscado atuar na modernização dos currículos das Engenharias no Brasil, é indicado que:

> [...] as metodologias de ensino mais modernas se baseiam na vasta utilização de tecnologias da informação, atuando diretamente na vertente mobilidade, aliada ao desenvolvimento de competências comportamentais e à motivação dos estudantes a buscar por fontes diversas de conteúdo. Os professores deixam de ter um papel principal e central na geração e disseminação de conteúdo, para adotar um papel de tutor.

Em 2019, após amplos debates ao longo dos últimos anos, a Resolução n° 2, de 24 de abril de 2019 (CNE, 2019), que institui as Diretrizes Curriculares Nacionais (DCN) dos cursos de graduação em Engenharia, foi homologada, passando a vigorar com um prazo de três anos para sua implementação. Em seu capítulo III, Art. 6°, § 6°, tal Resolução indica que "deve ser estimulado o uso de metodologias para a aprendizagem ativa, como forma de promover uma Educação mais centrada no aluno". Em outros trechos da Resolução, o texto deixa explícito que o conceito de aprendizagem ativa deve ser adotado nos cursos de graduação em Engenharia. No Capítulo 2 deste livro, os autores abordam os fundamentos e as estratégias sobre algumas das diversas metodologias ativas, adaptadas ao período remoto ocorrido durante a pandemia de covid-19, e que poderão ser adotadas pelos cursos no retorno presencial.

Uma forma de aproximar a teoria e a prática por parte dos alunos dos cursos de Engenharia pode passar pelo uso de laboratórios baseados em simulações e em experimentos práticos (Feisel; Rosa, 2005; Heradio; Torre; Dormido, 2016). Em 2006, a Confederação Nacional das Indústrias (CNI), em conjunto com outros atores, publicou o documento "Inova Engenharia: propostas para a modernização da Educação em Engenharia no Brasil", como sugestões de aprimoramento ao Ensino e Aprendizagem nos cursos de Engenharia no país, no qual se sugere (IEL, 2006, p. 63):

> Implantar laboratórios para os núcleos básico e profissional específico e evitar que as disciplinas lecionadas nesses espaços sejam pouco mais que aulas expositivas, onde dados experimentais são apresentados e tratados como uma receita bem preparada, organizando os cursos, su-

> as disciplinas e o uso dos laboratórios na lógica de projetos *hands-on*, que estimulam a criatividade dos estudantes e privilegiam temas da realidade social, local e do setor produtivo.

Nas DCN das Engenharias de 2019, no Art. 6°, § 1° (CNE, 2019), é estabelecido para os cursos de graduação em Engenharia que "é obrigatória a existência das atividades de laboratório, tanto as necessárias para o desenvolvimento das competências gerais quanto das específicas".

Gomes e Silveira (2007) destacam três opções de análise da estrutura dos cursos de Engenharia associados às práticas laboratoriais: i) cursos autônomos; ii) cursos concorrentes; e iii) cursos complementares.

Em cursos autônomos, "a base conceitual teórica necessária é abordada como parte da atividade laboratorial, fornecendo subsídios necessários à execução dos experimentos a serem realizados. A concepção pedagógica é desenvolver a motivação dos alunos para o aprendizado conceitual, instigando-os a buscar explicações e suporte técnico que possibilitem a compreensão dos fenômenos observados em laboratório".

Em cursos concorrentes, Gomes e Silveira (2007) pontuam que, "também referida como aulas no laboratório, os experimentos são intercalados às aulas conceituais, como complementação, mas possibilitando, ao mesmo tempo, a colocação de questões que poderão ser aprofundadas, posteriormente, em seus aspectos teóricos".

Ainda Gomes e Silveira (2007) afirmam que a terceira opção de análise pode ser "vista como um curso de laboratório, sendo ministrado em prosseguimento a cursos conceituais prévios, buscando tirar partido do conhecimento anterior adquirido pelo estudante, possibilitando também a seleção e montagem de experimentos, para os quais se exige ampla e consistente base teórica".

Em geral, como o acesso ao ambiente de laboratório presencial nas Instituições de Ensino fica limitado aos horários previamente estabelecidos, sem uma flexibilidade de aprendizado por parte do estudante, a possibilidade de desenvolver metodologias ativas de aprendizagem é limitada. Em contrapartida, com o uso da internet cada vez mais constante nos últimos anos, possibilitou-se o desenvolvimento de novas soluções para o acesso dos estudantes a experimentos que podem ser realizados de forma virtual e/ou remota, em qualquer dia e horário, acessando plataformas educacionais estabelecidas em qualquer parte do mundo.

Com o surgimento da pandemia devido ao covid-19, que ocorreu no Brasil a partir de março de 2020, o ensino híbrido passou a ser discutido de forma mais contundente de modo que possa ser utilizado a partir do momento que as aulas presenciais puderem ser executadas. No ensino híbrido, de acordo com Elmôr Filho *et al.* (2019, p. 54), "ações eficientes e personalizadas podem ser integradas ao uso de TDICs,[1] oferecendo ao estudante oportunidades de passar a ser, gradativamente, o ator principal no processo de construção do próprio conhecimento". Desse modo, o uso de laboratórios virtuais e remotos tende a ser um passo para a adoção de metodologias ativas de aprendizagem de modo que o estudante possa praticar os conceitos teóricos por meio de práticas que utilizem as TDIC.

De qualquer modo, o uso de atividades de laboratório ajuda o aluno a entender os conceitos teóricos lecionados nas mais diversas disciplinas, em conjunto com as metodologias ativas de aprendizagem, além de fomentar as competências transversais tão necessárias e desejadas no mercado de trabalho. Discussões sobre o uso de metodologias ativas e as atividades de laboratório são realizadas por Alcaraz *et al.* (2019), Hernández-De-Menéndez *et al.* (2019), Magnus *et al.* (2020) e Muñoz-García *et al.* (2012). Outras pesquisas indicam que a inserção do uso de laboratórios virtuais e remotos, quando bem planejados, têm ocasionado impacto entre os alunos que demonstram motivação em seu uso e aprimoramento nos conceitos envolvidos nas atividades (Alves, 2018; Fukumoto *et al.*, 2021; Lei *et al.*, 2018a; Lopes *et al.*, 2017).

A intenção deste capítulo é apresentar um panorama geral da utilização dos laboratórios virtuais e remotos nos cursos de Engenharia Elétrica em outros países e, principalmente, no Brasil.

[1] Tecnologias Digitais da Informação e Comunicação.

O conteúdo subsequente deste capítulo está organizado da seguinte forma: nas Seções 1.2 e 1.3 são apresentados os principais conceitos e soluções de arquiteturas relacionadas aos laboratórios virtuais e remotos, respectivamente; na Seção 1.4, apresenta-se o estado da arte dos laboratórios virtuais e remotos desenvolvidos no Brasil nas áreas abrangidas pela SBA, desde 2015. Por fim, na Seção 1.5, são apresentadas as considerações finais sobre a temática.

1.2 Conceitos sobre laboratórios virtuais e remotos

Os egressos das Engenharias devem ser capazes de projetar e conduzir experimentos, bem como analisar e interpretar os dados gerados por tais experimentos. Na resolução de possíveis problemas a serem executados por engenheiros, o planejamento de ações experimentais é inerente a essa profissão. Nos cursos de Engenharia, além de um ambiente de aprendizagem ativa e de criatividade, o acesso aos laboratórios, sejam eles por meio de simulação computacional, que possam emular uma situação próxima ao real, sejam eles presenciais ou de acesso remoto, ajudará na formação de profissionais cada vez mais qualificados na resolução dos diversos problemas encontrados, muitas vezes, problemas multidisciplinares.

A maior parte das instituições de nível superior do Brasil enfrenta dificuldades financeiras para adquirir kits didáticos comerciais, o que compromete o acesso simultâneo e individual aos experimentos pelos estudantes. Diversas soluções apontadas nos últimos anos indicam que a construção de protótipos educacionais é uma opção interessante para aliviar o investimento em kits didáticos comerciais. Porém, indo ao encontro do uso de metodologias ativas para a aprendizagem dos estudantes, no qual poderão ter acesso aos experimentos baseados em *setups* experimentais a qualquer momento, duas soluções vêm recebendo atenção na última década. De um lado, tem-se os laboratórios virtuais e, do outro lado, os laboratórios de acesso remoto, denominados a partir daqui até o restante do capítulo laboratórios remotos.

Os laboratórios virtuais, que podem ser implementados como programas instalados em computadores ou em aplicações baseadas na web, têm a vantagem de que nenhuma configuração real é necessária, ou seja, possuem baixo custo de investimento financeiro em relação à aquisição de laboratórios experimentais. Em um laboratório virtual, os alunos podem realizar medições ou experimentos em sistemas simulados. Em relação à instalação de programas em computadores, isso, por sua vez, pode trazer um custo de investimento por parte do aluno em um computador, tablet ou telefone celular. Dessa forma, uma arquitetura cliente-servidor pode ser utilizada, porém ficará dependente do uso da internet. Isso pode trazer uma possível desvantagem para o uso das metodologias ativas de aprendizagem, pois o acesso depende da qualidade da conexão à internet, que nem sempre é estável quando muitos usuários se conectam simultaneamente, por exemplo, a uma palestra online. Além disso, como o laboratório é fornecido virtualmente, a experiência prática é limitada.

Os laboratórios remotos utilizam equipamentos reais, estes geralmente mais caros e complexos quando comparados aos laboratórios virtuais. Para lidar com a complexidade de operacionalização, os laboratórios remotos seguem uma arquitetura cliente-servidor, onde do lado do cliente existe, geralmente, um aplicativo baseado na web que interage com o lado do servidor, com este realizando a gestão da configuração real e disponibilizando as informações do laboratório, tais como *streaming* de vídeo, dados do(s) sensores/atuador(es), entre outros (Heradio; Torre; Dormido, 2016).

Os laboratórios remotos também usam a internet para fornecer sessões de laboratório a um grande número de alunos, mas, comparado aos laboratórios virtuais, um laboratório remoto oferece uma experiência mais prática, aproximando os alunos de um sistema real.

As vantagens e desvantagens dos laboratórios virtuais e remotos indicados por Nedungadi *et al.* (2018) estão listadas no Quadro 1.1. Heradio, Torre e Dormido (2016), Potkonjak *et al.* (2016), Salmerón-Manzano e Manzano-Agugliaro (2018) e Azad (2021) pontuam vantagens e desvantagens adicionais para a implementação de laboratórios virtuais e remotos, complementando as informações do Quadro 1.1.

Quadro 1.1 – Vantagens e desvantagens dos laboratórios virtuais e remotos

Tipo de laboratório	Vantagem	Desvantagem
Virtual	Facilidade de explicação dos conceitos; Meio interativo; Eficiência de custos; Disponibilidade a qualquer hora, em qualquer lugar; Capacidade de ser usado por muitos alunos simultaneamente.	Ambiente não colaborativo; Sem oportunidade para interações com equipamentos reais; Ausência de dados reais.
Remoto	Sessão de laboratório realista; Equipamento real interativo; Oportunidades de colaboração; Capacidade de depuração; Dados em tempo real; Disponibilidade a qualquer hora, em qualquer lugar; Custo moderado; Experimento controlado; Limitado a um aluno controlando equipamento em um determinado momento.	Presença virtual do laboratório; Uso programado.

Fonte: adaptado de Nedungadi *et al.* (2018).

Conforme mencionado por Salmerón-Manzano e Manzano-Agugliaro (2018), deve-se notar que o termo laboratório virtual difere do termo realidade virtual, no qual este último envolve ambientes digitais interativos, por exemplo, a ilusão de estar em um espaço 3D, com a capacidade de construir e interagir com os objetos 3D e, muitas vezes, a própria representação digital.

Advindo da classificação realizada por Heradio, Torre e Dormido (2016), tem-se os seguintes tipos de ambientes de experimentos.

1. Acesso local/recurso real: essa combinação representa os laboratórios práticos tradicionais, onde o aluno está em frente a um computador conectado a um sistema real.

2. Recurso simulado de acesso local: todo o ambiente é baseado em software e a interface de experimentação funciona sobre um recurso simulado, virtual e fisicamente inexistente, que junto com a interface faz parte do computador.

3. Acesso remoto/recurso real (laboratório remoto): o equipamento real do sistema é acessado pela internet. O usuário opera e controla remotamente uma planta real por meio de uma interface de experimentação.

4. Recurso simulado de acesso remoto (laboratório virtual): essa forma de experimentação é semelhante à anterior, porém substituindo o sistema físico por um modelo matemático. O aluno opera com a interface de experimentação em um sistema virtual acessado pela internet. Por se tratar de um sistema simulado, pode ser instanciado para atender a quem o solicitar. Em comparação com os recursos simulados locais, os laboratórios virtuais permitem: i) um desacoplamento do modelo (que pode ser executado no servidor) e da visualização (que é executado no cliente), o que suporta a introdução imediata de experiências com atrasos variantes no tempo que são desconhecidos; ii) trabalho colaborativo online.

Deve ser mencionado que, mais recentemente, o termo laboratório híbrido veio à tona, ainda não muito bem estabelecido na literatura, mas, em linhas gerais, uma combinação entre os componentes de laboratório virtual e remoto. Segundo Rodriguez-Gil *et al.* (2017), os laboratórios híbridos buscam potencializar algumas das vantagens dos laboratórios virtuais e remotos, principalmente por serem capazes de oferecer realismo, custo-benefício e recursos adicionais como a gamificação e/ou ambientes virtuais. Lei *et al.* (2018b) descrevem a arquitetura desenvolvida a um laboratório híbrido na Universidade Wuhan, China.

1.3 Soluções de arquitetura de laboratórios virtuais/remotos

Em linhas gerais, a arquitetura básica de laboratórios virtuais/remotos é baseada na comunicação cliente/servidor. O acesso a tais laboratórios, geralmente, é fornecido por meio de um aplicativo cliente que pode ser executado em um navegador web, autônomo ou até mesmo em um sistema embarcado. Dessa forma, o cliente interage com um servidor remoto controlando um equipamento, no caso de laboratórios remotos, onde os dados do experimento são medidos, ou manipulando os dados gerados a partir de uma simulação para o caso de um laboratório virtual.

Em um contexto em termos de arquitetura básica para laboratórios remotos, é necessário que estes possam garantir a escalabilidade (pode ser definida como sua capacidade de lidar com eficiência com uma carga de trabalho crescente). Em um sistema em rede, a carga de trabalho é afetada, principalmente, por um número crescente de usuários, instâncias e nós de rede. De acordo com Zutin (2018), os sistemas de gerenciamento de laboratório remoto (*remote laboratory management systems* – RLMS) foram a primeira tentativa de resolver essa situação. Um RLMS é um software que agrupa funcionalidades comuns a todos os sistemas de laboratório online em torno de uma única estrutura. Alguns dos requisitos funcionais iniciais desses RLMSs foram (ZUTIN, 2018):

- Gerenciamento de usuários, com *login* individual em sistemas de autenticação da instituição.
- Implementação de serviços de agendamento laboratorial.
- Suporte para escalabilidade de laboratórios online.
- Suporte para *login* individual em um conjunto interinstitucional de laboratórios online.
- Suporte para o gerenciamento de dados de experimentos (armazenamento e recuperação de dados).

- Integração com sistemas de gestão de aprendizagem (*learning management systems* – LMS).

Os RLMS contribuíram significativamente para avanços importantes no campo dos laboratórios remotos e virtuais, mas suas principais contribuições foram novas possibilidades criadas para compartilhar o acesso a experimentos online de maneira eficiente e escalonável. Assim, um RLMS pode ser considerado um conjunto de serviços disponíveis para servidores de laboratório que permitiam o compartilhamento de funcionalidades comuns entre *clusters* formados por diversos laboratórios remotos. De certo modo, o RLMS agregou várias funcionalidades comuns dos laboratórios remotos e as expôs aos desenvolvedores por meio de APIs bem definidas (ZUTIN, 2018).

As arquiteturas clássicas de RLMS que podem ser citadas são: i) o *Lab Shared Architecture* (ISA) desenvolvido pelo Massachusetts Institute of Technology – MIT (Harward *et al.*, 2008; Zutin, 2018); ii) o WebLab-Deusto[2] da Universidade de Deusto (Orduña *et al.*, 2018); iii) o Labshare Sahara,[3] consórcio de instituições australianas (Lowe *et al.*, 2009); iv) o Projeto LiLa[4] (*Library of Laboratories*) da Comunidade Europeia (Mateos *et al.*, 2011).

Arquiteturas recentes adaptadas para a implementação de soluções de laboratórios remotos são: i) o VLAB[5] (*Virtual LABoratories*) desenvolvido por um consórcio de instituições indianas (Bose, 2013; Raman *et al.*, 2014); ii) IIoT platform WOAS (Langmann, 2018); iii) o NCSLab (–) *Networked Control System Laboratory*) desenvolvido por diversas universidades europeias e chinesas (Qiao *et al.*, 2010; Lei; Hu; Zhou, 2016; Lei *et al.*, 2018a); iv) o projeto Go-Lab,[6] mantido pela Universidade de Twente (Holanda) e o Instituto Federal Suíço de Tecnologia de Lausanne (Suíça), mas expandido para diversas localidades no mundo (Ho-

[2] WebLabDeusto. Disponível em: https://weblab.deusto.es/website/.

[3] Sahara Labs. Disponível em: https://sourceforge.net/projects/labshare-sahara/files/Documentation/.

[4] Projeto LiLa. Disponível em: https://www.lila-project.org/home.html.

[5] VLAB. Disponível em: https://www.vlab.co.in/.

[6] Projeto Go-Lab. Disponível em: http://www.go-lab-project.eu/.

vardas *et al.*, 2018); v) o projeto UNILabs[7] (*University Network of Interactive Laboratories*) desenvolvido com as universidades espanholas (Sáenz *et al.*, 2011); vi) o VLCAP (*Virtual Labs Collaboration and Accessibility Platform*), desenvolvido na Universidade Amrita na Índia (Nedungadi *et al.*, 2018); vii) o VISIR[8] (*Virtual Instruments Systems In Reality*), um projeto europeu com o objetivo de desenvolver práticas de laboratórios remotos para a teoria de circuitos elétricos e eletrônicos com parcerias entre instituições da Argentina, Áustria, Brasil, Espanha, Portugal e Suécia (Marques *et al.*, 2014; Pereira *et al.*, 2018; Viegas *et al.*, 2018).

Quanto às arquiteturas de laboratórios remotos existentes, podem ser citadas as que se baseiam em softwares proprietários como o LabVIEW© (Ennetta *et al.*, 2018; Espinoza *et al.*, 2021; Fabregas; Dormido-Canto; Dormido, 2017; Rapuano; Zoino, 2006), Matlab© (Choi; Saaedifard, 2012; Lei *et al.*, 2018a; Puerto; Jiménez; Reinoso, 2010; Qiao *et al.*, 2010), entre outros (Aspen HYSYS, PSIM, OPAL-RT). Para as soluções baseadas em plataformas abertas podem ser citadas as desenvolvidas utilizando PHP, JavaScript, Java, Python e HTML5 (Azad, 2021; Farias *et al.*, 2010; Guimarães *et al.*, 2011; Lei; Hu; Zhou, 2016; Letowski *et al.*, 2020; Marin *et al.*, 2020; Pastor *et al.*, 2020; Sáenz *et al.*, 2011).

Em termos de arquitetura de laboratórios híbridos, Rodriguez-Gil *et al.* (2017) descrevem uma mescla dos conceitos de laboratórios virtuais e remotos, interagindo entre si e aproveitando as vantagens de cada tipo de laboratório. A arquitetura proposta é totalmente baseada na web e no conceito de multiplataforma. Wang *et al.* (2017) propõem uma arquitetura de software para criar uma plataforma de laboratório remoto baseada na Tecnologia Wiki. Tal arquitetura é implementada com base em uma estrutura unificada para desenvolvimento de laboratório remoto e um pacote de software *wiki* de código aberto, denominado *MediaWiki*.

Maiti *et al.* (2018) discutem dois tipos de soluções de laboratórios de acesso remoto distribuídos (Maiti; Kist; Maxwell, 2015). Um com experimentos que

[7] UNILabs. Disponível em: https://unilabs.dia.uned.es/.

[8] VISIR. Disponível em: http://www2.isep.ipp.pt/visir/.

podem ser realizados em locais separados geograficamente, possuindo sistemas com arquitetura estática que permitem experimentos com modelo de controle isolado, integrados e compartilhados. O segundo tipo são experimentos com arquitetura dinâmica que seguem um modelo comum para todos os experimentos.

Por fim, os autores deste capítulo trazem o conceito de *massive open online laboratories* (MOOL) que vem sendo utilizado dentro do *massive open online courses* (MOOC). Os MOOC são cursos online abertos que são disponibilizados para quaisquer usuários com acesso à internet, com uma grande variedade de conteúdos, geralmente de curta duração, ofertadas por diversas instituições de ensino e pesquisa em uma plataforma de acesso (Alzahani; Meccawy, 2021; Böes *et al.*, 2017; Ip *et al.*, 2018; Rasheed *et al.*, 2019).

Para ser fornecido aos alunos inscritos em MOOC, um MOOL deve permitir a acessibilidade para a realização de experimentos online. Quanto mais portátil for o MOOL, mais os alunos poderão realizar experimentos dentro do ambiente de aprendizado, fornecendo o sucesso na fixação dos conceitos apresentados dentro de um MOOC. Dessa forma, os laboratórios baseados na web são as melhores opções, com os quais os alunos não precisam instalar nenhum outro software.

Uma discussão realizada por Lowe (2014) é a comparação de soluções baseadas na realização de atividades experimentais em lotes, laboratórios multiplexados, times de estudantes e experimentos colaborativos. Recentemente, um projeto de MOOL denominado Go-Lab[9] entre as universidades suíças teve o objetivo de implantar laboratórios remotos em Engenharia Elétrica, Mecânica e de Controle em grande escala dentro de infraestruturas MOOC, com sua infraestrutura proposta indicada por Salzmann e Gillet (2018) e Salzmann, Piguet e Gillet (2019). Garcia e Flores (2019) e Lei, Zhou e Hu (2019) apresentam o projeto de integração entre o MOOC e o MOOL nas áreas de Sistemas de Controle e Sistemas Elétricos, utilizando a arquitetura desenvolvida pela Universidade de Wuhan,

[9] Go-Lab. Disponível em: https://premium.golabz.eu/about/projects/massive-open-online-laboratories.

China (NCSLab) e pelo Instituto Tecnológico de Monterrey, México, demonstrando a potencialidade da integração também para outras áreas das Engenharias.

1.4 Laboratórios virtuais e remotos no Brasil na área de Engenharia Elétrica

Esta seção tem como objetivo apresentar um panorama geral do desenvolvimento e uso de soluções de laboratórios virtuais e remotos no Brasil nas áreas abrangidas pela Sociedade Brasileira de Automática (SBA). Deve ser ressaltado que existem trabalhos em outras áreas e em disciplinas básicas dos cursos de Engenharia, que não são abordados neste capítulo. O recorte temporal de tais soluções desenvolvidas no Brasil está delineado pelos autores a partir de 2015, porém existem soluções apresentadas anteriormente por meio de artigos em congressos e revistas científicas, além de teses de doutorado e dissertações de mestrado.

Uma proposta de laboratório remoto de automação com a finalidade de viabilizar práticas de aprendizagem de redes de Petri em plantas industriais virtuais e utilizando um controlador lógico programável (CLP) foi realizada por Ronqui (2015) na Universidade Tecnológica Federal do Paraná (UTFPR).

O uso da arquitetura VISA (*Virtual Instrument Software Architecture*) para um sistema de acesso e controle remoto de um osciloscópio para medição de parâmetros elétricos por meio de navegadores web e softwares *open source* é apresentado por Coura *et al.* (2016) em uma experiência produzida na Pontifícia Universidade Católica de Minas Gerais (PUC-MG).

A contribuição da tese de doutorado de Morais (2016) está na implantação de um laboratório remoto de qualidade de energia com diversos experimentos e a avaliação do seu uso por parte dos alunos, quando utilizada a abordagem pedagógica de sala de aula invertida e o ensino híbrido na Universidade Estadual Paulista (Unesp), *campus* Ilha Solteira.

No trabalho de Lopes *et al.* (2017) é fornecida uma visão geral da arquitetura e operação do ambiente de controle e programação de práticas de laboratório remoto em robótica na Universidade Estadual do Sudoeste da Bahia (UESB), além da análise dos resultados da inserção de tais atividades entre os alunos do curso de Ciências da Computação. Ainda na área de robótica, Guimarães *et al.* (2011) discutem o projeto e implementação da arquitetura e das atividades de laboratório remoto com o uso de softwares *open source*.

Pereira *et al.* (2018) e Viegas *et al.* (2018) ilustram o resultado da inserção do projeto VISIR em instituições no estado de Santa Catarina, e na Pontifícia Universidade Católica do Rio de Janeiro (PUC-Rio), respectivamente, visando o uso de laboratórios remotos para práticas nas disciplinas de Circuitos Elétricos e Eletrônica, com a apresentação da arquitetura da infraestrutura de acesso e de hardware utilizada. No trabalho de Viegas *et al.* (2018) também são discutidos os resultados da avaliação realizada pelos alunos com a inserção de práticas por meio do projeto VISIR, em que, no geral, a aceitabilidade é boa, porém com a necessidade de aprimoramentos em relação ao engajamento deles na realização de tais atividades.

Alves (2018) apresenta uma solução para implementação de um laboratório remoto para práticas de sistemas de controle de processos industriais, com enfoque em políticas de segurança, baseada no protocolo remoto RDP (*Remote Desktop Protocol*) sobre a VPN (*Virtual Private Network*) da Universidade de São Paulo, além da avaliação positiva por parte dos alunos em sua utilização após as práticas remotas.

Halker e Vatanabe (2020) apresentam uma solução de desenvolvimento de um laboratório virtual didático para o ensino de Máquinas Elétricas na Universidade Federal do ABC (UFABC), no qual utilizaram o Blender e o Unity.

Em congressos nacionais e internacionais, algumas propostas nas diversas áreas da Engenharia Elétrica, em específico na SBA, vêm sendo apresentadas nos últimos anos, fomentando a discussão e implementação de soluções de laboratórios virtuais e remotos nas instituições de ensino no país.

Almeida *et al.* (2019) apresentam uma solução de acesso remoto para as atividades na área de automação predial via web utilizando a plataforma Arduino.

Um laboratório virtual de sistemas embarcados baseado em softwares gratuitos, com a utilização da metodologia ativa Aprendizagem Baseada em Projetos (ABP) nas atividades realizadas pelos alunos, é explanado por Parreira *et al.* (2021).

Oliveira *et al.* (2018) e Assis *et al.* (2019) discutem o desenvolvimento de uma aplicação de um laboratório remoto para o controle de nível. No primeiro, a aplicação do laboratório remoto é desenvolvida em Visual Studio com o uso de um microcontrolador PIC para o controle das ações no sistema dinâmico, com a avaliação positiva dos alunos perante a solução implementada; no segundo, a solução é desenvolvida em LabVIEW e utiliza a plataforma Arduino.

Licciardi Junior (2020) e Peraça, Schlichting e Bona (2018; 2021) apresentam soluções para um laboratório virtual e remoto, respectivamente, na disciplina de Circuitos Elétricos. O primeiro desenvolve a solução baseada no Multisim, enquanto o segundo apresenta a solução baseada na arquitetura VISIR e desenvolvida em LabVIEW.

Machado, Silva e Lucena Junior (2018) indicam uma solução para a seleção automática de acesso remoto aos laboratórios da área de Mecatrônica, de acordo com o experimento a ser realizado pelo aluno e o *status* em tempo real de tais atividades nos laboratórios que estão conectados.

Com o propósito de um modelo para formalização e armazenamento dos dados nas práticas desenvolvidas em laboratórios remotos, a solução de Simão *et al.* (2018) permite o registro dos dados em diferentes cenários de aplicação, por meio do desenvolvimento baseado em JavaScript.

Nos dois volumes deste livro, o leitor também encontrará estudos de casos recentes sobre a implementação de atividades com laboratórios virtuais e remotos que foram implementados nas instituições de ensino e pesquisa durante a pandemia de covid-19, e que poderão ajudar em desenvolvimentos futuros na temática.

1.5 Considerações finais

Neste capítulo foram contextualizados os laboratórios virtuais e remotos, com algumas propostas de arquiteturas para implementações, relacionando-os com as metodologias ativas de aprendizagem. Estas devem ser escolhidas da melhor forma possível para que os cursos de Engenharia possam oferecer alternativas aos alunos no seu desenvolvimento e na experiência de aprendizagem em qualquer lugar, em qualquer momento. A pandemia de covid-19 que assolou o mundo desde o final de 2019, de certo modo, provocou mudanças na forma de ensino e de aprendizagem. Dessa forma, espera-se que tais mudanças fiquem permeadas nos cursos de graduação em Engenharia, aprimorando a formação dos engenheiros.

A tarefa de escolher e implementar a arquitetura para um laboratório online não é tão simples, pois fatores como quantidade de acessos, segurança contra ataques maliciosos e investimentos em equipamentos no caso de laboratórios remotos devem ser levados em conta, além do engajamento da equipe que desenvolverá a solução e realizará possíveis manutenções e apoio ao acesso. Questões sobre o hardware e software a ser utilizados são discutidas por Tawfik *et al.* (2015).

De forma comparativa às experiências relatadas em outros países, principalmente da Europa, percebe-se que soluções para os laboratórios virtuais e remotos no Brasil, nas áreas abrangidas pela SBA, ainda é muito pulverizada. Faltam iniciativas coordenadas (consórcios, parcerias) visando fomentar e aperfeiçoar o potencial de desenvolvimento demonstrado na literatura, por meio do padronização de arquiteturas, compartilhamento de infraestrutura e complementação de competências, evitando-se a sobreposição de trabalho. Esses desafios podem ser superados com maior facilidade e celeridade se houver cooperação entre os pesquisadores e instituições envolvidas.

Espera-se que o desenvolvimento e aperfeiçoamento dos laboratórios virtuais e remotos, impulsionados pelas adversidades acadêmicas enfrentadas durante a pandemia, possam beneficiar as gerações futuras com a inclusão mais efetiva dessas ferramentas nos cursos de Engenharia. Esse caminho pode facilitar a implementação das novas DCNs das Engenharias nos cursos oferecidos pelas instituições de ensino brasileiras.

Referências

ALCARAZ, R.; MARTÍNEZ-RODRIGO, A.; ZANGRÓNIZ, R.; RIETA, J. J. Blending inverted lectures and laboratory experiments to improve learning in an introductory course in Digital Systems. **IEEE Transactions on Education**, v. 63, n. 3, p. 144-154, 2019. DOI: https://doi.org/10.1109/TE.2019.2954393.

ALMEIDA, B. R.; GUIMARÃES, J. S.; OLIVEIRA, H. A.; BEDE, F. M. P. C.; RIBEIRO, D. M. Automação laboratorial com acesso remoto via web utilizando plataforma Arduino. *In*: CONGRESSO BRASILEIRO DE EDUCAÇÃO EM ENGENHARIA, 47., SIMPÓSIO INTERNACIONAL DE EDUCAÇÃO EM ENGENHARIA DA ABENGE, 2., 2019, Fortaleza. **Anais** [...]. Fortaleza: ABENGE, 2019. Disponível em: http://www.abenge.org.br/sis_submetidos.php?acao=abrir&evento=COBENGE19&codigo=COBENGE19_00092_00001981.pdf. Acesso em: 14 fev. 2022.

ALVES, L. F. **Laboratório remoto para controle e supervisão de processos industriais em planta didática multitarefa**. 2018. Dissertação (Mestrado em Engenharia Elétrica) – Universidade de São Paulo, São Carlos, 2018. Disponível em: https://doi.org/10.11606/D.18.2019.tde-26022019-104544.

ALZAHRANI, K. M.; MECCAAWY, M. MOOCs one-stop shop: a realization of a unified MOOCs search engine. **IEEE Access**, v. 9, p. 160175-160185, 2021. DOI: https://doi.org/10.1109/ACCESS.2021.3130841.

ASSIS, W. O.; GONÇALVES, H. S. B.; SILVA, G. T.; COELHO, A. D. Uma aplicação de controle de nível com acesso remoto pela web (Weblab). *In*: CONGRESSO BRASILEIRO DE EDUCAÇÃO EM ENGENHARIA, 47., SIMPÓSIO INTERNACIONAL DE EDUCAÇÃO EM ENGENHARIA DA ABENGE, 2., 2019, Fortaleza. **Anais** [...]. Fortaleza: ABENGE, 2019. Disponível em: http://www.abenge.org.br/sis_submetidos.php?acao=abrir&evento=COBENGE19&codigo=COBENGE19_00094_00002088.pdf. Acesso em: 14 fev. 2022.

AZAD, A. Design and development of remote laboratories with Internet of Things setting. **Advances in Internet of Things**, v. 11, p. 95-112, 2021. DOI: https://doi.org/10.4236/ait.2021.113007.

BAZZO, W. A. **Ciência, tecnologia e sociedade**: e o contexto da educação tecnológica. 5. ed. Florianópolis: Ed. UFSC, 2017.

BÖES, J. S.; CAVALCANTE, L. F.; BARBOSA, A. P. L.; SOUZA, L. T. Análise do Massive Open Online Course (MOOC) aplicado ao ensino e aprendizagem em Engenharia. *In*: CONGRESSO BRASILEIRO DE EDUCAÇÃO EM ENGENHARIA, 45., 2017, Joinville. **Anais** [...]. Joinville: ABENGE, 2017. Disponível em: http://www.abenge.org.br/sis_submetidos.php?acao=abrir&evento=COBENGE17&codigo=COBENGE17_00024_00000238.pdf. Acesso em: 14 fev. 2022.

BOSE, R. Virtual labs project – a paradigm shift in internet-based remote experimentation. **IEEE Access**, v. 1, p. 718-725, 2013. DOI: https://doi.org/10.1109/ACCESS.2013.2286202.

CHOI, S.; SAEEDIFARD, M. An educational laboratory for digital control and rapid prototyping of power electronic circuits. **IEEE Transactions on Education**, v. 55, n. 2, p. 263-270, 2012. DOI: https://doi.org/10.1109/TE.2011.2169066.

CNE – CONSELHO NACIONAL DE EDUCAÇÃO. **Resolução nº 2, de 24 de abril de 2019**. Institui as Diretrizes Curriculares Nacionais do Curso de Graduação em Engenharia. Brasília, DF: MEC, 2019b. Disponível em: http://portal.mec.gov.br/index.php?option=com_docman&view=download&alias=112681-rces002-19&category_slug=abril-2019-pdf&Itemid=30192. Acesso em: 14 fev. 2022.

CNI – CONFEDERAÇÃO NACIONAL DA INDÚSTRIA. **Destaque de inovação**: recomendações para o fortalecimento e modernização do ensino de Engenharia no Brasil/Confederação Nacional da Indústria, Serviço Social da Indústria, Serviço Nacional de Aprendizagem Industrial, Instituto Euvaldo Lodi – Brasília: CNI, 2018. Disponível em: https://www.portaldaindustria.com.br/publicacoes/2018/3/destaques-de-inovacao-recomendacoes-para-o-fortalecimento-e-modernizacao-do-ensino-de-engenharia-no-brasil/. Acesso em: 14 fev. 2022.

COURA, F. T.; OLIVEIRA, B. A. G.; CHIAVO, R. A. S.; LIMA, J. F.; BATALHA, R. M. S.; MARTINS, C. A. P. S. Remote access web system to VISA architecture measurement equipment. **IEEE Latin America Transactions**, v. 14, n. 8, p. 3575-3585, 2016. DOI: https://doi.org/10.1109/TLA.2016.7786337.

ELMÔR FILHO, G.; SAUER, L. Z.; ALMEIDA, N. N.; VILLAS-BOAS, V. **Uma nova sala de aula é possível**: aprendizagem ativa na Educação em Engenharia. Rio de Janeiro: LTC, 2019.

ENNETTA, R.; NASRI, I.; BOUALLÈGNE, S.; TSIATSOS, T. Design and implementation of a remote laboratory for heat transfer experiments. *In*: AUER, M.; AZAD, A.; EDWARDS, A.; JONG, T. (ed.). **Cyber-physical laboratories in engineering and science education**. Springer, 2018. Cap. 14, p. 343-361. DOI: https://doi.org/10.1007/978-3-319-76935-6_14.

ESPINOZA, J. V.; ALAMA, W. I.; BOHÓRQUEZ, J. S.; AMAYA, I. B. Implementation of a pilot plant for the integral of remote laboratories. **IEEE Revista Iberoamericana de Tecnologias del Aprendizaje**, v. 16, n. 1, p. 11-20, 2021. DOI: https://doi.org/10.1109/RITA.2021.3052491.

FABREGAS, E.; DORMIDO-CANTO, S.; DORMIDO, S. Virtual and remote laboratory with the ball and plate system. **IFAC-PapersOnline**, v. 50, n. 1, p. 9132-9137, 2017. DOI: https://doi.org/10.1016/j.ifacol.2017.08.1716.

FARIAS, G.; CERVIN, A.; ARZEN, K.-E.; DORMIDO, S.; ESQUEMBRE, F. Java simulations of embedded control systems. **Sensors**, v. 10, n. 9, 2010. DOI: https://dx.doi.org/10.3390/s100908585.

FEISEL, L. D.; ROSA, A. J. The role of the laboratory in undergraduate Engineering Education. **Journal of Engineering Education**, v. 94, n. 1, p. 121-130, 2005. DOI: https://doi.org/10.1002/j.2168-9830.2005.tb00833.x.

FUKUMOTO, H.; YAMAGUCHI, T.; ISHIBASHI M.; FURUKAWA, T. Developing a remote laboratory system of stepper motor for learning support. **IEEE Transactions on Education**, v. 64, n. 3, p. 292-298, 2020. DOI: https://doi.org/10.1109/TE.2020.3042595.

GARCIA, M. E. M.; FLORES, E. G. R. MOOC Lab, a Massive Online Laboratory with real time access. *In*: IEEE GLOBAL ENGINEERING EDUCATION CONFERENCE (EDU-

CON), 2019, Dubai. **Proceedings** [...]. Dubai: IEEE, 2019. DOI: https://doi.org/10.1109/EDUCON.2019.8725036.

GOMES, F. J.; SILVEIRA, M. A. Experiências pedagógicas. *In*: AGUIRRE, L. A. (org.). **Enciclopédia de automática**: controle e automação, volume I. São Paulo: Blucher, 2007. Cap. 3, p. 64-81.

GUIMARÃES, E. G.; CARDOZO, E.; MORAES, D. H.; COELHO, P. R. Design and implementation issues for modern remote laboratories. **IEEE Transactions on Learning Technologies**, v. 4, n. 2, p. 149-161, 2011. DOI: https://doi.org/10.1109/TLT.2010.22.

HALKER, N. S. M.; VATANABE, S. L. Desenvolvimento de um laboratório virtual didático para ensino de máquinas elétricas. **Journal of Production and Automation**, v. 3, n. 1, p. 33-50, 2020. Disponível em: https://jpaut.com.br/desenvolvimento-de-um-laboratorio-virtual-didatico-para-ensino-de-maquinas-eletricas/. Acesso em: 12 nov. 2021.

HARWARD, V. J. *et al.* The iLab Shared Architecture: a web services infrastructure to build communities of internet accessible laboratories. **Proceedings of the IEEE**, v. 96, n. 6, p. 931-950, 2008. DOI: https://doi.org/10.1109/JPROC.2008.921607.

HERADIO, R.; TORRE, L.; DORMIDO, S. Virtual and remote labs in control education: a survey. **Annual Reviews in Control**, v. 42, p. 1-10, 2016. DOI: https://doi.org/10.1016/j.arcontrol.2016.08.001.

HERNÁNDEZ-DE-MENÉNDEZ, M.; GUEVARA, A. V.; MARTÍNEZ, J. C. T.; ALCÁNTARA, D. H.; MORALES-MENENDEZ, R. Active learning in Engineering Education. A review of fundamentals, best practices and experiences. **International Journal on Interactive Design and Manufacturing (IJIDeM)**, v. 13, p. 909-922, 2019. DOI: https://doi.org/10.1007/s12008-019-00557-8.

HOVARDAS, T.; PEDASTE, M.; ZACHARIA, Z.; JONG, T. Model-based inquiry in computer-supported learning environments: the case of Go-Lab. *In*: AUER, M.; AZAD, A.; EDWARDS, A.; JONG, T. (ed.). **Cyber-physical laboratories in engineering and science education**. Springer, 2018. Cap. 10, p. 241-268. DOI: https://doi.org/10.1007/978-3-319-76935-6_10.

IEL – INSTITUTO EUVALDO LODI. Núcleo Nacional. **Inova Engenharia:** propostas para a modernização da Educação em Engenharia no Brasil. Brasília: IEL.NC/SENAI.DN,

2006. Disponível em: https://www.portaldaindustria.com.br/publicacoes/2012/7/inova-engenharia. Acesso em: nov. 2021.

IP, H. H. S.; LI, C.; LEONI, S.; CHEN, Y.; MA, K.- F.; WONG, C. H.-; LI, Q. Design and evaluate immersive learning experience for Massive Open Online Courses (MOOCs). **IEEE Transactions on Learning Technologies**, v. 12, n. 4, p. 503-515, 2019. DOI: https://doi.org/10.1109/TLT.2018.2878700.

KHINE, M. S.; AREEPATTAMANNIL, S. **STEAM education**: theory and practice. Cham: Springer, 2019.

LANGMANN, R. A CPS integration platform as a framework for generic remote labs in automation engineering. *In*: AUER, M.; AZAD, A.; EDWARDS, A.; JONG, T. (ed.). **Cyber-physical laboratories in engineering and science education**. Springer, 2018. Cap. 9, p. 305-329. DOI: https://doi.org/10.1007/978-3-319-76935-6_12.

LEI, Z.; HU, W.; ZHOU, H. Deployment of a web-based control laboratory using HTML5. **International Journal of Online and Biomedical Engineering**, v. 12, n. 7, p. 18-23, 2016. DOI: http://dx.doi.org/10.3991/ijoe.v12i07.5819.

LEI, Z.; ZHOU, H.; HU, W. Combining MOOL with MOOC to promote Control Engineering Education: experience with NCSLab. **IFAC PapersOnLine**, v. 52, v. 9, p. 236-241, 2019. DOI: https://doi.org/10.1016/j.ifacol.2019.08.207.

LEI, Z.; ZHOU, H.; HU, W.; DENG, W.; ZHOU, D.; LIU, Z.-W. HTML5-based 3-D online control laboratory with virtual interactive wiring practice. **IEEE Transactions on Industrial Informatics**, v. 14, n. 6, p. 2473-2483, 2018a. DOI: https://doi.org/10.1109/TII.2017.2769883.

LEI, Z.; ZHOU, H.; HU, W.; DENG, W.; ZHOU, D.; LIU Z.-W.; LAI, J. Modular web-based interactive hybrid laboratory framework for research and education. **IEEE Access**, v. 6, p. 20152-20163, 2018b. DOI: https://doi.org/10.1109/ACCESS.2018.2821713.

LETOWSKI, B.; LAVAYSSIÈRE, C.; LARROQUE, B.; SCHRÖDER, M.; LUTHON, F. A fully open source remote laboratory for practical learning. **Electronics**, v. 9, n. 11, 2020. DOI: https://doi.org/10.3390/electronics9111832.

LICCIARDI JUNIOR, A. N. Sobre a utilização de laboratório virtual em Engenharia no ensino a distância de circuitos elétricos. In: CONGRESSO BRASILEIRO DE EDUCA-

ÇÃO EM ENGENHARIA, 48., SIMPÓSIO INTERNACIONAL DE EDUCAÇÃO EM ENGENHARIA DA ABENGE, 3., 2020, evento online. **Anais** [...]. Evento Online: ABENGE, 2020. DOI: https://dx.doi.org/10.37702/COBENGE.2020.2876.

LOPES, M. S. S.; GOMES, I. P.; TRINDADE, R. M. P.; SILVA, A. F.; LIMA, A. C. C. Web environment for programming and control of a mobile robot in a remote laboratory. **IEEE Transactions on Learning Technologies**, v. 10, n. 4, p. 2017. DOI: https://doi.org/10.1109/TLT.2016.2627565.

LOWE, D. MOOLs: Massive Open Online Laboratories: an analysis of scale and feasibility. *In*: INTERNATIONAL CONFERENCE ON REMOTE ENGINEERING AND VIRTUAL INSTRUMENTATION (REV), 11., 2014, Porto. **Proceedings** [...]. Porto: IEEE, 2014. DOI: https://doi.org/10.1109/REV.2014.6784219.

LOWE, D.; BERRY, C.; MURRAY, S.; LINDSAY, E. Adapting a remote laboratory architecture to support collaboration and supervision. **International Journal of Online and Biomedical Engineering**, v. 5, n. 1, p. 51-56, 2009. DOI: http://dx.doi.org/10.3991/ijoe.v5s1.932.

MACHADO, G. S.; SILVA, Y. M. L. R.; LUCENA JUNIOR, V. F. A tool for the automatic selection of mechatronics remote laboratories based on their actual effective costs. *In*: 2018 IEEE FRONTIERS IN EDUCATION CONFERENCE (FIE), 2018, San Jose. **Proceedings** [...]. San Jose: IEEE, 2018. DOI: https://doi.org/10.1109/FIE.2018.8658732.

MAGNUS, D. M.; CARBONERA, L. F. B.; PFITSCHER, L. L.; FARRET, F. A.; BERNARDON, D. P.; TAVARES, A. A. An educational laboratory approach for hybrid project-based learning of synchronous machine stability and control: a case study. **IEEE Transactions on Education**, v. 63, n. 1, p. 48-55, 2020. DOI: https://doi.org/10.1109/TE.2019.2956909.

MAITI, A.; KIST, A. A.; MAXWELL, A. D. Real-time remote access laboratory with distributed and modular design. **IEEE Transactions on Industrial Electronics**, v. 62, n. 6, p. 3607-3618, 2015. DOI: https://doi.org/10.1109/TIE.2014.2374572.

MAITI, A.; ZUTIN, D. G.; WUTTKE, H.- D.; HENKE, K.; MAXWELL, A. D.; KIST, A. A. A framework for analyzing and evaluating architectures and control strategies in distributed remote laboratories. **IEEE Transactions on Learning Technologies**, v. 11, n. 4, p. 441-455, 2018. DOI: https://doi.org/10.1109/TLT.2017.2787758.

MARIN, L.; VARGAS, H.; HERADIO, R.; TORRE, L.; DIAZ, J. M.; DORMIDO, S. Evidence-based control engineering education: evaluating the LCSD simulation tool. **IEEE Access**, v. 8, p. 170183-170194, 2020. DOI: https://doi.org/10.1109/ACCESS.2020.3023910.

MARQUES, M. A.; VIEGAS, M. C.; COSTA-LOBO, M. C.; FIDALGO, A. V.; ALVES, G. R.; ROCHA, J. S.; GUSTAVSSON, I. How remote labs impact on course outcomes: various practices using VISIR. **IEEE Transactions on Education**, v. 57, n. 3, p. 151-159, 2014. DOI: https://doi.org/10.1109/TE.2013.2284156.

MATEOS, V.; GALLARDO, A.; RICHTER, T.; BELLIDO, L.; DEBICKI, P.; VILLAGRÁ, V. A. LiLa booking system: architecture and conceptual model of a rig booking system for on-line laboratories. **International Journal of Online and Biomedical Engineering**, v. 7, n. 4, p. 26-35, 2011. DOI: http://dx.doi.org/10.3991/ijoe.v7i4.1837.

MORAIS, E. V. **Compartilhamento de ambientes de aprendizagem com laboratórios remotos**. 2016. Tese (Doutorado em Engenharia Elétrica) – Faculdade de Engenharia, Universidade Estadual Paulista, Ilha Solteira, 2016. Disponível em: http://hdl.handle.net/11449/144590.Acessoem:12fev.2022.

MORAN, J. Metodologias ativas para uma aprendizagem mais profunda. *In*: BACICH, L.; MORAN, J. (ed.). **Metodologias ativas para uma educação inovadora**: uma abordagem teórico-prática. Porto Alegre: Penso, 2018. Parte I, p. 2-25.

MUÑOZ-GARCÍA, M. A.; MOREDA, G. P.; HERNÁNDEZ-SÁNCHEZ, N.; VALIÑO, V. Student reciprocal peer teaching as a method for active learning: an experience in an electrotechnical laboratory. **Journal of Science Education and Technology**, v. 22, n. 5, p. 729-734, 2020. DOI: https://doi.org/10.1007/s10956-012-9426-4.

NEDUNGADI, P.; RAMESH, M. V.; PRADEEP, P.; RAMAN, R. Pedagogical support for collaborative development of virtual and remote labs: Amrita VLCAP. *In*: AUER, M.; AZAD, A.; EDWARDS, A.; JONG, T. (ed.). **Cyber-physical laboratories in engineering and science education**. Springer, 2018. Cap. 9, p. 219-240. DOI: https://doi.org/10.1007/978-3-319-76935-6_9.

OLIVEIRA, L. O. M.; COCOTA JUNIOR, J. A. N.; RÊGO SEGUNDO, A. K.; LOPES, H. P.; OLIVEIRA, I. F.; RODRIGUES, G. F.; CASTRO, J. C. V. Bancada remota para práticas de controle de nível de tanque. *In*: CONGRESSO BRASILEIRO DE AUTOMÁTICA, 22.,

2018, João Pessoa. **Anais** [...]. João Pessoa: SBA, 2018. Disponível em: https://www.sba.org.br/open_journal_systems/index.php/cba/article/view/129. Acesso em: 25 maio 2022.

ORDUÑA, P.; GARCIA-ZUBIA, J.; RODRIGUEZ-GIL, L.; ÂNGULO, I.; HERNANDEZ-JAYO, U.; DZIABENKO, O.; LÓPEZ-DE-IPIÑA, D. The WebLab-Deusto remote laboratory management system architecture: achieving scalability, interoperability, and federation of remote experimentation. *In*: AUER, M.; AZAD, A.; EDWARDS, A.; JONG, T. (ed.). **Cyber-physical laboratories in engineering and science education**. Springer, 2018. Cap. 2, p. 17-42. DOI: https://doi.org/10.1007/978-3-319-76935-6_2.

PARREIRA, P. F. P.; SILVA, T. R.; NOVAIS, H. A.; LUZ, E. J. S.; RÊGO SEGUNDO, A. K. Laboratório virtual de sistemas embarcados: uma abordagem de ensino remoto usando softwares gratuitos. *In*: SIMPÓSIO BRASILEIRO DE AUTOMAÇÃO INTELIGENTE, 15., 2021, Evento Online. **Anais** [...]. Evento Online: SBA, 2021. DOI: https://doi.org/10.20906/sbai.v1i1.2843.

PASTOR, R.; TOBARRA, L.; ROBLES-GÓMEZ, A.; CANO, J.; HAMMADD, B.; AL-ZOUBI, A.; HERNÁNDEZ, R.; CASTRO, M. Renewable energy remote online laboratories in Jordan universities: tools for training students in Jordan. **Renewable Energy**, v. 149, p. 749-759, 2020. DOI: https://doi.org/10.1016/j.renene.2019.12.100.

PENPRASE, B. E. **STEM Education for the 21st century**. Charm: Springer, 2020.

PERAÇA, M. T.; SCHLICHTING, L. C. M.; BONA, D. D. Ensaios para caracterização de quadripolos utilizando laboratório remoto VISIR. *In*: CONGRESSO BRASILEIRO DE EDUCAÇÃO EM ENGENHARIA, 46., SIMPÓSIO INTERNACIONAL DE EDUCAÇÃO EM ENGENHARIA DA ABENGE, 1., 2018, Salvador. **Anais** [...]. Salvador: ABENGE, 2018. Disponível em: http://www.abenge.org.br/sis_submetidos.php?acao=abrir&evento=COBENGE18&codigo=COBENGE18_00072_00001397.pdf. Acesso em: 13 fev. 2022.

PERAÇA, M. T.; SCHLICHTING, L. C. M.; BONA, D. D. Ensaios de circuitos de primeira ordem utilizando laboratório remoto VISIR. *In*: CONGRESSO BRASILEIRO DE EDUCAÇÃO EM ENGENHARIA, 49., SIMPÓSIO INTERNACIONAL DE EDUCAÇÃO EM ENGENHARIA DA ABENGE, 4., 2021, Evento Online. **Proceedings** [...]. Evento Online: ABENGE, 2021. DOI: https://doi.org/10.37702/COBENGE.2021.3638.

PEREIRA, J.; SIMÃO, J. P. S.; SILVA, I. N.; ALVES, J. B. M.; SILVA, J. B.; ALVES, G. R.; BILESSIMO, S. M. S. Implantação e utilização do laboratório remoto VISIR em Instituições de Ensino Técnico, Tecnológico e Superior. **Revista Tecnologias na Educação**, v. 24, ano 10, p. 1-10, 2018. Disponível em: http://tecedu.pro.br/wp-content/uploads/2018/07/Art10-vol24-EdiÃğÃčo-TemÃątica-VII-Junho-2018.pdf. Acesso em: 13 fev. 2022.

POTKONJAK, V.; GARDNER, M.; CALLAGHAN, V.; MATTILA, P.; GUETL, C.; PETROVIC, V. M.; JOVANOVIC, K. Virtual laboratories for education in science, technology, and engineering: a review. **Computers & Education**, v. 95, p. 309-327, 2016. DOI: http://dx.doi.org/10.1016/j.compedu.2016.02.002.

PUERTO, R.; JIMÉNEZ, L. M.; REINOSO, O. Remote control laboratory via internet using Matlab and Simulink. **Computer Applications in Engineering Education**, v. 18, n. 4, p. 694-702, 2010. DOI: https://doi.org/10.1002/cae.20274.

QIAO, Y.; LIU, G.- O.; ZHENG, G.; HU, W. NCSLab: a web-based global-scale control laboratory with rich interactive features. **IEEE Transactions on Industrial Electronics**, v. 57, n. 10, p. 3253-3265, 2010. DOI: https://doi.org/10.1109/TIE.2009.2027924.

RAMAN, R.; ACHUTHAN, K.; NEDUNGADI, P.; DIWAKAR, S.; BOSE, R. The VLAB OER experience: modeling potential-adopter student acceptance. **IEEE Transactions on Education**, v. 57, n. 4, p. 235-241, 2014. DOI: https://doi.org/10.1109/TE.2013.2294152.

RAPUANO, S.; ZOINO, F. A learning management system including laboratory experiments on measurement instrumentation. **IEEE Transactions on Instrumentation and Measurement**, v. 55, n. 5, p. 1757-1766, 2006. DOI: https://doi.org/10.1109/TIM.2006.880309.

RASHEED, R. A.; KAMSIN, A.; ABDULLAH, N. A.; ZAKARI, A.; HARUNA, K. A systematic mapping study of the empirical MOOC literature. **IEEE Access**, v. 7, p. 1214809-124827, 2019. DOI: https://doi.org/10.1109/ACCESS.2019.2938561.

RODRIGUEZ-GIL, L.; GARCÍA-ZUBIA, J.; ORDUÑA, P.; LÓPEZ-DE-IPIÑA, D. Towards new multiplatform hybrid online laboratory models. **IEEE Transactions on Learning Technologies**, v. 10, n. 3, p. 318-330, 2017. DOI: http://doi.org/10.1109/TLT.2016.2591953.

RONQUI, L. A. P. S. **Laboratório remoto de automação para aprendizagem de conceitos de redes de Petri**. 2015. 88 f. Dissertação (Mestrado em Engenharia Elétrica)

– Universidade Tecnológica Federal do Paraná, Cornélio Procópio, 2015. Disponível em: http://repositorio.utfpr.edu.br/jspui/handle/1/3210. Acesso em: 12 dez. 2021.

SÁENZ, J.; CHACÓN, J.; TORRE, L.; VISIOLI, A.; DORMIDO, S. Open and low-cost virtual and remote labs on control engineering. **IEEE Access**, v. 3, p. 805-814, 2015. DOI: https://doi.org/10.1109/ACCESS.2015.2442613.

SALMERÓN-MANZANO, E.; MANZANO-AGUGLIARO, F. The higher education sustainability through virtual laboratories: the Spanish university as case of study. **Sustainability**, v. 10, n. 11, 2018. DOI: https://doi.org/10.3390/su10114040.

SALZMANN, C.; GILLET, D. Next steps in supporting more students in MOOL for Control Education. **IFAC PapersOnLine**, v. 51, v. 4, p. 184-189, 2018. DOI: https://doi.org/10.1016/j.ifacol.2018.06.063.

SALZMANN, C.; PIGUET, Y.; GILLET, D. New tools for MOOC/MOOL to sustain continuity of experimentation in control. **IFAC PapersOnLine**, v. 52, v. 9, p. 254-259, 2019. DOI: https://doi.org/10.1016/j.ifacol.2019.08.217.

SIMÃO J. P. S.; CARLOS, L. M.; SILVA, J. B.; ALVES, J. B. M.; SALIAH-HASSANE, H. Model for recording learning experience data from remote laboratories using xAPI. *In*: LATIN AMERICAN CONFERENCE ON LEARNING TECHNOLOGIES (LACLO), 13., 2018, São Paulo. **Proceedings** [...]. São Paulo: IEEE, 2018. DOI: https://doi.org/10.1109/LACLO.2018.00081.

TAWFIK, M.; LOWE, D.; SALZMANN, C.; GILLET, D.; SANCRISTOBAL, E.; CASTRO, M. Defining the critical factors in the architectural design of remote laboratory. **IEEE Revista Iberoamericana de Tecnologias de Aprendizaje**, v. 10, n. 4, p. 269-279, 2015. DOI: https://doi.org/10.1109/RITA.2015.2486388.

VIEGAS, C. *et al*. Impact of a remote lab on teaching practices and student learning. **Computers & Education**, v. 126, p. 201-216, 2018. DOI: https://doi.org/10.1016/j.compedu.2018.07.012.

WANG. N.; CHEN, X.; LAN, Q.; SONG, G.; PARSAEI, H.; HO, S.-C. A novel wiki-based remote laboratory platform for Engineering Education. **IEEE Transactions on Learning Technologies**, v. 10, n. 3, p. 331-341, 2017. DOI: https://doi.org/10.1109/TLT.2016.2593461.

ZUTIN, D. G. Online laboratory architectures and technical considerations. *In*: AUER, M.; AZAD, A.; EDWARDS, A.; JONG, T. (ed.). **Cyber-physical laboratories in engineering and science education**. Springer, 2018. Cap. 1, p. 5-16. DOI: https://doi.org/10.1007/978-3-319-76935-6_1.

Capítulo 2

Metodologias ativas no ensino remoto de Engenharia: fundamentos e estratégias

Armando Ítalo Sette Antonialli
Flávio Yukio Watanabe

2.1 Introdução

As metodologias ativas de ensino-aprendizagem na educação superior encontram-se em um processo de valorização e consolidação, especialmente em algumas áreas de formação como as identificadas por STEM (*Science, Technology, Engineering and Mathematics*), como se observa nas novas Diretrizes Curriculares Nacionais (DCN) dos cursos de graduação em Engenharia, estabelecidas pela Resolução n° 2, de 24 de abril de 2019 (Brasil, 2019). Entretanto, até algumas décadas atrás, não havia um entendimento claro do que seria aprendizagem ativa e algumas correntes educacionais defendiam que não seria possível alguém aprender de forma passiva, na medida em que todo processo de aprendizagem era ativo por natureza. Bonwell e Eison (1991) esclareceram essa questão e indicaram que uma estratégia de aprendizagem ativa pode ser definida como qualquer atividade instrucional com o envolvimento efetivo dos estudantes, realizando coisas e pensando sobre o que estão executando, com o objetivo de atingir uma aprendizagem significativa.

A preocupação com a eficácia das metodologias ativas no aprendizado é um tema presente em diversas pesquisas. Nesse sentido, Prince (2004) analisou a efetividade de diferentes estratégias ativas de aprendizagem empregadas em cursos de Engenharia e evidenciou benefícios na questão da aprendizagem, em aspectos atitudinais, formas de raciocínio e comunicação. Entretanto, o autor deixa claro que a aprendizagem ativa não é a "cura" para todos os problemas educacionais, mas que os docentes devem estar cientes desses diferentes métodos de ensino e se esforçar para identificar quais se aplicam aos objetivos formativos almejados. Freeman *et al.* (2014) conduziram uma extensa metanálise de 225 estudos e verificaram vantagens em termos de desempenho e aprovação de estudantes em atividades curriculares nas quais foram adotadas estratégias de aprendizagem ativa, em relação aos estudantes de aulas tradicionais.

Dentre as diferentes estratégias ativas de aprendizagem, algumas são muito bem estruturadas e consolidadas no ensino presencial, tais como a Aprendizagem Baseada em Equipes (ABE ou TBL, do inglês, *Team-Based Learning*), Aprendizagem Baseada em Problemas (ABP ou PBL, do inglês *Problem-Based Learning*), Aprendizagem Baseada em Projetos (ABPj ou PjBL, do inglês, *Project-Based Learning*), Sala de Aula Invertida (em inglês, *Flipped Classroom*), Gamificação (em inglês, *Gamification*) e Aquário (em inglês, *Fishbowl*). Tais estratégias são descritas neste capítulo com a indicação de referências básicas.

A aplicação de metodologias ativas no formato de ensino remoto usando usando Tecnologias Digitais de Informação e Comunicação (TDIC) constituiu um desafio adicional durante a pandemia de covid-19 a partir de 2019, uma vez que as metodologias ativas pressupõem que os estudantes se envolvam mais profundamente no processo de ensino-aprendizagem planejado pelo professor. Outro desafio do ensino remoto, especificamente nos encontros síncronos expositivos, é como manter os níveis de atenção dos estudantes elevados, uma vez que os distratores no ambiente doméstico podem ser maiores até que os usualmente encontrados na sala de aula. Além disso, no ensino remoto, é mais difícil para o professor ter a percepção se os alunos realmente estão entendendo os conceitos abordados. Watanabe *et al.* (2019) indicam que planejar uma apresentação com momentos de interação utilizando recursos digitais interativos via web pode ser uma boa alternativa, pois estes possibilitam que o professor tenha um feedback rápido em relação ao entendimento dos estudantes, que se tornam mais ativos no processo de aprendizagem e mantêm o nível de atenção mais elevado.

O presente capítulo tem como objetivo principal apresentar os fundamentos que justificam a utilização de recursos interativos online em aulas expositivas, sejam elas presenciais ou remotas, bem como apresentar algumas estratégias de aprendizagem ativa adaptadas ao ensino remoto (*Flipped Classroom*, *Fishbowl*, TBL, PBL, PjBL e Gamificação) e a utilização de TDIC diversificadas nos processos de interação, comunicação, desenvolvimento e avaliação de atividades de ensino-aprendizagem. Tais fundamentos decorrem da teorização e do acúmulo de experiência prática e reflexão por parte dos autores, que têm se dedicado ao tema, desde as atividades empenhadas no ensino de graduação até a construção colaborativa do conhecimento metacognitivo voltado à formação e desenvolvimento docente em nível de pós-graduação e, igualmente, em caráter extensionista dentro e fora da instituição em que atuam.

Ao longo do capítulo, é contextualizado o desenvolvimento de estratégias de ensino remoto emergencial, ocorrido durante a pandemia de covid-19, e que se diferenciam profundamente do conceito de educação a distância. Além disso, como o ensino remoto exigiu a aprendizagem e a utilização de TDIC de forma intensificada, bem como a adaptação de estratégias de ensino, são apresentados procedimentos e recursos digitais que possibilitaram tornar os momentos expositivos mais interativos, transpondo ao ambiente virtual algumas metodologias de aprendizagem ativa já conhecidas.

2.2 Conceitos sobre laboratórios virtuais e remotos

O conceito de ensino emergencial era desconhecido por grande parte da população mundial até o início de 2020. Entretanto, Sinclair[1] (2001 *apud* Palhares

[1] SINCLAIR, M. Education in emergencies. *In*: CRISP, J. TALBOT, C.; CIPOLLONE, D. B. (ed.). **Learning for a future**: refugee Education in developing countries. Geneva: United Nations High Commissioner for Refugees (UNHCR), 2001, p. 1-83. Disponível em: https://www.unhcr.

et al., 2019) já havia evidenciado que a educação em emergências é uma realidade que afeta milhões de estudantes ao redor do mundo e refere-se à educação em populações afetadas por conflitos armados ou desastres naturais. Segundo Burde *et al.* (2017), quase um quarto da população mundial vive em países afetados por conflitos ou violência extrema e outros tantos são afetados anualmente por desastres relacionados ao clima e terremotos. Sinclair (2001) relata que, nessas emergências, as agências da Organização das Nações Unidas (ONU) e as organizações não governamentais (ONG) internacionais e locais apoiam ações educacionais em países carentes de serviços estatais com o objetivo de proteger as crianças de danos e promover o desenvolvimento cognitivo, emocional e social.

Historicamente, momentos de crise e conflitos são frequentemente seguidos por grandes avanços em diferentes áreas como saúde, economia e tecnologia. A pandemia de covid-19 pode ser um desses catalisadores e é possível que a área de educação seja impactada de forma forte e positiva. Isotani (ICMC, 2020) enxerga uma oportunidade de aceleração do processo de integração entre a tecnologia e a educação e afirma que as iniciativas de ensino remoto podem ser sementes para a transformação digital e cultural tão necessária ao ensino, unindo práticas pedagógicas inovadoras, como o ensino híbrido e metodologias ativas com tecnologias educacionais, potencializando as capacidades de aprendizagem do aluno e de inovação do professor. No entanto, esse processo de integração entre a tecnologia e a educação deve ser realizado por meio de estratégias que assegurem uma aprendizagem significativa e de qualidade.

A partir de 2020 no Brasil, devido à pandemia, o ensino emergencial foi amplamente adotado e adaptado à modalidade remota em substituição ao ensino presencial tradicional. Inicialmente, essa modalidade de ensino foi considerada análoga à praticada na educação a distância (EaD) mediada por TDIC. Entretanto, educadores como Hodges *et al.* (2020) defenderam que as propostas bem planejadas de EaD são significativamente distintas dos cursos oferecidos remota-

org/publications/operations/4a1d5ba36/learning-future-refugee-education-developing-countries.html. Acesso em: 19 mar. 2022.

mente durante a pandemia, e que o termo "ensino remoto emergencial" (ERE) seria mais adequado à modalidade de ensino promovida pelas instituições de ensino e professores ao improvisarem soluções rápidas sob circunstâncias não ideais. Essas diferenças, ilustradas iconicamente na Figura 2.1, ficam evidentes ao comparar-se EaD e ERE em termos de planejamento, formação docente, assessoria técnica e pedagógica, recursos didáticos, apoio tutorial e implantação.

Figura 2.1 – Ensino remoto emergencial (ERE) versus educação a distância (EaD).

Fonte: adaptada de Hodges *et al.* (2020).

A adoção do ERE exigiu um esforço das instituições de ensino e da sociedade para se adaptarem rapidamente à nova modalidade de ensino, utilizando diferentes TDIC, incluindo os Ambientes Virtuais de Aprendizagem (AVA) e os serviços de comunicação coletiva por meio de áudio e vídeo. Várias questões permeiam essa implantação, como: i) as fragilidades socioeconômicas evidenciadas pela disparidade de recursos tecnológicos e pedagógicos das instituições de ensino públicas e privadas; ii) o fato de uma parcela dos estudantes não dispor de dispositivos tecnológicos e acesso a uma conexão de internet adequados; iii) a dificuldade dos estudantes em se adaptarem ao ensino remoto, embora muitos pertençam à geração supostamente de "nativos digitais". Soma-se a tudo isso a falta de experiência e conhecimento da maioria dos professores sobre como utilizar essas tecnologias digitais e sobre a forma de lecionar no ensino não presencial sem perda da qualidade de ensino.

O processo de ensino-aprendizagem no ambiente remoto pode se dar na modalidade síncrona ou assíncrona. Na modalidade assíncrona, são utilizados recursos como videoaulas, fóruns de discussão ou e-mails, não sendo necessário que alunos e professores estejam conectados ao mesmo tempo para que as tarefas sejam realizadas. O ensino de forma síncrona pode ser realizado por meio de webconferência ou *chat*, sendo que, nesse caso, a participação dos alunos e do professor ocorre simultaneamente e no mesmo ambiente virtual, interagindo entre si para concluírem o objetivo da aula.

No entanto, o ambiente virtual trouxe alguns desafios adicionais, como a dificuldade em se manter a atenção dos estudantes em um nível adequado nos momentos síncronos e a necessidade de adaptação das metodologias ativas de aprendizagem ao novo contexto. Professores e gestores educacionais têm buscado formas diversificadas de capacitar-se em estratégias e tecnologias de ensino remoto como forma de garantir a qualidade na formação dos estudantes, inclusive em metodologias ativas de aprendizagem. Nesse sentido, ações de formação e desenvolvimento docente como as apresentadas por Watanabe *et al.* (2020) e Carmona e Bollela (2021) buscaram contribuir para o enfrentamento dos desafios inerentes às mudanças no formato de ensino.

Considerando que as metodologias ativas pressupõem um protagonismo maior dos estudantes no processo de ensino-aprendizagem, pode-se ter uma visão simplista de que a aprendizagem ativa realizada de forma remota se dará na forma de aulas assistidas a distância, realização de leituras e estudos indicados pelo professor e entrega das tarefas. No entanto, as estratégias de aprendizagem ativa vão muito além de conteúdos programáticos, compreendendo a aquisição de conhecimento e o desenvolvimento de habilidades e atitudes necessárias à prática profissional. O estudante deve ser agente edificador de seu próprio conhecimento, conjugando a aprendizagem com o desenvolvimento de habilidades transversais

– *softskills* – por meio da aplicação de estratégias com trabalho em equipe, discussão, autoavaliação e avaliação por pares. Nesse contexto, Watanabe *et al.* (2020, 2021) adaptaram diferentes estratégias ativas de aprendizagem ao ensino remoto empregando TDIC.

2.3 Aulas expositivas mediadas por TDIC

As aulas expositivas e as palestras são formas tradicionais de ensino há séculos e, muitas vezes, os professores procuram promover o engajamento dos estudantes fazendo perguntas específicas para a turma ou promovendo uma discussão mais aberta. Contudo, a participação nem sempre é a esperada, e apenas um pequeno grupo acaba se envolvendo, seja por timidez ou dificuldades no entendimento dos assuntos abordados.

Uma evolução desse processo foi possível com a evolução das TDIC aplicadas na área educacional presencial ou a distância, mesmo em aulas expositivas, pois aplicativos interativos possibilitam uma participação mais ativa dos estudantes ao longo da aula por meio de smartphones, tablets ou notebooks. Watanabe *et al.* (2019) evidenciaram a importância desses momentos interativos para se manter o nível de atenção mais elevado e também para que o professor tenha um feedback, em tempo real, da opinião, conhecimento prévio ou compreensão dos estudantes sobre os temas abordados, possibilitando, se necessário, o redirecionamento do processo de ensino.

A capacidade de manter o nível de atenção ao longo de aulas expositivas e, consequentemente, reter as informações apresentadas varia de acordo com o indivíduo. Mas, de um modo geral, ela é maior no início da aula, decai com o passar do tempo e volta se elevar mais no final da aula, conforme descrito por Lenz *et al.* (2015) e ilustrado na Figura 2.2a para uma aula de sessenta minutos.

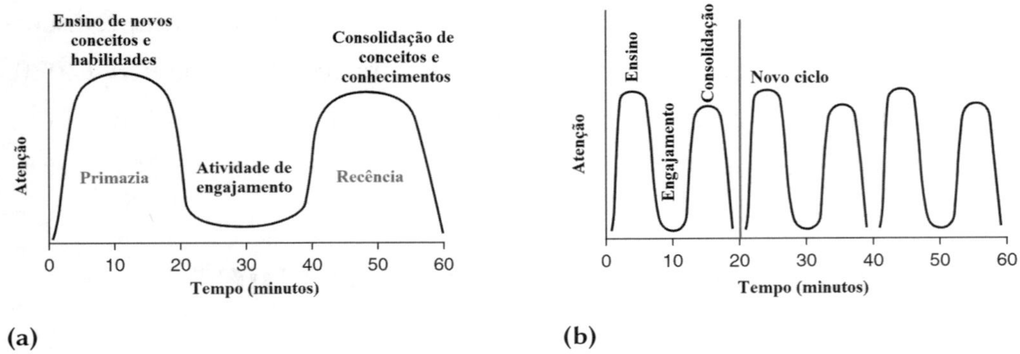

Figura 2.2 – Nível de atenção em uma aula de sessenta minutos. (a) Aula convencional; (b) aula com vários episódios de aprendizagem.

Fonte: adaptada de Lenz *et al.* (2015).

Segundo Souza (2017), esse fenômeno é conhecido como "efeito de primazia e recência" (*primacy-recency effect*). É indicado que novas informações ou novas habilidades sejam trabalhadas no período inicial da aula. Esse período nobre, de elevado nível de atenção e de retenção de informações, é seguido por outro de baixo nível de atenção. O indicado é que, nesse período, sejam realizadas atividades práticas, exercícios de aplicação dos conhecimentos ou revisão dos conceitos utilizando sistemas de respostas, promovendo um maior engajamento dos estudantes e elevando o nível de atenção (Figura 2.2a). Na parte final da aula, o nível de atenção retorna a um patamar mais elevado, embora não no mesmo nível inicial, sendo propício consolidar conceitos e acrescentar novos conhecimentos, tornando a aprendizagem mais significativa.

Segundo Elliott, Isaac e Muhlert (2014), à medida que o tempo de aula aumenta, a porcentagem de tempo com baixo nível de atenção aumenta em relação ao tempo com atenção elevada. Isso ocorre porque o volume e a velocidade com que as informações são apresentadas estão acima da capacidade de processamento, memorização e significação pelo estudante. Uma alternativa apresentada por Lenz *et al.* (2015) para esses casos, ou mesmo para uma aula de sessenta minutos, é a divisão do tempo total da aula em uma sequência de episódios de aprendizagem, conforme ilustrado na Figura 2.2b, intercalados por momentos de engajamento, por exemplo, utilizando TDIC interativas.

Uma estratégia interativa simples e eficiente para a aplicação de conceitos é o *think-pair-share*, desenvolvido por Lyman[2] (1981 *apud* Elmôr Filho *et al.*, 2019), no qual cada participante reflete sobre uma questão colocada pelo professor (*think*), compartilha sua opinião ou resposta com um colega (*pair*) e, por fim, alguns compartilham as informações com o grupo todo (*share*). A Figura 2.3 apresenta alguns detalhes e sugestões para se estruturar uma atividade com a estratégia *think-pair-share*. No ensino remoto, a etapa *pair* pode ser realizada solicitando aos estudantes que conversem em duplas ou trios por meio de algum aplicativo digital.

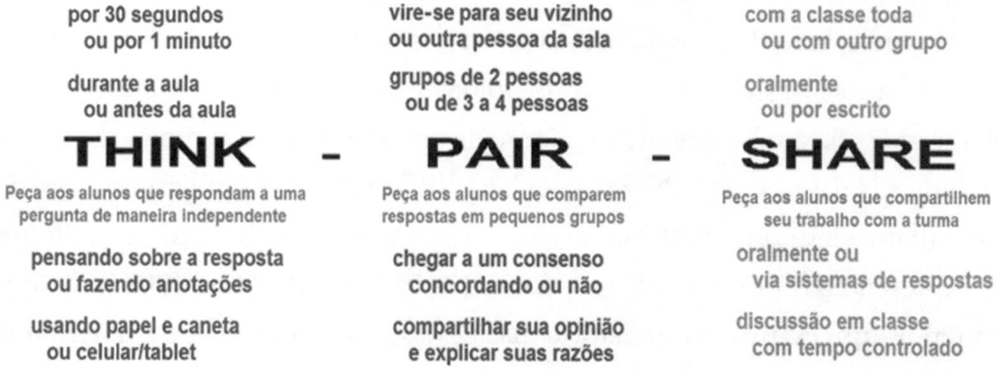

Figura 2.3 – Estratégia *think-pair-share.*

Fonte: adaptada de Bruff (2015).

[2] LYMAN, F. T. The responsive classroom discussion: The inclusion of all students. *In*: ANDERSON, A. (Ed.). **Mainstreaming Digest**. College Park: University of Maryland Press, 1981. p. 109-113.

Atualmente, existem vários aplicativos digitais acessados via web como, por exemplo, Nearpod,[3] Mentimeter,[4] Kahoot!,[5] Socrative[6] e Plickers,[7] que possibilitam a participação em tempo real dos estudantes em atividades como enquetes, testes e *brainstorming*, respondendo ou discutindo questões apresentadas pelo professor. Este, por sua vez, recebe um feedback sobre a opinião ou a ompreensão dos estudantes em relação aos temas abordados. Outros aplicativos de acesso coletivo, como Mindmeister,[8] Evernote,[9] Jamboard,[10] Trello[11] e Padlet,[12] possibilitam a organização de ideias e atividades de um projeto acadêmico.

2.4 Metodologias ativas de aprendizagem

As metodologias ativas de ensino-aprendizagem, ou estratégias ativas de aprendizagem, constituem uma ampla gama de abordagens que podem estar associados a recursos tecnológicos ou não, mas que possuem como característica comum o maior protagonismo dos estudantes no processo de ensino-aprendizagem, conforme indicado anteriormente. A adoção de metodologias de aprendizagem ativa foi indicada nas novas DCN de Engenharia (Brasil, 2019) e publicações que fundamentam e indicam estratégias diversificadas para o atendimento desta diretriz são apresentadas por Villas-Boas e Sauer (2019) e Elmôr Filho (2019). Não se pretende aqui exaurir essa temática, mas tão somente enumerar e apresentar os fundamentos de algumas daquelas que têm sido objeto de análise, prática e reflexão por parte dos autores deste capítulo em iniciativas de formação e desenvolvi-

[3] Nearpod. Disponível em: https://nearpod.com/.

[4] Mentimeter. Disponível em: https://www.mentimeter.com/pt-BR.

[5] Kahoot! Disponível em: https://kahoot.com/.

[6] Socrative. Disponível em: https://www.socrative.com/.

[7] Plickers. Disponível em: https://get.plickers.com/.

[8] Mindmeister. Disponível em: https://www.mindmeister.com/pt.

[9] Evernote. Disponível em: https://evernote.com/intl/pt-br.

[10] Jamboard. Disponível em: https://jamboard.google.com.

[11] Trello. Disponível em: https://trello.com/home.

[12] Padlet. Disponível em: https://pt-br.padlet.com/.

mento docente, e em atividades de ensino presencial ou adaptadas ao ensino remoto emergencial.

2.4.1 *Flipped Classroom*

A metodologia *Flipped Classroom*, ou sala de aula invertida, é considerada a base para a aplicação de outras estratégias ativas. A origem do nome *Flipped Classroom* reside na alteração da lógica de uma aula tradicional, em que a parte expositiva realizada em sala de aula é seguida da indicação de tarefas que devem realizadas em ambientes extraclasse. Em outras palavras, na sala de aula invertida, os estudantes devem estudar previamente o assunto em casa ou outro local de estudo utilizando, por exemplo, videoaulas previamente preparadas pelo professor. Em classe, são admitidas, tipicamente, atividades em pequenos grupos e que envolvem a aplicação dos conceitos estudados. A Figura 2.4 ilustra as características e as diferenças básicas entre o formato tradicional e a sala de aula invertida.

Figura 2.4 – Comparação entre a sala de aula tradicional e a sala de aula invertida.

Fonte: adaptada de Lo, Hew e Chen (2017).

É importante destacar que a sala de aula invertida não pode ser confundida como uma abordagem estruturada com uma sessão de estudo individual prévio, seguida de uma aula presencial ou síncrona para sanar eventuais dúvidas levantadas pelos estudantes. Se não houver a efetiva aplicação dos conceitos estudados, especialmente em trabalhos realizados em equipes, o formato não pode ser considerado sala de aula invertida, por sua limitação em termos das competências almejadas para os estudantes, expressas a partir do conjunto de conhecimentos, habilidades e atitudes proporcionados por uma sessão de sala de aula invertida bem estruturada.

Bergman e Sams (2018) e Elmôr Filho *et al.* (2019) apresentam de forma mais detalhada os fundamentos, recursos e etapas que caracterizam a sala de aula invertida, sendo indicada ainda uma etapa complementar extraclasse na qual os estudantes realizam tarefas de aprofundamento dos conhecimentos e se preparam para a próxima aula. Pode-se considerar que se trata de uma aplicação de ensino híbrido, com momentos não presenciais e presenciais, e que, portanto, não requer grandes acrobacias para adequação ao ensino remoto, a não ser a utilização de TDIC também para as atividades síncronas, antes presenciais.

Lo, Hew e Chen (2017) observaram vantagens dessa estratégia instrucional em termos do aumento das atividades práticas em sala de aula, integração entre os conhecimentos novos e preexistentes e feedback rápido. Destacam ainda os desafios, como a falta de familiaridade dos estudantes com o método e o grande esforço inicial por parte dos professores para efetivá-lo.

2.4.2 *Fishbowl*

O *Fishbowl*, ou aquário, apresenta-se como uma estratégia de apresentação, discussão e aprendizagem ativa diferenciada, pois promove a escuta, a participação organizada e o debate de ideias ou pontos de vista distintos. Segundo Fruchter (2006), a criação do *Fishbowl* foi inspirada nas práticas vivenciadas nas escolas de medicina, nas quais os estudantes observam através de janelas de vidro os procedimentos cirúrgicos realizados por especialistas, aprendendo, portanto, por meio da observação, como ilustrado na Figura 2.5a. Essa estratégia de discussão e de instrução foi adotada em ambientes empresariais organizacionais, governamentais ou educacionais, e suas principais características e variações são apresentadas por Watanabe *et al.* (2021), tendo como base as indicações de Eitington (2002), United Nations (2011), Unicef (2015) e Brouwer e Brouwers (2017).

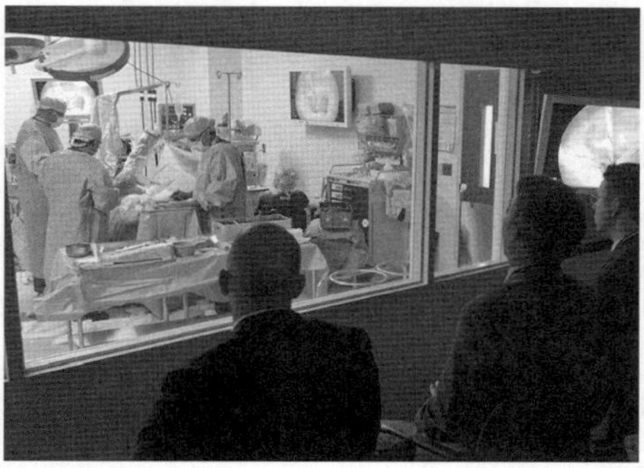

(a)

(b)

Figura 2.5 – Origens e arranjo básico do *Fishbowl*. (a) Observação procedimento cirúrgico em escola de medicina; (b) arranjo físico básico da estratégia *Fishbowl*.

Fonte: (a) Dehart (2013); (b) Brouwer e Brouwers (2017).

A estratégia *Fishbowl* é fisicamente estruturada por pelo menos dois conjuntos de cadeiras organizadas nos contornos de dois círculos concêntricos, conforme apresentado na Figura 2.5b, e somente os participantes do círculo interno (aquário), em que uma cadeira precisa sempre estar desocupada, devem fazer uso da palavra. Os demais participantes, em um primeiro momento, mantêm-se como ouvintes. O professor que atua como moderador da sessão, por sua vez, ocupa uma posição externa aos círculos, apresenta a temática e a dinâmica de participação e pode fazer uso de diversas questões disparadoras para fomentar a discussão.

Um diagrama esquemático da estrutura *Fishbowl* é apresentado na Figura 2.6a para ilustrar a dinâmica de participação. Quando um dos ouvintes do círculo externo desejar contribuir com o debate, pode ocupar a cadeira vazia do círculo interno (seta ①). Imediatamente, um dos outros integrantes do aquário que já tenha participado da discussão deve voluntariamente ocupar um lugar no círculo externo (seta ②), mantendo uma cadeira do aquário sempre desocupada.

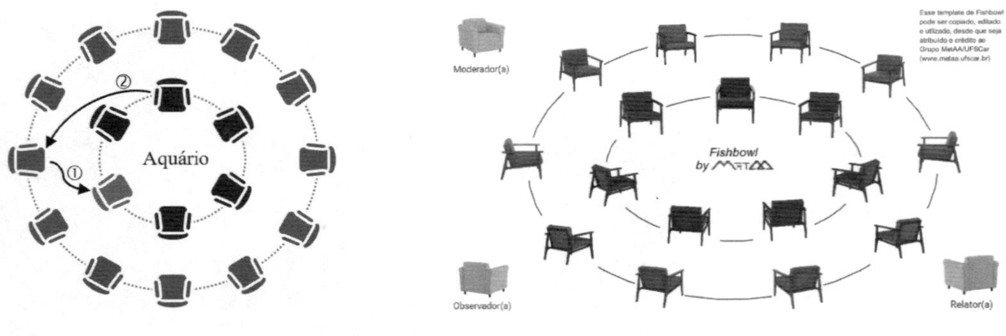

(a) (b)

Figura 2.6 – Estrutura básica e funcionamento do *Fishbowl*: (a) troca de posições no *Fishbowl*; (b) *Fishbowl* virtual no Google Jamboard.

Fonte: Watanabe *et al.* (2021).

As recomendações gerais indicam que o *Fishbowl* pode ser empregado para grupos de doze a trinta pessoas e que as discussões devem durar de 45 a 90 minutos. Um dos participantes pode atuar como relator das discussões e outro como observador da dinâmica de participação, apresentando suas conclusões e impressões finais ao grupo. Outra recomendação é a utilização de recursos auxiliares como o *flipcharts*, quadros ou blocos de anotação para registrar questões-chave da discussão.

Watanabe *et al.* (2021) destacam que, embora o *Fishbowl* tenha sido concebido para ocorrer de forma presencial, há diversas alternativas que possibilitam sua implantação de forma remota, por meio do uso de ambientes virtuais de comunicação como o Google Meet[13] e Zoom Meetings,[14] em conjunto com aplicativos de interação síncrona como o Google Jamboard e o Miro Board.[15] A Figura

[13] Google Meet. Disponível em: https://meet.google.com/.

[14] Zoom Meetings. Disponível em: https://zoom.us/.

[15] Miro Board. Disponível em: https://miro.com/pt/.

2.6b ilustra um modelo de estrutura de *Fishbowl* virtual elaborado no Google Jamboard por Watanabe *et al.* (2021) e disponibilizado por meio de um hiperlink.[16]

A estratégia *Fishbowl* pode ser empregada na etapa presencial ou síncrona de uma atividade planejada no formato *Flipped Classroom* e suas principais vantagens estão relacionadas às características organizacionais da discussão e do desenvolvimento de habilidades como o pensamento crítico-reflexivo, a comunicação em público e a capacidade de argumentação.

2.4.3 *Team-Based Learning*

O *Team-Based Learning* (TBL), ou Aprendizagem Baseada em Equipes (ABE), é uma estratégia ativa que permite trabalhar com turmas com grandes números de estudantes, mas organizados em grupos de cinco a sete estudantes. Segundo Michaelsen *et al.* (2008), o TBL tem sido percebido como importante aliado no desenvolvimento de habilidades transversais, ou *soft skills*, como o pensamento crítico e a capacidade de argumentação, tão necessárias ao bom desempenho profissional. Bolleta *et al.* (2014) indicam que o TBL propõe a aplicação de conhecimentos conceituais por meio de uma sequência de atividades que inclui atividade preparação prévia, trabalho individual, trabalho em equipe e feedback imediato.

O TBL pode ser entendido como uma forma de aplicação da sala de aula invertida, uma vez que os estudantes devem fazer uma atividade de preparação anterior, que pode ser a leitura de um artigo ou de um capítulo de livro (Figura 2.7a). Em classe, é aplicada a garantia do preparo: um questionário de múltipla escolha passível de "aposta", inicialmente, de forma individual e, na sequência, em equipes, um momento que conta com feedback imediato. Nesse ponto, os clássicos gabaritos em formato de raspadinha (Figura 2.7b) têm sido substituídos, no ambiente virtual, por alternativas como o TBL *Active*,[17] desenvolvido por Marques (2018).

[16] Fishbowl/Jamboard. Disponível em: https://jamboard.google.com/d/1SvswjmEIJWdVvhKO8v-_w9QtQXAYxE8ub3CXrLF10zw/viewer.

[17] TBL *Active*. Disponível em: https://www.tblactive.com.br/.

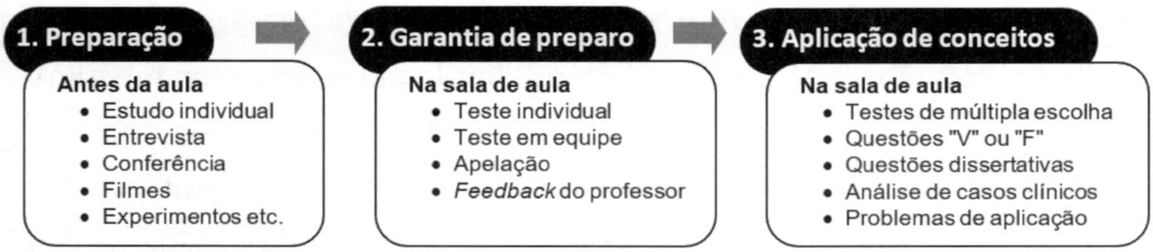

(a)

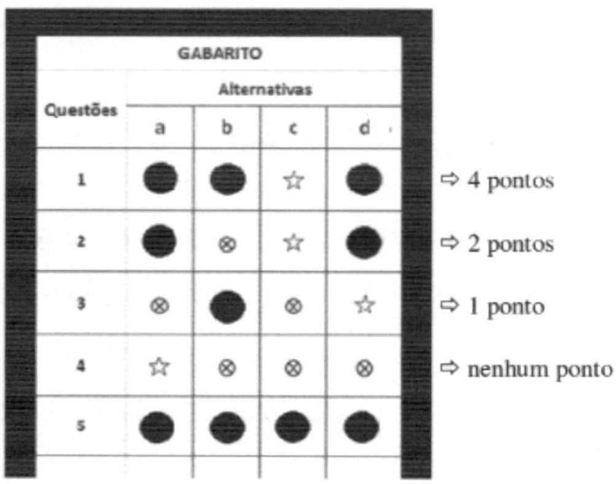

(b)

Figura 2.7 – TBL. (a) Etapas do método; (b) modelo de gabarito no formato de raspadinha.

Fonte: Watanabe *et al.* (2018).

Após uma miniconferência para sanar dúvidas e agregar conhecimentos adicionais, segue a etapa de aplicação de conceitos, em que os objetos de aprendizagem são abordados de maneira mais contextualizada. Watanabe *et al.* (2018) perceberam que muitos estudantes inicialmente desconfortáveis com o método compreenderam a importância de se preparar adequadamente e participar devidamente das discussões para poderem contribuir com suas equipes.

2.4.4 *Problem-Based Learning* e *Project-Based Learning*

O *Problem-Based Learning* (PBL), ou Aprendizagem Baseada em Problemas (ABP), e o *Project-Based Learning* (PjBL), ou Aprendizagem Baseada em Projetos (ABPj), são estratégias que apresentam certas similaridades e muitas vezes são confundidas entre si. Entretanto, embora as orientações pedagógicas das duas estratégias sejam similares e favoráveis ao processo de ensino de Engenharia, há diferenças entre elas. Barbosa e Moura (2014), Elmôr Filho (2019) e Villas-Boas e Sauer (2019) apresentam as origens, objetivos, elementos disparadores, etapas e atribuições dos envolvidos.

O PBL teve origem na década de 1970 na área de saúde da Universidade de McMaster, Canadá, envolvendo a apresentação por professores de casos clínicos aos estudantes que construíam seus conhecimentos, buscando respostas para aqueles casos. Atualmente, sua aplicação se expandiu para as áreas de Ciências Exatas, Engenharia, Arquitetura, Administração, Economia e Ciências Sociais.

A estratégia PBL é fundamentada no uso de uma situação-problema relacionada a problemas reais, complexos, multifacetados e contextualizados na futura atividade profissional dos estudantes. Tipicamente, a estratégia é conduzida ao longo de etapas contempladas em duas sessões de trabalho em equipe, entre as quais se prevê um período para aprendizagem autodirigida. Na primeira sessão, devem ser identificados os problemas, construídas hipóteses e elaboradas questões de aprendizagem; na segunda, os resultados do estudo individual devem ser apresentados, sem deixar de fazer uma análise crítica das fontes de consulta. O professor elabora a situação-problema e, junto com os tutores, possuem o papel de facilitadores do trabalho das equipes, conduzindo as discussões, se necessário.

A aplicação de situações-problema como parte dos processos de ensino-aprendizagem foi objeto de estudo realizado por Antonialli, Watanabe e Ventura (2020). Eles observaram que uma turma em que foram empregadas tais situações-problemas apresentou desempenho estatisticamente melhor do que a turma em que essa ferramenta não foi utilizada. Dado o protagonismo do estudante para a construção de aprendizagem autônoma, é necessário que se garanta a ele o acesso a bibliotecas virtuais robustas para que a estratégia não seja prejudicada pela oferta em regime não presencial.

O uso de projetos como recurso pedagógico é relativamente antigo e os trabalhos precursores de John Dewey e William H. Kilpatrick, no início do século XX, são considerados fundamentais para a criação da estratégia PjBL. Essa atividade envolve um projeto interdisciplinar e articulado com o contexto de atuação profissional dos futuros egressos, o que demanda mais tempo e dedicação para sua execução. Os estudantes, invariavelmente organizados em equipes, buscam alternativas de solução, articulando conhecimentos teóricos e práticos, produzindo uma solução e muitas vezes construindo um protótipo que atenda às necessidades iniciais. As atividades PjBL podem ser planejadas e desenvolvidas ao longo de semanas, semestre ou ano, articulando diferentes disciplinas de um curso ou até mesmo de outros cursos.

Bender (2014) considera que o PjBL é uma das práticas de ensino mais eficazes do século XXI, uma vez que os estudantes trabalham com questões e problemas reais, colaboram na criação de soluções e apresentam os resultados, simulando de certa forma o ambiente profissional e desenvolvendo competências diversas ao longo da atividade. Os professores e tutores envolvidos atuam como orientadores e fornecem o apoio necessário para que as equipes de estudantes busquem por informações necessárias ao desenvolvimento do projeto. Ao se elaborar uma proposta PjBL, recomenda-se que sejam seguidas algumas etapas básicas, mas que podem ser flexibilizadas: apresentação de pergunta/questão motivadora; apresentação do desafio de projeto; atividade de pesquisa realizada pelos estudantes; cumprimento do desafio com o desenvolvimento do projeto; prototipagem; apresentação do produto; discussão e feedback dos tutores; e revisitação à pergunta inicial.

Antonialli e Watanabe (2021) relatam sucesso na utilização da PjBL para a elaboração de atividades de extensão integradoras durante oficinas de capacitação docente na Universidade Federal de São Carlos (UFSCar) e na Universidade

Federal do Recôncavo da Bahia (UFRB), com efetiva identificação de objetivos de aprendizagem e estruturação de competências (conhecimentos, habilidades e atitudes) esperadas, acrescidas da articulação de saberes de diferentes áreas. Tais atividades estão alinhadas às demandas atuais de curricularização da extensão, explicitadas na Resolução n° 7, de 18 de dezembro de 2018 (Brasil, 2018).

O Quadro 2.1 exibe uma comparação contendo as principais características que diferenciam o PBL e a PjBL, mas também as que são comuns entre elas.

Quadro 2.1 – Comparação entre os métodos PBL e PjBL

	PBL	PjBL
Diferenças	Elemento disparador: uma situação-problema	Elemento disparador: uma pergunta/questão motivadora, seguida de um desafio de projeto
	Problema: definido pelo professor (garante cobertura de conteúdos de interesse)	Projeto: definido pelos alunos mediados pelo professor (maior potencial de motivação dos alunos)
	Objetivo: análise e solução de um problema	Objetivo: desenvolvimento de produto novo
	Duração curta: 2 a 4 semanas	Duração média: 4 a 12 semanas
	Etapas: bem definidas	Etapas: mais abertas e flexíveis
	Produto final: não obrigatório	Produto final: obrigatório
Similaridades	Elementos disparadores contextualizados visando uma formação efetiva para o exercício profissional	
	Favorecem aprendizagem contextualizada e significativa	
	Requerem disposição, planejamento e habilidades específicas do professor e do aluno	
	Métodos de ensino centrados no aluno e na formação por competências	
	Favorecem a interdisciplinaridade e aprendizagem de forma autônoma.	
	Favorecem o desenvolvimento de habilidades como criatividade, inovação, comunicação e trabalho em equipe	

Fonte: adaptado de Barbosa e Moura (2014).

A avaliação de aprendizagem no PBL e no PjBL deve ser multifacetada, podendo envolver processos somativos e formativos implementados por meio de avaliação individual de conhecimento, autoavaliação e avaliação interpares de habilidades e atitudes.

As TDIC possibilitam a adaptação do PBL e do PjBL ao ensino remoto, especialmente aplicativos como o Jamboard, Mindmeister, Trello e Padlet, que possibilitam a elaboração coletiva e simultânea de materiais como mapas mentais, matriz SWOT (*Strengths, Weaknesses, Opportunities and Threats*) ou FOFA (fortalezas, oportunidades, fraquezas e ameaças), matriz de *stakeholders* (ou grupos de interesse) e planilha de Gantt.

2.4.5 Gamificação

Os games ou jogos são formas de entretenimento que envolvem usualmente regras, objetivos, conflitos, recompensas, feedback imediato e diferentes níveis, características que os tornam populares e atraentes a diferentes públicos. Essas características possibilitaram que os games fossem adaptados e utilizados em ambientes empresariais e educacionais, buscando: i) motivar e aumentar a atividade dos participantes; ii) manter o nível de atenção elevado; iii) promover o envolvimento e a aprendizagem. Esse contexto de aplicação dos games em diferentes contextos, incluindo o da educação, foi definida por Kapp (2012) como gamificação ou o uso de jogos didáticos.

McGonigal (2011) indica que quatro elementos são fundamentais em qualquer jogo: voluntariedade, regras, objetivos e feedbacks, e esses mesmos elementos, representados na Figura 2.8a por Silva, Sales e Castro (2019), devem estar interligados também em uma gamificação com fins educacionais de modo a produzir uma experiência próxima a um jogo completo. Além disso, os autores indicam que é fundamental que os objetivos sejam esclarecidos e as regras claras, havendo feedback imediato, recompensas, narrativa e diferentes níveis de forma a construir motivação intrínseca, diversão, abstração da realidade, competição, cooperação, conflito e voluntariedade.

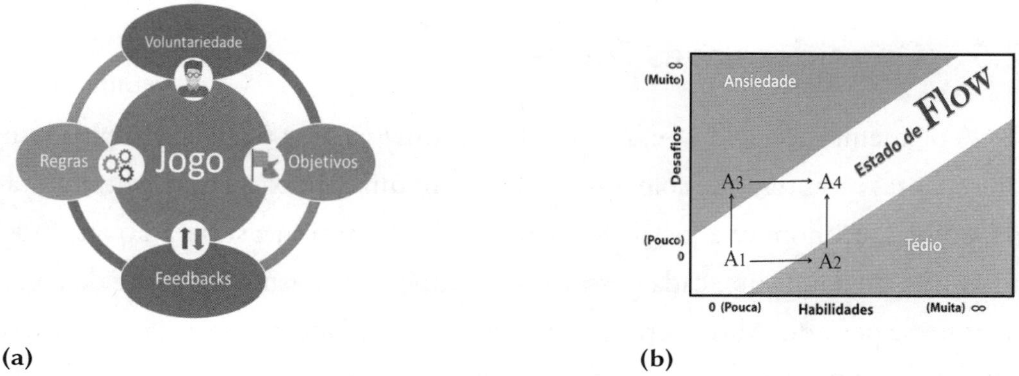

Figura 2.8 – Gamificação. (a) Elementos básicos de um game; (b) estado de *flow*.

Fonte: Silva, Sales e Castro (2019).

Assim, no seu planejamento é preciso desenvolver atividades nas quais há equilíbrio entre o nível de dificuldade do desafio e a habilidade compatível dos estudantes, no que se convencionou denominar estado de *flow* (Figura 2.8b), buscando mantê-los longe de situações de imenso tédio ou excessiva ansiedade e potencializando a aprendizagem significativa. Silva, Sales e Castro (2019) indicam que o professor deve propor um desafio inicial (A1) que seja possível de ser realizado pelo estudante com os conhecimentos e habilidades básicas. Posteriormente, um novo desafio com nível de complexidade maior deve ser lançado, mas que não poderá ser tão difícil, levando o aluno ao estado de ansiedade (A3), e nem tão fácil que possa levá-lo ao tédio (A2). O ideal é que ele permaneça no estado *flow*, mas em níveis mais elevados de conhecimento e habilidade (A4).

Muitos aplicativos digitais via web, como Nearpod, Mentimeter, Kahoot!, Socrative e Plickers, indicados anteriormente, já são estruturados como jogos ou possuem recursos facilmente adaptáveis à utilização como tal. São testes de múltipla escolha, jogos de memória, sequência de questões e telas gráficas, contando ainda com o controle de tempo para respostas.

2.5 Considerações finais

A pandemia de covid-19 é, sem sombra de dúvida, uma tragédia sanitária sem precedentes recentes, que colocou o mundo em um contexto de crise humanitária, política, econômica e social. Não é o caso de romantizar a superação ou ainda a redução de danos que cada pessoa ou instituição de ensino foi capaz de construir nesse período. Mas é certo que houve a necessidade de repensar as práticas cotidianas, inclusive no que se refere ao exercício da docência.

Ainda que os autores deste capítulo tenham acumulado experiências de capacitação voltadas à comunidade interna da Universidade Federal de São Carlos (UFSCar) desde 2018, é inegável que a demanda por oficinas de formação e desenvolvimento docente cresceu significativamente entre 2020 e 2021, inclusive a partir de outras instituições. No caso dos cursos de Engenharia, além da conjuntura da pandemia, tem-se também o efeito das novas DCN (Brasil, 2019), que trazem em seu Art. 14, §1°, a necessidade de que o curso mantenha um programa de formação e desenvolvimento do seu corpo docente para promover maior envolvimento com o projeto pedagógico, buscando englobar estratégias de ensino ativas, práticas interdisciplinares e o desenvolvimento das competências desejadas nos egressos.

No presente capítulo, foram destacadas algumas metodologias ativas que foram objeto de estudo e aplicação mais aprofundada pelos autores, incluindo a adaptação das estratégias ao ensino remoto utilizando TDIC diversificadas. Entretanto, o universo das metodologias ativas ou estratégias de aprendizagem ativa é amplo, como indicado por Plass, Homer e Kinzer (2015), Elmôr Filho *et al.* (2019) e Villas-Boas e Sauer (2019), contemplando: *Design Thinking*, *Peer Instruction*, *In-class Exercises*, *Just-in-Time Teaching*, *One-minute Paper*, *Jigsaw*, *Game-based Learning*, dentre outras. Com o devido estudo dos princípios que fundamentam estas e outras metodologias ativas, bem como a vivência prática de cada uma delas, é possível verificar como podem ser adaptadas ao ensino remoto e presencial e quais TDIC seriam úteis para sua implementação.

Um aspecto importante em relação às diferentes estratégias de aprendizagem ativa que envolvem a participação em equipe, como o *Fishbowl*, TBL, PBL e PjBl, é a realização de um processo de autoavaliação e avaliação interpares entre os integrantes de uma mesma equipe. Esse processo pode ser realizado por meio de um formulário online disponibilizado ao final da atividade, permitindo que cada participante tenha um feedback dos colegas em relação à sua forma de atuação e a colaboração nas atividades desenvolvidas em equipe.

Ainda que o acúmulo de desafios possa parecer inoportuno, é certo que o ensino remoto emergencial fez com que os docentes se tornassem mais atentos para a necessidade de que os estudantes desenvolvam mecanismos de aprendizagem autônoma ou colaborativa, aproveitando-se especialmente dos momentos assíncronos das disciplinas. Com a retomada das atividades presenciais, é preciso repensar o tempo em sala de aula à luz das experiências adquiridas nos últimos semestres. Nesse sentido, diferentes TDICs e estratégias de aprendizagem ativa podem ser extremamente úteis para mobilizar e motivar os estudantes, seja no ensino presencial ou em um modelo de ensino híbrido, respeitando-se as normativas institucionais.

Referências

ANTONIALLI, A. Í. S.; WATANABE, F. Y. Experiências envolvendo a aprendizagem baseada em projetos na elaboração de atividades de extensão integradoras. *In*: SEMINÁRIO INOVAÇÕES CURRICULARES, 8., 2021, Evento Online. **Anais** [...]. Campinas: UNICAMP, 2022.

ANTONIALLI, A. Í. S.; WATANABE, F. Y.; VENTURA, C. E. H. Empregando situações-problema como parte dos processos de ensino-aprendizagem de uma disciplina da área de manufatura: resultados de avaliação. *In*: CONGRESSO BRASILEIRO DE EDUCAÇÃO EM ENGENHARIA (COBENGE 2020), 48., 2020, Evento Online. **Anais** [...]. Brasília: ABENGE, 2020. DOI: http://www.abenge.org.br/sis_artigo_doi.php?e=COBENGE&a=20&c=3317.

BARBOSA, E. F.; MOURA, D. G. Metodologias ativas de aprendizagem no ensino de Engenharia. *In*: INTERNATIONAL CONFERENCE ON ENGINEERING AND TECHNOLOGY EDUCATION, 13., 2014, Guimarães. **Proceedings** [...]. Guimarães: COPEC, 2014. p. 110-116. Disponível em: http://copec.eu/intertech2014/proc/works/25.pdf. Acesso em: 19 mar. 2022.

BENDER, W. N. **Aprendizagem baseada em projetos**: educação diferenciada para o século XXI. Porto Alegre: Penso, 2014.

BERGMANN, J. SAMS, A. **Sala de aula invertida**: uma metodologia ativa de aprendizagem. Rio de Janeiro: LTC, 2018.

BOLLELA, V. R.; SENGER, M. H.; TOURINHO, F. S. V.; AMARAL, E. Aprendizagem baseada em equipes: da teoria à prática. **Medicina**, Ribeirão Preto, v. 47, n. 3 p. 293-300, 2014. DOI: https://doi.org/10.11606/issn.2176-7262.v47i3p293-300.

BONWELL, C. C.; EISON, J. A. **Active learning**: creating excitement in the classroom. Washington, D.C.: The George Washington University, School of Education and Human Development, 1991. (ASHE-ERIC Higher Education Reports Series, n. 1).

BRASIL. Ministério da Educação. Conselho Nacional de Educação. Câmara de Educação Superior. **Resolução n° 2, de 24 de abril de 2019**. Institui as Diretrizes Curriculares Nacionais do Curso de Graduação em Engenharia. Brasília: Ministério da Educação, 2019. Disponível em: https://www.in.gov.br/web/dou/-/resolu%C3%87%C3%83o-n%C2%BA-2-de-24-de-abril-de-2019-85344528. Acesso em: 19 mar. 2022.

BRASIL. Ministério da Educação. Conselho Nacional de Educação. Câmara de Educação Superior. **Resolução n° 7, de 18 de dezembro de 2018**. Estabelece as Diretrizes para a Extensão na Educação Superior Brasileira e regimenta o disposto na Meta 12.7 da Lei n° 13.005/2014, que aprova o Plano Nacional de Educação – PNE 2014-2024 e dá outras providências. Brasília: Ministério da Educação, 2019. Disponível em: https://www.in.gov.br/materia/-/asset_publisher/Kujrw0TZC2Mb/content/id/55877808. Acesso em: 02 maio 2022.

BROUWER, H.; BROUWERS, J. **The MSP tool guide**: Sixty tools to facilitate multi-stakeholder partnerships. Companion to The MSP Guide. Wageningen: Wageningen University and Research, CDI, 2017.

BRUFF, D. **Thinking about think-pair-share**. Disponível em: https://derekbruff.org/?p=3117. Acesso em: 19 mar. 2022.

BURDE, D.; KAPIT, A.; WAHL, R. L.; GUVEN, O.; SKARPETEIG, M. I. Education in emergencies: a review of theory and research. **Review of Educational Research**, v. 87, n. 3, p. 619-658, 2017. DOI: https://doi.org/10.3102/0034654316671594.

CARMONA, F.; BOLLELA, V. R. Desenvolvimento docente para educação remota emergencial em 2020: a experiência da Faculdade de Medicina de Ribeirão Preto da Universidade de São Paulo (FMRP-USP). **Medicina**, Ribeirão Preto, v. 54, n. 1, e-1855592021. DOI: https://doi.org/10.11606/issn.2176-7262.rmrp.2021.185559.

DEHART, J. The red hills surgical center invites students to watch medical procedures up close and personal - The operating theatre. *In*: **Tallahassee Magazine** (Digital Edition), 2013. Disponível em: https://www.tallahasseemagazine.com/the-red-hills-surgical-center-invites-students-to-watch-medical-procedures-up-close-and-personal/. Acesso em: 1 maio 2022.

EITINGTON, J. E. **The winning trainer**: winning ways to involve people in learning. 4. ed. Woburn: Butterworth–Heinemann, 2002.

ELLIOTT, G.; ISAAC, C. L.; MUHLERT, N. Measuring forgetting: a critical review of accelerated long-term forgetting studies. **Cortex**, n. 54, p. 16-32, 2014. DOI: https://dx.doi.org/10.1016/j.cortex.2014.02.001.

ELMÔR FILHO, G.; SAUER, L. Z.; ALMEIDA, N. N.; VILLAS-BOAS, V. **Uma nova sala de aula é possível**: aprendizagem ativa na Educação em Engenharia. Rio de Janeiro: LTC, 2019.

FREEMAN, S.; EDDY, S. L.; MCDONOUGH, M.; SMITH, M. K.; OKOROAFOR, N.; JORDT, H.; WENDEROTH, M. P. Active learning increases student performance in Science, Engineering, and Mathematics. **PNAS**, v, 111, n. 23, p. 8410-8415, 2014. DOI: https://doi.org/10.1073/pnas.1319030111.

HODGES, C.; MOORE, S.; LOCKEE, B.; TRUST, T.; BOND, A. The difference between emergency remote teaching and online learning. **EDUCAUSE Review**, 27 mar. 2020. Disponível em: https://er.educause.edu/articles/2020/3/the-difference-between-emergency-remote-teaching-and-online-learning. Acesso em: 19 mar. 2022.

ICMC – INSTITUTO DE CIÊNCIAS MATEMÁTICAS E DE COMPUTAÇÃO. Um guia para sobreviver à pandemia do ensino remoto. **Portal USP São Carlos**, São Carlos, 7 maio 2020. Disponível em: http://www.saocarlos.usp.br/um-guia-para-sobreviver-a-pandemia-do-ensino-remoto/. Acesso em: 19 mar. 2022.

KAPP, K. **The gamification of learning and instruction**: game-based methods and strategies for training and education. Pfeifer: San Francisco, 2012.

LENZ, P. H.; MCCALLISTER, J. W.; LUCKS, A. M.; LE, T. T.; FESSLER, H. E. Practical strategies for effective lectures. **Seminars for Educators, Annals of the American Thoracic Society**, v. 12, n. 4, p. 561-566, 2015. DOI: https://doi.org/10.1513/AnnalsATS.201501-024AR.

LO, C. K.; HEW, K. F.; CHEN, G. Toward a set of design principles for mathematics flipped classrooms: a synthesis of research in mathematics education. **Educational Research Review**, v. 22, p. 50-73, 2017. DOI: http://doi.org/10.1016/j.edurev.2017.08.002.

MARQUES, A. P. A. Z. **TBL active**: metodologias ativas. Disponível em: https://www.tblactive.com.br/. Acesso em: 19 mar. 2022.

MCGONIGAL, J. **Reality is broken**: why games make us better and how they can change the world. New York: The Penguin Press, 2011.

MICHAELSEN, L. K. PARMELEE, D. X.; MCMAHON, K. K.; LEVINE, R. E. **Team-based learning for health professions education**: a guide to using small groups for improving learning. Sterling: Stylus, 2008.

PALHARES, A. P. F.; REZENDE, A. C.; MOUSSA, C. B. G.; WATANABE, F. Y. O programa de tutoria no ensino não presencial emergencial de Graduação na Universidade Federal de São Carlos. *In*: CONGRESSO BRASILEIRO DE EDUCAÇÃO EM ENGENHARIA (COBENGE 2020), 48., 2020, Evento Online. **Anais** [...]. Brasília: ABENGE, 2020. DOI: http://www.abenge.org.br/sis_artigo_doi.php?e=COBENGE&a=20&c=3162.

PLASS, J. L.; HOMER, B. D.; KINZER, C. K. Foundations of game-based learning. **Educational Psychologist**, v. 50, n. 4, p. 258-283, 2015. DOI: http://dx.doi.org/10.1080/00461520.2015.1122533.

PRINCE, M. Does active learning work? a review of the research. **Journal of Engineering Education**, v. 93, n. 3, p. 223-231, 2004. DOI: https://doi.org/10.1002/j.2168-9830.2004.tb00809.x.

SILVA, J. B.; SALES, G. L.; CASTRO, J. B. Gamificação como estratégia de aprendizagem ativa no ensino de Física. **Revista Brasileira de Ensino de Física**, São Paulo, v. 41, n. 4, e20180309, 2019. DOI: https://doi.org/10.1590/1806-9126-RBEF-2018-0309.

SINCLAIR, M. Education in emergencies. *In*: CRISP, J. TALBOT, C.; CIPOLLONE, D. B. (ed.). **Learning for a future**: refugee Education in developing countries. Geneva: United Nations High Commissioner for Refugees (UNHCR), 2001, p. 1-83. Disponível em: https://www.unhcr.org/publications/operations/4a1d5ba36/learning-future-refugee-education-developing-countries.html. Acesso em: 19 mar. 2022.

SOUZA, D. A. **How the brain learns**. 5. ed. Corwin, 2017.

UNICEF. **Knowledge exchange toolbox**: group methods for sharing, discovery and co-creation. New York: UNICEF – Division of Data, Policy and Research, 2015.

UNITED NATIONS. Office of the High Commissioner for Human Rights (OHCHR). **Share, learn, innovate! Methods and technologies to share human rights knowledge and ideas**. New York/Geneva, 2011.

VILLAS-BOAS, V.; SAUER, L. Z. Aprendizagem ativa na educação em Engenharia em tempos da indústria 4.0. *In*: OLIVEIRA, V. F. (org.). **A Engenharia e as novas DCNs**: oportunidades para formar mais e melhores engenheiros. Rio de Janeiro: LTC, 2019.

WATANABE, F. Y.; ANTONIALLI, A. I. S.; BELEZA, A. C. S.; CONTINI, A. A.; TAKAHASHI, A. C. M.; HELMER, E. A.; GONÇALVES, F. G. P.; SAY, K. G.; PADOVEZ, R. F. C. M. Aprendizagem ativa e uso de recursos interativos no contexto de uma aula expositiva dialogada. *In*: CONGRESSO BRASILEIRO DE EDUCAÇÃO EM ENGENHARIA (COBENGE 2019), 47., 2019, Fortaleza. **Anais** [...]. Brasília: ABENGE, 2019. Disponível em: http://www.abenge.org.br/sis_submetidos.php?acao=abrir&evento=COBENGE19&codigo=COBENGE19_00105_00002563.pdf. Acesso em: 19 mar. 2022.

WATANABE, F. Y.; BELEZA, A. C. S.; CONTINI, A. A.; TAKAHASHI, A. C. M.; ANTONIALLI, A. I. S.; HELMER, E. A.; GONÇALVES, F. G. P.; SAY, K. G.; PADOVEZ, R. F. C. M. O fishbowl como estratégia de discussão e aprendizagem ativa no ensino presencial e on-line. *In*: CONGRESSO BRASILEIRO DE EDUCAÇÃO EM ENGENHARIA (COBENGE 2021), 49., 2021, Evento Online. **Anais** [...]. Brasília: ABENGE, 2021. DOI: http://www.abenge.org.br/sis_artigo_doi.php?e=COBENGE&a=21&c=3545.

WATANABE, F. Y.; MOREIRA, R. F. C.; SAY, K. G.; BELEZA, A. C. S.; CONTINI, A. A.; TAKAHASHI, A. C. M.; ELMER, E. A.; GONÇALVES, F. G. P. Formação docente em metodologias ativas e o uso de Tecnologias Digitais de Informação e Comunicação (TDIC) no ensino remoto emergencial. *In*: CONGRESSO INTERNACIONAL DE EDUCAÇÃO E TECNOLOGIAS/ENCONTRO DE PESQUISADORES EM EDUCAÇÃO A DISTÂNCIA (CIET:EnPED), 5., 2020, São Carlos. **Anais** [...]. São Carlos: UFSCar, 2020. Disponível em: https://cietenped.ufscar.br/submissao/index.php/2020/article/view/1810. Acesso em: 19 mar. 2022.

Capítulo 3

Experiências na transição para aulas emergenciais remotas em um curso de graduação em Engenharia Elétrica: resultados da UFF

Rainer Zanghi
Luciano de Oliveira Daniel

3.1 Introdução

No contexto das Engenharias, as Diretrizes Curriculares Nacionais (DCN), em sua revisão de 2019 (Brasil, 2019), demandam a aplicação de metodologias ativas nos processos de ensino-aprendizagem (PEA) dos cursos. Para além dos desafios e questionamentos sobre a eficácia dessas metodologias aplicadas aos PEA nas Engenharias, a exigência por PEA remotos emergenciais nesses cursos, em decorrência da pandemia de covid-19 (UFF, 2020), introduziu novos elementos nesse debate. A transição abrupta de uma forma de ensino totalmente presencial para outra totalmente remota, apoiada em tecnologias de informação e comunicação (TICs), proporcionou reflexões importantes sobre os PEA (Behar, 2020; Pimentel; Carvalho, 2020).

Soma-se a esse quadro a formação predominantemente de bacharéis sem licenciatura dos professores do magistério superior em cursos de Engenharia (Rehem, 2018). É recorrente entre esses profissionais, uma tendência à reprodução de um modelo expositivo e centrado no professor, prevalente como caso de sucesso na sua formação como aluno (Rehem, 2018). Nesse panorama, a adoção de metodologias de aprendizagem ativa (UCLES, 2020), onde o aluno é o protagonista do PEA, representa uma mudança significativa, com incertezas e inseguranças associadas. Propostas híbridas, mesclando metodologias expositivas e ativas, também se apresentam como alternativas, em uma relação de compromisso (Masetto, 2009).

Do ponto de vista dos alunos dos cursos de Engenharia, é necessário considerar diversos fatores que podem influenciar o PEA, com consequências na efetividade das metodologias adotadas. Dentre esses fatores, podem ser citados: carga horária de estudos extraclasse; interatividade entre pares; experiências e conhecimentos prévios; expectativas sobre a formação e a profissão; habilidades sociais e emocionais; motivação intrínseca e extrínseca; inclusão digital e domínio das TICs.

Este capítulo apresenta um relato de experiências dos autores, como docentes do curso de Engenharia Elétrica da Universidade Federal Fluminense (UFF), em dezoito turmas de sete diferentes disciplinas, durante três semestres de PEA remoto emergencial. As análises qualitativas e quantitativas apresentadas são comparadas com dados obtidos em semestres anteriores, utilizando o modelo presencial. Dentre as metodologias e técnicas empregadas nos PEA apresentados, destacam-se: sala de aula invertida; taxonomia de Bloom revisada (Anderson-Krathwohl, 2001; Ferraz, 2010; Pilla Junior; Ferlin, 2011) nos objetivos de aula; rubricas para avaliações; mapas mentais; avaliação formativa através de enquetes síncronas; avaliação somativa por questionários síncronos; uma adaptação do JiTT (*Just in Time Teaching*) (Elmôr Filho *et al.*, 2019); avaliação por pares; videoaulas assíncronas; listas de exercícios; interatividade em redes sociais; fóruns de discussão; avaliações orais síncronas em grupos; técnicas mistas como a Metodologia Expositiva Modificada (MEM); autoavaliações; processo de avaliação continuada; e metodologias de feedback.

Este relato busca problematizar e discutir, no contexto de práticas pedagógicas remotas: a relação entre as metodologias ativas e convencionais; efeitos da introdução dessas técnicas nas disciplinas apresentadas; desafios na elaboração de métricas para avaliar o desempenho da aplicação das metodologias; eficácia dos Métodos de Instrução Direta (MID); novas possibilidades proporcionadas pelos diferentes Ambientes Virtuais de Ensino-Aprendizagem (AVEA) disponíveis; abordagem de questões relacionadas à ética, plágio e direitos autorais em ambientes virtuais.

O presente capítulo está organizado da seguinte forma: na Seção 3.2 é exposto o referencial teórico utilizado para o desenvolvimento das metodologias utilizadas neste estudo de caso; na Seção 3.3 são apresentados os estudos de caso de implementação de metodologias em disciplinas do Curso de Engenharia Elétrica da UFF ministrado na modalidade remota; na Seção 3.4, resultados são apresentados e analisados; e, por fim, na Seção 3.5 são realizadas as considerações finais sobre os casos apresentados.

3.2 Referencial teórico

O presente capítulo adota uma postura crítica sobre a aplicação de metodologias ativas para alcançar os objetivos de aprendizagem no PEA. Adota-se um posicionamento epistemológico pluralista e positivista no que diz respeito à metodologia de análise, com base em evidências. No entanto, busca-se uma visão pragmática da aplicabilidade das metodologias, com critérios suportados por resultados. Considerando as incertezas associadas aos processos humanos e sociais, devem-se expandir os critérios de evidências para incluir as subjetividades e intersubjetividades das complexas relações do par discente-docente. Os autores orientam sua postura pela honestidade acadêmica e pelo envolvimento desejante com os temas abordados. Emprega-se a postura cooperativa do conhecimento compartilhado e do diálogo, sem deixar de lado as exigências e demandas que devem ser atendidas nos processos formativos de profissionais engenheiros.

Em Villas-Boas (2019) são apresentadas as bases teóricas da aprendizagem ativa no contexto das Engenharias. Nesse trabalho é ressaltado que ambientes de aprendizagem ativa devem privilegiar PEA que utilizam pedagogia relacional, fundamentada nos trabalhos de Jean Piaget. Nesse cenário, o docente age como mediador e introduz problematizações que estimulem a reflexão sobre os conteúdos. É fundamental que o discente assuma postura ativa, e reflita sobre suas ações. Ainda em Villas-Boas (2019), uma importante reflexão é promovida sobre a realidade da aplicação desse paradigma e as modificações que se fazem necessárias. É preciso que docente e discente desejem e concordem com os objetivos dessas mudanças atitudinais, estabelecendo um novo contrato didático. Em Masetto (2009), algumas características desse novo par docente-discente são elencadas, enfatizando a necessidade de mudança da formação pedagógica dos docentes e o desenvolvimento de atitudes e valores pelos estudantes.

A presença de metodologias ativas de ensino nos cursos de graduação em Engenharia é preconizada pelas DCN (Brasil, 2019). Em Elmôr Filho *et al.* (2019) e Oliveira (2019) são apresentadas diversas metodologias ativas aplicadas ao ensino de Engenharia no Brasil. Nesses trabalhos, é ressaltada a importância de um replanejamento do Programa Pedagógico dos Cursos (PPC) para que se adequem a essas novas diretrizes. Uma breve pesquisa nos PPCs de Engenharia Elétrica disponíveis nos sites de onze universidades federais e três universidades estaduais brasileiras indica que em todas as universidades públicas consultadas ainda não foi feita a adaptação desses programas para as DCN de 2019. As datas de criação desses PPC variam de 1999 a 2019. Nesse cenário, o esforço de aplicação de aulas com metodologias ativas ainda é um esforço dos docentes, com pouco ou nenhum suporte das coordenações de cursos, departamentos de ensino e instâncias superiores. Sem a formação de uma cultura docente e discente e uma ação conjunta e integrada entre docentes e demais agentes institucionais, as aulas com metodologias ativas poderão não encontrar seu verdadeiro potencial educacional. Essa perspectiva colaborativa é apontada por Masetto (2009) como fundamental para o sucesso desse trabalho coletivo, em contraposição a um possível isolamento docente.

Segundo Elmôr Filho *et al.* (2019), para o planejamento metodológico de uma aula que fomente a participação ativa dos estudantes de Engenharia é desejável propor situações-problema que relacionem os conceitos com a aplicação das técnicas para sua solução. Ainda em Elmôr Filho *et al.* (2019), para essa sala de aula ativa, as abordagens didáticas precisam contemplar: a construção de conceitos através da expressão do que foi entendido; os procedimentos necessários na aplicação de técnicas; e atitudes associadas aos princípios éticos. Os autores ressaltam que as atividades em grupo podem ser potencializadores desse processo e propõem exemplos de aulas com diversas abordagens em que a "responsabilidade coletiva" é um dos objetivos de aprendizagem. Para alcançar tal objetivo, as estratégias apresentadas demandam que todos os discentes integrantes do grupo sejam capazes de serem arguidos sobre as soluções propostas nas atividades e a avaliação de todos os integrantes será dada a partir dessa resposta. Não é considerado na abordagem proposta em Elmôr Filho *et al.* (2019) a diversidade da experiência docente e as diferentes hipóteses discentes, incluindo aqueles alunos que não contribuem para o grupo, por diferentes motivos, e deixam para outros integrantes do grupo a responsabilidade de execução das tarefas.

Nessa hipótese, os alunos que participam ativamente se sentem em situação constrangedora e podem ter seu desempenho na avaliação comprometido pelo colega que não atendeu aos objetivos da atividade. Agrava-se o fato no ambiente remoto, onde há um pressuposto de autonomia na escolha da intensidade de envolvimento síncrono de cada estudante. Esse cenário é propício a assimetrias de expectativas que dificultam a cooperação necessária nas atividades em grupo. Duas propostas aplicadas pelos autores do presente capítulo em aulas remotas para mitigar os efeitos negativos dessas hipóteses são: a utilização de avaliações por pares entre os integrantes do grupo; o uso de atas de reunião de grupo registrando no documento, a contribuição de cada integrante.

No presente capítulo é adotado o modelo esquemático para aulas online remotas ilustrado na Figura 3.1. Nesse modelo são consideradas atividades síncronas aquelas que ocorrem simultaneamente para todos os estudantes, com ou sem a presença do docente. Para atividades assíncronas adota-se a premissa de que estas sejam realizadas por cada estudante ou por um grupo de estudantes fora do horário definido para as atividades síncronas. Os estudantes podem realizar as atividades assíncronas quando desejarem, a partir de sua disponibilização no AVEA, observando prazos para tarefas que envolvem entrega de material a ser avaliado pelos docentes. Entendem-se como aulas síncronas as ações expositivas do docente que ocorrem na presença dos estudantes, com oportunidade de diálogo direto. As aulas assíncronas são ações expositivas cujo autor é o docente ou outros selecionados e curados por ele.

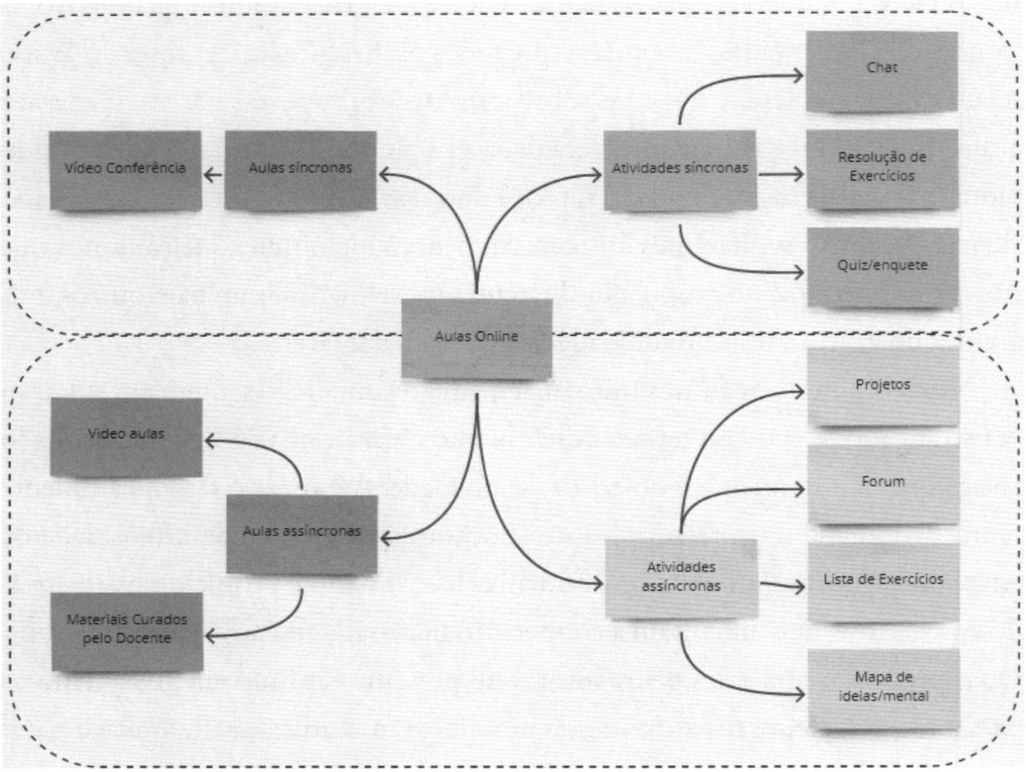

Figura 3.1 – Modelo de aulas online remotas.

As estratégias e metodologias de aprendizagem autônoma são elementos fundamentais para a realização de atividades assíncronas em ambientes remotos. Em tais ambientes, onde o estudante se encontra separado fisicamente dos demais, se faz necessário desenvolver estratégias de estudo que fomentem uma postura ativa e criativa ao abordar materiais disponibilizados em um AVEA. Uma dessas estratégias é o uso de mapas mentais como instrumento de síntese dos conteúdos de uma unidade temática. Os mapas mentais foram criados pelo psicólogo Tony Buzan e são ferramentas aplicadas a diversas áreas como educação e planejamento.

De acordo com Buzan e Brien (2018), os mapas mentais têm uma abordagem analítica que pode ser utilizada para resolver qualquer problema e permitem, através de uma visão ampla, identificar conexões entre elementos. Vale ressaltar que as habilidades de resolução de problemas e visão holística são preconizadas pelas DCN (Brasil, 2019) aos egressos dos cursos de graduação em Engenharia.

Considerando os modelos sugeridos para as atividades remotas emergenciais, onde tanto os estudantes como os docentes estariam em um AVEA e as atividades deveriam ser divididas em síncronas e assíncronas, cria-se uma interessante oportunidade de utilizar modelos que valorizam o tempo reduzido disponível de contato com o docente nas atividades síncronas. A sala de aula invertida é uma metodologia ativa proposta por Jonathan Bergmann e Aaron Sams em 2006 (Bergmann; Sams, 2019), também explorada no Capítulo 2 deste livro (ver Seção 2.4). Segundo Bergman e Sams, com o auxílio das TIC na disponibilização dos materiais em um AVEA sob a forma de vídeos, textos e sites, é possível ajudar os estudantes ocupados e que precisam rever os conteúdos em tempos diferentes. Além de promover a autonomia do discente na pré-aula, o momento aula pode ser potencializado com atividades que evoquem a participação ativa dos docentes. Busca-se elevar o nível de conhecimento prévio dos discentes para o momento aula, evocando uma troca mais rica e dialogada com o docente, centrada em uma abordagem ativa dos discentes para ampliar os entendimentos e sanar dúvidas.

O afastamento presente pelas aulas remotas, agravado por situações de ausência de contato visual ou sonoro, é um desafio para o desenvolvimento de atitudes e valores preconizados pelas DCN (Brasil, 2019) e pelos PPC dos cursos de graduação em Engenharia. Nesse cenário, é necessário abordar questões relacionadas à prática de atividades acadêmicas desonestas (Veludo-De-Oliveira *et al.*, 2014). O plágio acadêmico é uma realidade vivida pelos profissionais da educação no ensino superior. A tipificação do plágio como crime e sua definição ainda são objeto de discussão, como pode ser visto em Farina (2020), Guedes *et al.* (2018) e Satur *et al.* (2020). Os autores do presente capítulo aderem à definição apresentada em Nery *et al.* (2010), que estipula: "o plágio acadêmico se configura quando um aluno retira, seja de livros ou da Internet, ideias, conceitos ou frases de outro autor (que as formulou e as publicou), sem lhe dar o devido crédito, sem citá-lo como fonte de pesquisa". Para além dessa definição, deve-se considerar o plágio em que o discente entrega uma tarefa que não foi feita por ele mesmo, através de acordos que podem ser comerciais ou não. Pode haver originalidade, pois o trabalho é único, mas há sempre falsidade ideológica na autoria. Sob o ponto de vista didático, as atividades avaliativas perdem sua capacidade de diagnóstico. Troca-se a experimentação do erro como uma oportunidade de aprendizado pela desonestidade e a postura antiética.

Considerando o vínculo estabelecido entre o docente e o discente no ambiente de ensino-aprendizagem e sua potencialização a partir da confiança e honestidade, o ato de plágio representa uma ruptura com efeitos negativos para essa relação. Para os docentes, a falta de confiança prejudica a elaboração de atividades avaliativas. De forma reativa, podem assumir uma postura defensiva, restringindo as atividades avaliativas para somente aquelas onde o plágio possa ser reconhecido mais facilmente. Também podem assumir uma postura passiva, sem realizar nenhum tipo de verificação ou medida de prevenção para evitar conflitos e situações desgastantes emocionalmente. Para os discentes, entre aqueles que se esforçam e não alcançam o desempenho desejado, são reportados sentimentos de injustiça pelo resultado sem esforço alcançado pelos colegas que praticaram o plágio.

Uma alternativa interessante para a inclusão da postura ética antiplágio é a sua consideração nos objetivos de aprendizagem. Falar sobre o tema da desonestidade acadêmica e como ela se manifesta deve ser um dos objetivos em sala de aula. Dessa forma, o tema passa a ser mais um objetivo que deve ser aprendido e alcançado pelos discentes. No estabelecimento do contrato didático (Pessoa, 2004), o docente define as cláusulas de distrato ou anulação do contrato e os critérios utilizados para definir o plágio, determinando também suas consequências. Assim, implica-se o discente no processo, proporcionando uma oportunidade de transformação atitudinal através da experiência reflexiva. O apoio institucional também tem um papel importante na conscientização sobre o tema. Algumas instituições incluem uma tipificação com diversos níveis de gravidade para as práticas desonestas em avaliações, em documentos normativos que funcionam como referência para os comitês de ética. No entanto, de acordo com Guedes *et al.* (2019), as instituições de ensino superior brasileiras carecem de uma postura institucional ativa sobre o plágio e apresentam nenhum ou pouco material sobre o tema em seus regimentos e sites públicos.

3.3 Estudo de caso: adaptações para o ensino remoto

Durante o período que precedeu o semestre de 2020.1, foram realizados diversos encontros virtuais entre os docentes do Departamento de Engenharia Elétrica da Universidade Federal Fluminense (UFF), preocupados em entender como planejar as disciplinas no ensino remoto e se preparar para esta nova experiência. Desses encontros, três principais desafios para os docentes foram elencados pelos participantes: balanceamento entre as atividades síncronas e assíncronas; elaboração de videoaulas; e atividades avaliativas que estimulam a ação e autoria dos estudantes. Esses três temas e as abordagens adotadas são descritas nas próximas subseções.

Quadro 3.1 – Disciplinas e abordagens descritas no relato

Disciplina / abordagem	Atividades síncronas	Atividades assíncronas	Atividades avaliativas	Metodologias
Eletrônica Digital / 1ª	Encontros síncronos via plataforma de videoconferência e questionários	Videoaula, mapa mental, lista de exercícios, projeto em grupo, fórum	Todas as atividades receberam feedback com nota; avaliação continuada por unidade temática semanal	*Problem Based Learning, JiTT, Aula Invertida*
Análise de Sistema de Controle / 2ª	Encontros síncronos via plataforma de videoconferência e *lives* no YouTube	Vários vídeos na plataforma YouTube, listas de exercícios, trabalhos em grupo e individual	O feedback em grupo era feito na aula posterior a cada prova e o feedback individual agendado sob demanda de cada aluno	Expositiva tradicional e PBL

Para melhor entendimento dos casos expostos, no Quadro 3.1 são apresentadas as disciplinas e abordagens em cada caso. A disciplina Eletrônica Digital tem carga horária total de trinta horas, sendo oferecida no 5° período da grade curricular do Curso de Engenharia Elétrica. Já a disciplina Análise de Sistemas de Controle possui carga horária de sessenta horas e é oferecida no 6° período da referida grade.

3.3.1 Equilíbrio entre atividades síncronas e assíncronas

No início do ano de 2020, as Instituições de Ensino Superior (IES) enfrentaram o desafio de cumprir suas obrigações institucionais em um cenário pandêmico que exigia medidas restritivas no convívio social. Diante desse cenário, repleto de incertezas, e após alguns meses sem uma resposta direta na solução do problema, algumas determinações e instruções normativas orientaram as atividades docentes na retomada das atividades acadêmicas, principalmente no ensino de graduação. Como visto em outras IES, a Universidade Federal Fluminense (UFF, 2020) orientou a comunidade acadêmica para os semestres letivos denominados Atividades Acadêmicas Emergenciais (ACE). Durante esses semestres, todos os cursos presenciais poderiam ministrar suas disciplinas teóricas no formato remoto, apoiado no uso das TIC. Foi realizado um esforço no entendimento das características desse novo formato e de adaptação das técnicas e recursos adotados até a data pelos docentes, a fim de atender à demanda emergencial.

Conforme estabelecido (UFF, 2020), diversos elementos foram sugeridos para diferenciar a situação emergencial de ensino remoto ou ensino online do já conhecido e normatizado ensino a distância (EaD). Dentre essas diferenças, conforme ponderado em Behar (2020), vale ressaltar que o ensino remoto emergencial (ERE) visa minimizar as perdas e é caracterizado por um uso de atividades síncronas, como a teleconferência, para substituir o contato social anteriormente proporcionado pelos encontros presenciais. As atividades assíncronas são aquelas realizadas pelos discentes fora dos encontros remotos síncronos, atendendo às restrições de tempo e disponibilidade de recursos impostas pela pandemia em curso. Com a recomendação de limitação do uso da carga horária da disciplina entre as atividades síncronas e assíncronas, foi proposto na UFF um percentual de 30% de atividades síncronas e 70% de assíncronas (UFF, 2020). A proporção adequada de carga horária destinada a atividades síncronas e assíncronas é um tema em discussão.

Uma argumentação recorrente referente a uma maior proporção de atividades assíncronas é a flexibilidade no acesso aos recursos computacionais por parte dos estudantes (UFF, 2020). Considerando as questões de inclusão e acesso aos recursos necessários para realização de atividades mediadas pelas TIC, esse argumento apresenta forte apelo e importância. No entanto, devem-se considerar questões relacionadas à honestidade acadêmica na realização de tarefas assíncronas avaliativas, tendo em vista que a autoria dessas tarefas carece de evidências concretas que atestem sua autenticidade. Outro argumento a favor de uma maior proporção de atividades síncronas no contexto de atividades remotas emergenciais por afastamento social, em substituição a aulas presenciais, é a possibilidade de interação dialógica e socialização proporcionada pelos eventos síncronos (Behar, 2020).

No planejamento desenvolvido para as disciplinas remotas no presente estudo de caso, duas abordagens foram utilizadas. Na primeira abordagem foram consideradas três atividades assíncronas por unidade temática: videoaula, mapa mental e lista de exercícios. Também foi considerada uma atividade assíncrona em grupo inspirada no conceito de aprendizagem baseada em problemas (PBL – *Problem Based Learning*; ver Seção 2.4). Para as atividades síncronas, em cada unidade temática, foram implementados encontros síncronos via plataforma de videoconferência e questionários rápidos com questões objetivas. Dessa forma, uma proporção maior de carga horária para atividades assíncronas do que para atividades síncronas foi aplicada.

Vale ressaltar que foi adotada nesta abordagem a metodologia da sala de aula invertida (Bergmann; Sams, 2019), com três momentos definidos: Pré-Aula, Aula e Pós-Aula. As atividades assíncronas foram realizadas pelos estudantes na “Pré-

Aula" e as atividades síncronas no instante "Aula". Como reforço na interatividade entre todos os participantes, foram utilizados os recursos do fórum de discussão no AVEA, como atividade assíncrona disponível nos três momentos da sala de aula invertida. Na Figura 3.2 é apresentado um diagrama com a distribuição das atividades pelos três momentos das unidades temáticas semanais na primeira abordagem. As tarefas realizadas pelos discentes na Pré-Aula eram avaliadas e emitidos feedbacks através do AVEA antes da realização dos questionários no instante "Aula". Vale ressaltar a importância dos feedbacks detalhados, como preconizado em Silva e Lopes (2016).

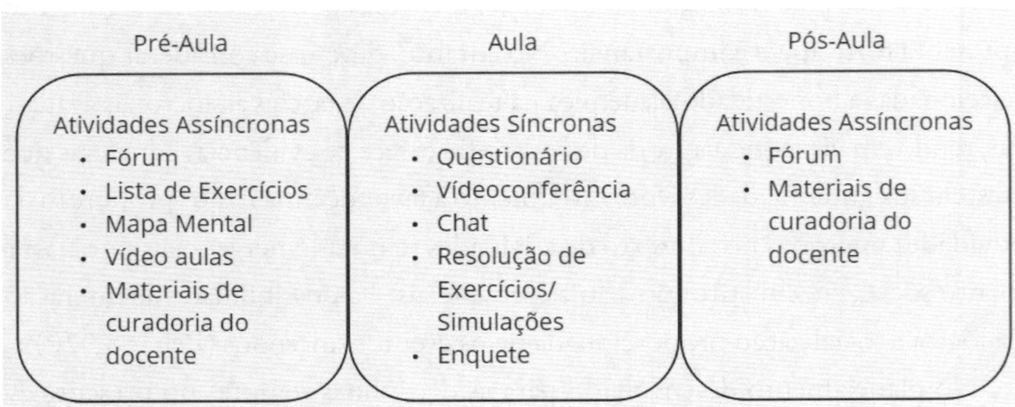

Figura 3.2 – Distribuição de atividades na primeira abordagem.

Ainda na primeira abordagem, é ilustrada no diagrama da Figura 3.3 uma orientação geral do planejamento dos encontros semanais síncronos. Utilizando uma adaptação da metodologia JiTT (Elmôr Filho, 2019), o docente planejava ações de reforço a partir dos feedbacks das tarefas realizadas pelos discentes no instante "Pré-Aula" e nos questionários objetivos avaliados automaticamente pelo AVEA durante o encontro síncrono.

Na segunda abordagem, as disciplinas foram estruturadas da seguinte forma: toda parte expositiva foi disponibilizada em forma de videoaulas, as quais poderiam ser estudadas de maneira assíncrona. Ainda no conjunto das atividades assíncronas havia variadas tarefas (trabalhos em grupo, resenhas etc.), resolução de

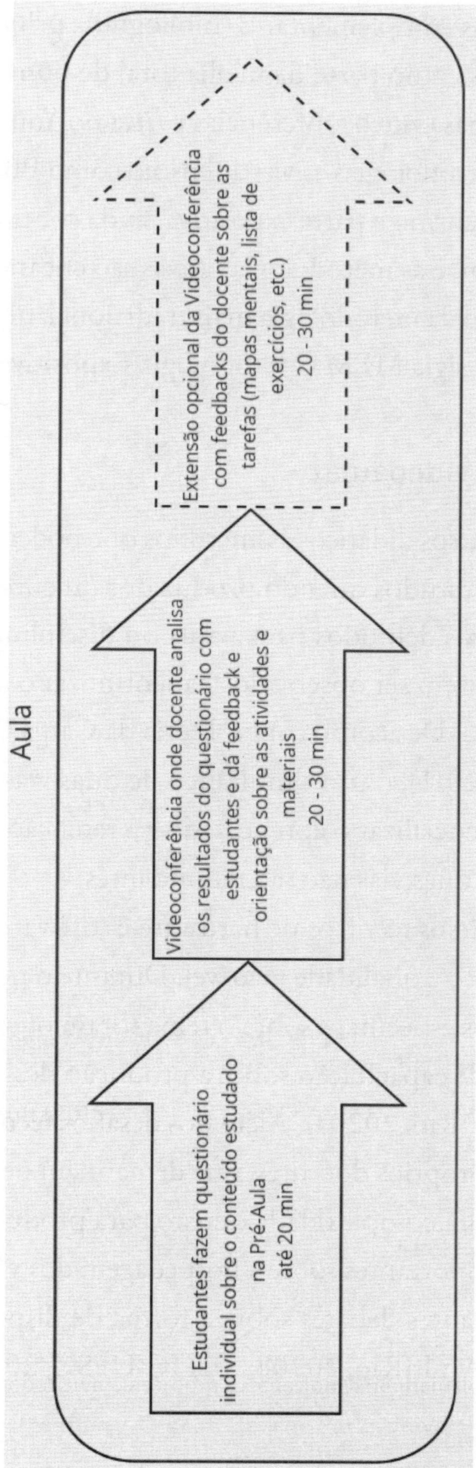

Figura 3.3 – Planejamento das atividades semanais síncronas na primeira abordagem.

listas de exercícios, leituras complementares (bibliografia principal) e realização de avaliações continuadas como parte da média total de pontos. Nessa abordagem, as atividades síncronas (videoconferências e *lives* no YouTube) eram reservadas para aplicação de metodologias ativas de ensino como PBL e aula invertida. Como nessa estrutura de ensino a parte expositiva ainda continua sendo o cerne principal da aprendizagem, e as metodologias ativas são encaradas como alternativas para aperfeiçoamento da metodologia mais tradicional, um dos autores a definiu recentemente com a sigla MEM (Metodologia Expositiva Modificada).

3.3.2 Elaboração de videoaulas

As videoaulas são recursos didáticos assíncronos que podem auxiliar estudantes na orientação de seus estudos quando produzidos ou curados pelo docente tendo em vista os objetivos definidos para a aula ou disciplina. No entanto, alguns aspectos técnicos devem ser observados para otimizar o alcance dos objetivos por meio desse recurso. De acordo com a Teoria da Carga Cognitiva (Santos; Tarouco, 2007; Sweller, 2011), o uso simultâneo de duas vias de percepção (visual e auditiva) pode potencializar o aprendizado e a retenção se as informações que transitam entre essas duas vias não são redundantes.

Existem diversos recursos técnicos de hardware e software para a criação de videoaulas com baixo custo e qualidade razoável. Durante o período pandêmico de covid-19, alguns cursos específicos sobre o tema foram oferecidos a docentes, em um esforço coletivo de capacitação sobre a produção desses recursos didáticos (Alecrim, 2020; MultiRio, 2020a). Além dos desafios técnicos para a produção desse material pelos próprios docentes, que demandam o uso de recursos de hardware e software de alta complexidade e custo para produções profissionais, algumas considerações importantes sobre a hospedagem dos vídeos e direitos autorais suscitaram importantes debates sobre a forma de disponibilização desse material aos estudantes (MultiRio, 2020b; SETIC-UFSC, 2020).

As videoaulas elaboradas na primeira abordagem foram elaboradas adotando-se uma metodologia similar à aula presencial. Foram utilizados recursos audiovisuais simples e de baixo custo, sendo adotado o software gratuito Open Broadcaster Software (OBS) Studio[1] para gravação de uma apresentação de slides com áudio em segundo plano. A apresentação de slides continha animações e sempre apresentava os objetivos de aprendizagem no primeiro slide de conteúdo. Os arquivos de vídeo eram compartilhados apenas com os discentes inscritos na disciplina, que poderiam acessá-los a qualquer momento, mas não poderiam fazer o download do arquivo. O link para acesso aos arquivos era disponibilizado no AVEA na aula anterior, junto com os demais materiais selecionados pelo docente para a unidade temática da semana.

Para a disciplina "Análise de Sistemas de Controle" foram desenvolvidas videoaulas baseadas no método estritamente expositivo de conteúdo utilizando-se recursos computacionais e de gravação de baixo custo. Os vídeos foram disponibilizados para os alunos na plataforma YouTube de maneira pública, de modo que não apenas os alunos da instituição à qual o professor pertence pudessem ser beneficiados, mas qualquer outra pessoa que tenha acesso à internet.

3.3.3 Redesenho de atividades avaliativas

Em Barbosa (2014) são elencados três elementos essenciais para um bom sistema de monitoramento e avaliação de um curso a distância: definição de bons objetivos de aprendizagem explicitados aos alunos e que possam orientar os critérios avaliativos; elaboração e gerenciamento de tarefas com controle de tempo e feedback significativo; e um sistema de coleta de dados de boa qualidade para diagnóstico do PEA.

O sistema Moodle[2] é uma plataforma de software livre com diversas funcionalidades desenvolvidas e aperfeiçoadas por uma crescente comunidade de profissionais e instituições de ensino em diversos níveis instrucionais. Cada instala-

[1] OBS Studio. Disponível em: https://obsproject.com/pt-br.

[2] Moodle. Disponível em: https://moodle.org/.

ção do Moodle pode ser adequada às necessidades dos cursos e fornece um suporte computacional configurável para atividades avaliativas e registro de coleta de dados que permitem avaliar os rastros digitais dos estudantes ao acessar a plataforma. Na Figura 3.4 está ilustrado um exemplo de relatório que indica o número de acessos de um aluno a um recurso disponibilizado pelo professor, permitindo, assim, uma avaliação de seu engajamento. Na Figura 3.5, é mostrada a estatística geral de acesso, que permite verificar se um recurso está sendo acessado em quantidade suficiente pelos discentes.

1 - Introdução

Videoaula 1b - Introdução	4 visitas	quarta, 23 Set 2020, 14:04
Outros recursos - links e bibliografia	3 visitas	quarta, 16 Set 2020, 16:35
Dúvidas - Introdução	Nota: -	
Entrega mapa mental - 1 - Introdução	Nota: 100,00 / 100,00	terça, 22 Set 2020, 22:07 (
Questionário - 1- Introdução	Nota: 100,00 / 100,00	quarta, 23 Set 2020, 14:19

Figura 3.4 – Exemplo de estatística de acesso de discente aos recursos no AVEA.

1 - Introdução

Videoaula 1b - Introdução	94 visualizações por 23 usuários
Outros recursos - links e bibliografia	39 visualizações por 21 usuários
Dúvidas - Introdução	392 visualizações por 22 usuários
Entrega mapa mental - 1 - Introdução	476 visualizações por 21 usuários
Questionário - 1- Introdução	429 visualizações por 23 usuários

Figura 3.5 – Exemplo de estatística de acesso global aos recursos no AVEA.

Vale ressaltar que o AVEA Moodle, na concepção livre e mantida pela própria instituição de ensino, depende de uma infraestrutura instalada que determinará sua disponibilidade. Além disso, sua alta capacidade de customização pode resultar em uma curva de aprendizagem lenta para os professores que não estão familiarizados com o uso das TIC. Para mitigar tais efeitos, diversas IES brasileiras que adotam o Moodle como AVEA promovem tutoriais e cursos gratuitos para capacitação docente.

Em Pimentel e Carvalho (2020), são considerados diversos aspectos das avaliações no ensino online. A postura avaliativa do docente e seus objetivos são amplamente discutidos em Luckesi (2000), que aborda a avaliação como um diagnóstico e aprofundamento do conhecimento ao trazer questões e problemáticas significativas. As atividades avaliativas formativas (Silva; Mendes, 2017) buscam promover o automonitoramento do desempenho do discente através de feedbacks qualitativos e detalhados, fomentando a autonomia e uma maior consciência da aprendizagem nos PEA. Essas atividades são muito importantes em um paradigma de avaliação continuada, em que cada unidade temática é avaliada individualmente. Na perspectiva formativa continuada, o processo avaliativo passa a ser incorporado como atividade de estudo no PEA, estimulando o envolvimento discente. Busca-se também um aprendizado efetivo, com a avaliação passando a ser um elemento ativo na aprendizagem, atingindo níveis mais profundos do processo cognitivo hierarquizado na proposta de Anderson-Krathwohl (2001).

Para o presente estudo de caso, foi realizado um levantamento bibliográfico sobre atividades avaliativas que poderiam substituir as abordagens presenciais empregadas anteriormente nas disciplinas. A reavaliação da metodologia presencial levou em consideração aspectos didáticos e de implementação, considerando o uso de TIC disponíveis aos estudantes e docentes. Para o aspecto didático, na primeira abordagem foi realizada a aplicação da Taxonomia Revisada dos Objetivos Cognitivos de Bloom (Anderson-Krathwohl, 2001) na elaboração de objetivos para as atividades avaliativas e aulas remotas. Outras sugestões de referências adicionais para o leitor sobre esse tema podem ser encontradas em Ferraz e Belhot (2010) e Pilla Jr. e Ferlin (2011). Essa taxonomia auxilia na identificação dos verbos adequados à hierarquia dos domínios cognitivos proposta e revisada pelos autores. A escolha dos verbos utilizados em cada objetivo identifica quais níveis são alcançados com as atividades.

A aplicação da técnica usada para a formulação desses objetivos pretende colocar o discente como agente no processo de ensino-aprendizagem e objetiva facilitar a aplicação de critérios para atividades avaliativas durante o ensino remoto. A presença de objetivos centrados no discente como critérios para as avaliações facilita a proposta de uma abordagem ativa em que ele atua como agente, e o professor como mediador, orientador, avaliador e curador de conteúdo. Segundo Silva e Lopes (2016), há evidências relevantes sobre o impacto positivo da definição de objetivos de aprendizagem claros tanto na aprendizagem como na elaboração de avaliações adequadas ao que se deseja que os estudantes aprendam.

A formulação dos objetivos segundo a Taxonomia de Bloom Revisada foi realizada em três etapas. Em um primeiro momento, foi realizada uma oficina entre os docentes participantes dos encontros, em que foi apresentada a aplicação da taxonomia em um conjunto de objetivos de uma unidade temática. O docente apresenta os objetivos originais e os modificados, segundo a taxonomia de uma das aulas, e os demais comentam sobre as modificações realizadas. O objetivo dessa primeira etapa é exercitar a aplicação da técnica pelo docente, avaliando sua eficácia entre os pares, em um processo dialógico.

Na segunda etapa, foi realizada a divisão de todas as unidades temáticas da disciplina, a partir da experiência do docente no período de aulas presenciais. Cada unidade temática foi dimensionada com atividades assíncronas (videoaulas + lista de exercícios + mapa mental + fórum de discussão) e síncronas (questionário + aula remota por videoconferência).

Na terceira e última etapa, todos os objetivos previamente formulados para as aulas foram adaptados, considerando as características das atividades que seriam atribuídas a cada aula-unidade temática. Cada objetivo era iniciado por um verbo de ação no infinitivo, de acordo com as seis categorias (Lembrar, Entender, Aplicar, Analisar, Avaliar, Criar), seguido por um verbo no gerúndio que descrevia como o objetivo seria alcançado. Os verbos no gerúndio foram escolhidos de uma lista associada a cada categoria, conforme descrito na Tabela de Dimensão do Processo Cognitivo, proposta em Anderson-Krathwohl (2001). As frases foram disponibilizadas no início de cada videoaula, em um slide nomeado como "Objetivos". O nível alcançado por cada objetivo foi avaliado com base na atividade associada. Para as atividades "videoaulas" e "mapas mentais" foram associados objetivos dos níveis "Lembrar" e "Entender". Em algumas videoaulas, o estudante era convidado a resolver um exercício, evocando objetivos dos níveis "Aplicar" e "Analisar". Os mesmos níveis eram atendidos com atividades de lista de exercícios e questionários. As atividades em que eram propostas soluções inspiradas em problemas reais evocavam o nível "Criar" em algumas unidades temáticas.

Ainda com relação às avaliações, na segunda abordagem foram implementadas, em períodos letivos distintos, três formas diferentes para avaliar o aprendizado dos alunos e compor a média final: avaliações continuadas, provas convencionais iguais e provas convencionais diferentes. Na primeira forma, foram realizadas dez avaliações continuadas, incluindo resenhas, trabalhos individuais assíncronos, trabalhos em grupo assíncronos, listas de exercícios, elaboração de vídeos sobre os tópicos da disciplina, trabalhos síncronos de PBL, criação de algoritmos e construção de mapas mentais.

Em grande parte das entregas realizadas pelos alunos foram identificados plágios (cola) devido ao fato de a avaliação ser realizada de forma remota. Em alguns casos mais evidentes, os alunos admitiram o desvio de conduta acadêmica. Contudo, infelizmente na maioria dos casos não havia forma objetiva de comprovação do fato. A média global de notas foi bastante elevada, porém acredita-se que o resultado, em termos de aferição de conhecimentos adquiridos pela turma, foi insatisfatório no entendimento do professor, uma vez que houve clara discrepância em relação às médias históricas das notas nessa disciplina.

Na segunda forma, foram aplicadas, em cada disciplina, duas provas (P1 e P2) idênticas para os alunos. O tempo para realização de cada prova foi de duas horas. Novamente os casos de plágio foram bastante elevados, as médias das notas elevadas e o professor da disciplina considerou essa forma de avaliação insuficiente.

Já na terceira abordagem de avaliação foram aplicadas duas provas (P1 e P2) a serem realizadas em duas horas cada, exatamente como no caso anterior, porém, dessa vez, a prova de cada aluno era diferente uma da outra. Essa diferença foi obtida atrelando-se os parâmetros e dados das questões a dígitos do número de matrícula do aluno na UFF. Na análise do professor da disciplina, os casos de plágio foram minimizados a praticamente zero e as médias das notas ficaram bastante próximas daquelas obtidas antes do ERE, em que as provas eram realizadas de maneira presencial. Embora esse último método de avaliação ainda possua os problemas inerentes a toda forma convencional de avaliar (baseado em provas), ele mostrou-se o mais efetivo a ser aplicado em modalidade de ERE para a obtenção de resultados satisfatórios em termos de verificação de conhecimento dos alunos. Salienta-se que, nessa modalidade, o trabalho despendido pelo professor na correção das provas é consideravelmente maior, uma vez que ele precisará confeccionar inúmeros gabaritos diferentes.

O aspecto técnico da implementação das avaliações deve ser considerado no ambiente remoto utilizando as TIC. No AVEA Moodle é possível criar um banco de questões que poderão ser sorteadas para criar um questionário personalizado para cada discente. Essa personalização pode ser ampliada com o uso de questões calculadas a partir de um banco de valores para as variáveis do problema. Os questionários podem ser configurados para considerar tempo de duração total em uma janela de tempo predeterminada. Além disso, a ordem das questões e das opções dentro das questões podem ser aleatorizadas e o percurso do discente dentro do questionário pode ser em uma sequência sem retorno a questões anteriores antes da finalização do questionário. Todas as questões objetivas são autoavaliadas e sua resolução pode ser utilizada como oportunidade de aprendizado durante as videoconferências síncronas.

Para as atividades assíncronas com entregas que devem ser avaliadas manualmente pelo docente, uma funcionalidade interessante é o uso de rubricas. As rubricas definem os critérios e as escalas avaliativas em cada critério. Ao ser disponibilizada junto com a atividade, a rubrica permite que o estudante possa entender as expectativas da atividade no cumprimento dos objetivos de aprendizagem antes de realizá-la. Para o docente, a rubrica facilita o processo de avaliação e o feedback. Há um potencial aumento do entendimento dos feedbacks dados pelo docente com o uso de rubricas de avaliação.

Critério de pontuação					
	Apresentação do Vídeo	Nenhuma entrega foi feita. *0 pontos*	O vídeo tem uma apresentação que dificulta o entendimento da solução e/ou não apresenta a solução funcionando. *1 pontos*	O vídeo tem alguns problemas que dificultam o entendimento. *10 pontos*	O vídeo apresenta a solução funcionando de forma explicativa e de fácil entendimento. *20 pontos*
	Conteúdo do Vídeo	Nenhuma entrega foi feita. *0 pontos*	O vídeo não apresenta como o problema foi solucionado. *1 pontos*	O vídeo apresenta parcialmente como o problema foi solucionado. *15 pontos*	O vídeo apresenta em detalhes como o problema foi solucionado. *30 pontos*
	Solução apresentada : simulação ou montagem	Nenhuma entrega foi feita. *0 pontos*	A solução apresentada não resolve o problema. *1 pontos*	A solução apresentada resolve parcialmente o problema. *15 pontos*	A solução apresentada resolve completamente o problema. *30 pontos*
	Originalidade e autoria	Nenhuma entrega foi feita. *0 pontos*	Os elementos da entrega não apresentam a aplicação dos próprios entendimentos sobre os conteúdos. *1 pontos*	Faltou apresentar alguns entendimentos sobre os conteúdos. *10 pontos*	A entrega mostra seus entendimentos sobre os conteúdos associados. *20 pontos*

Figura 3.6 – Exemplo de rubrica para atividade assíncrona.

Na Figura 3.6 é apresentado um exemplo de rubrica no AVEA Moodle para uma atividade de simulação. Vale ressaltar a categoria "Originalidade e autoria", que introduz atitudes e valores como critérios a serem avaliados. Essa categoria foi utilizada em todas as avaliações com rubricas da primeira abordagem, com escalas particulares ao tipo de atividade.

3.4 Análise de resultados

Nesta seção são apresentados os dados coletados e as análises dos resultados durante os três semestres de ACE ou ERE nas disciplinas que utilizaram as abordagens apresentadas nas seções anteriores, em dez turmas durante os semestres de 2020.1, 2020.2 e 2021.1. Cada abordagem foi adotada em turmas de disciplinas diferentes e ambas fizeram um balanceamento entre atividades síncronas e assíncronas, utilizando recursos das TIC. Quanto às atividades avaliativas, na primeira abordagem foi adotada a mesma metodologia de avaliação continuada em todas as turmas e na segunda foram adotadas diferentes estratégias. As turmas da primeira abordagem utilizaram conceitos de Sala de Aula Invertida e na segunda abordagem foi adotada metodologia expositiva tradicional. Um resumo sobre as diferenças entre as duas abordagens relatadas pode ser encontrado no Quadro 3.1.

Na primeira abordagem, a metodologia foi aplicada em uma disciplina obrigatória do conteúdo profissionalizante do curso de Engenharia Elétrica da UFF. O oferecimento da disciplina foi mediado pelo AVEA Moodle para seis turmas durante os semestres de 2020.1, 2020.2 e 2021.1.

Para avaliar a efetividade da metodologia, foram realizadas avaliações qualitativas durante os semestres 2020.1, 2020.2 e 2021.1: análise de relatos dos alunos em *quizzes* durante as aulas síncronas e fórum de discussões; experiência do docente na avaliação das atividades, utilizando o paradigma formativo e continuado; pesquisa do tipo COLLES - *Constructivist On-Line Learning Environment Survey* (Cassundé, 2016) – aplicada no AVEA Moodle nas seis turmas ao final de cada semestre; resultados de reprovação e média das notas finais.

O uso dos objetivos em cada aula foi fomentado a partir dos feedbacks das avaliações em perguntas como "Reflita: sua tarefa atende ao primeiro objetivo?", "Reveja o conteúdo associado ao terceiro objetivo na videoaula" e "Pesquise elementos externos que ajudem a atender ao segundo objetivo". Em uma das turmas foi realizado um encontro síncrono de fechamento do semestre, onde um *quiz* foi respondido pelos estudantes sobre os objetivos das aulas e das atividades avaliativas. Devido à disponibilidade do cronograma, só foi possível realizar esse encontro com uma das turmas, em uma aula síncrona que contou com a participação de dez estudantes de um total de 22 na turma. As perguntas e as respostas desse *quiz* aplicado a uma das turmas são apresentadas na Tabela 3.1. Os resultados indicam que há entendimento dos objetivos por parte dos estudantes com tendência positiva, visto que a maioria respondeu "Frequentemente" e "Quase sempre".

Tabela 3.1 – Resultados do *quiz* sobre os objetivos aplicado a uma turma

Questão	Quase nunca	Raramente	Algumas vezes	Frequentemente	Quase sempre
Você entendeu os objetivos das aulas?	0	0	5	4	1
Você entendeu os objetivos dos mapas mentais?	0	0	1	6	3
Você entendeu os objetivos das listas de exercícios?	0	0	4	5	1
Você entendeu os objetivos dos questionários?	0	1	1	5	3

Fonte: dados da pesquisa.

Sobre a experiência docente, foi possível verificar uma avaliação mais sistemática das atividades, tendo em vista que os objetivos eram definidos com sua profundidade no domínio cognitivo, alinhando expectativas e facilitando a definição de critérios avaliativos. O processo avaliativo foi acelerado com o uso da metodologia, o que facilitou a aplicação de avaliações formativas e continuadas.

Os resultados da pesquisa COLLES ao final de cada semestre, para medição da efetividade do uso da estratégia, estão descritos na Tabela 3.2. Da terceira à sexta linha, são apresentadas médias dos elementos pontuados de 0 a 5, onde 0 representa "Quase nunca" e 5 representa "Quase sempre". Todos os resultados apresentados mostram respostas acima da média para todos os quesitos entre os respondentes de todas as turmas.

Tabela 3.2 – Resultados de pesquisa COLLES

Turma	2020.1 – T1	2020.1 – T2	2020.2 – T3	2020.2 – T4	2021.1 – T5	2021.1 – T6
Percentual de respondentes	57%	64%	69%	55%	21%	50%
Relevância	4,1	4,2	3,8	4,0	3,9	4,1
Reflexão crítica	4,0	4,1	3,6	3,3	3,3	3,4
Interatividade	3,3	3,9	3,0	2,6	3,1	2,5
Apoio dos tutores	3,9	4,0	4,0	4,2	3,4	4,6
Apoio dos colegas	3,2	4,0	3,1	2,9	2,7	3,7
Compreensão	3,9	4,0	3,9	3,5	3,8	4,4

Fonte: dados da pesquisa.

Em um campo livre da pesquisa COLLES realizada com os estudantes, foram recebidos feedbacks sobre a metodologia aplicada. Os feedbacks continham sugestões de melhorias e opiniões importantes para a elaboração de um diagnóstico do PEA, proporcionando ações de reforço ou corretivas. Alguns comentários positivos são transcritos a seguir:

- "Achei uma boa metodologia, que também poderia ser utilizada em outras disciplinas";
- "Eu gostei bastante da metodologia das avaliações semanais, isso permite que o aluno esteja em constante contato com a disciplina, foge do óbvio da aplicação de provas e mostra que o professor está preocupado com melhorias no aprendizado";
- "Esse foi um dos cursos que melhor foi adaptado para o sistema EAD";
- "Gostei bastante da disciplina nesse período, pelo nível da matéria acredito que o acompanhamento semanal, embora mais trabalhoso seja o mais eficiente. Gostei principalmente dos feedbacks, ajudaram bastante no processo de aprendizado!";
- "Gostei da metodologia ser a mesma toda semana, para esse período de ensino remoto foi muito bom para que pudéssemos nos programar, já que tínhamos muitas atividades em todas as matérias durante todo o período";
- "Em geral, o curso foi muito bom";
- "Gostei bastante de como foram feitas as atividades em grupo. Com grupos pequenos e com um relatório do que cada um contribuiu, essa estratégia gerou engajamento para todos do grupo tentarem contribuir de alguma forma para o processo de construção do projeto";
- "Gostei bastante da iniciativa do professor de inibir o plágio nas tarefas";
- "Parabenizo o professor pelo esforço de elaborar vídeos autorais nesse momento de pandemia, imagino que deve ter exigido bastante tempo. Assim como pelo esforço de responder as dúvidas de todos nos fóruns";
- "Nesse período difícil que enfrentamos acredito que a disciplina foi mais maleável e fácil de entender, isso se deu pela avaliação contínua também. Um dos bons pontos é a educação do tutor e a frequente preocupação com seus alunos. A forma como o tutor se expressa traz acolhimento durante as aulas".

Nota-se pelos comentários que alguns instrumentos e objetivos foram alcançados e, principalmente, compreendidos pelos discentes. Essa compreensão está em consonância com a perspectiva reflexiva do PEA, exemplificada no objetivo de "aprender a aprender".

Na Tabela 3.3 é apresentado o total de estudantes, média de notas finais e percentual de reprovação das seis turmas (T1 a T6), em que a metodologia foi aplicada e de cinco turmas (P1 a P5) em semestres anteriores. A partir da visualização das Figuras 3.7 e 3.8, é possível perceber índices aceitáveis de reprovação para um curso de Engenharia Elétrica e médias compatíveis nos semestres a partir da aplicação da metodologia (2020.1). Em comparação com semestres anteriores à aplicação da metodologia, ocorreu uma melhoria nas duas métricas.

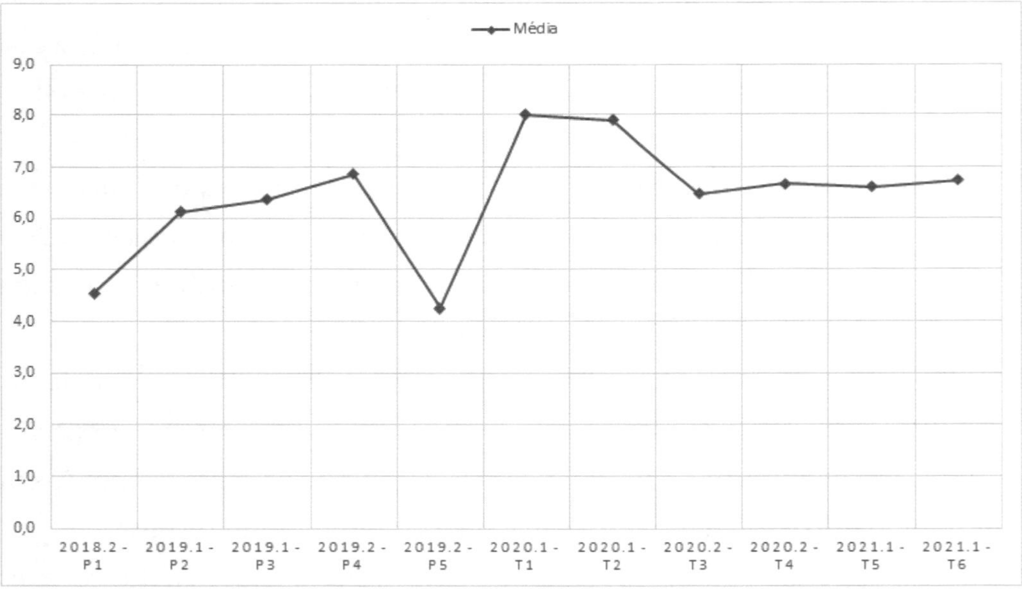

Figura 3.7 – Média das notas finais por turma, entre os semestres 2018.2 e 2021.1.

Fonte: dados da pesquisa.

Tabela 3.3 – Total de discentes, média das notas finais e percentual de reprovação

Turma	2018.2 – P1	2019.1 – P2	2019.1 – P3	2019.2 – P4	2019.2 – P5	2020.1 – T1	2020.1 – T2	2020.2 – T3	2020.2 – T4	2021.1 – T5	2021.1 – T6
Total de discentes	17	18	11	10	9	19	14	13	22	14	10
Média das notas finais	4,5	6,1	6,4	6,9	4,3	8,0	7,9	6,5	6,7	6,6	6,7
Desvio padrão	2,1	1,8	2,3	1,9	1,6	1,1	1,3	1,2	1,0	1,6	1,1
Percentual de reprovação	76%	39%	18%	20%	78%	11%	21%	31%	23%	14%	10%

Fonte: dados da pesquisa.

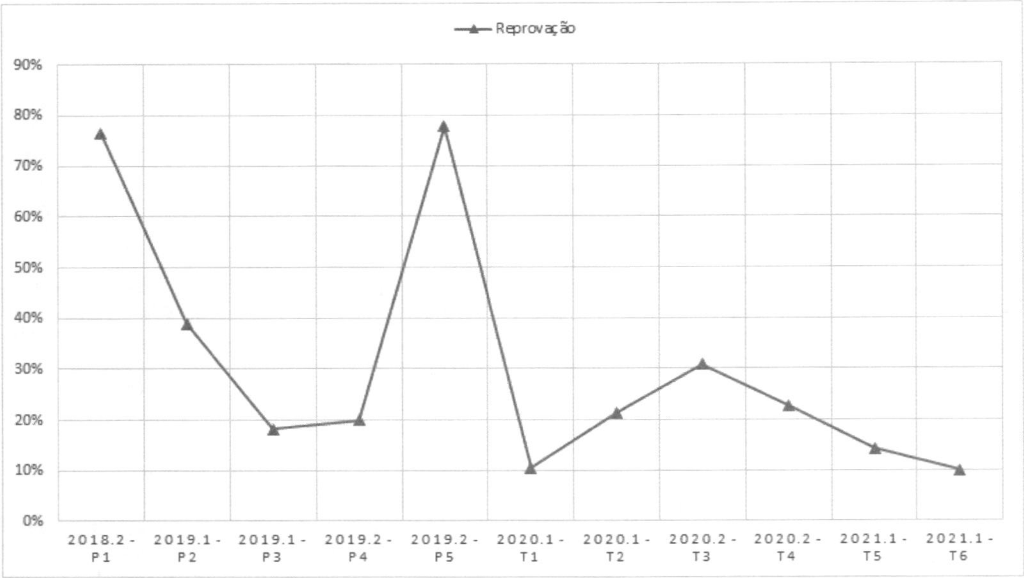

Figura 3.8 – Percentual de reprovação por turma, entre os semestres 2018.2 e 2021.1

Fonte: dados da pesquisa.

Com relação à disciplina "Análise de Sistemas de Controle", a Tabela 3.4 indica o total de estudantes, média de notas finais e percentual de reprovação das quatro turmas (T7 a T10) em que a segunda abordagem foi aplicada e de duas turmas (P6 e P7) em semestres anteriores. A partir da visualização das Figuras 3.9 e 3.10, observa-se uma redução expressiva do percentual de reprovação acompanhada de um aumento elevado das médias das notas. Esse fenômeno pode estar relacionado com um aumento significativo de ocorrências de plágio acadêmico, conforme constatações do professor da disciplina. Evidencia-se a influência do plágio na utilização dessas métricas para avaliação de resultados na implementação das metodologias.

Tabela 3.4 – Total de estudantes, média notas finais e percentual de reprovação

Turma	2019.1 – P6	2019.2 – P7	2020.0 – T7	2020.1 – T8	2020.2 – T9	2021.1 – T10
Total de discentes	32	31	6	26	24	28
Média das notas finais	6,2	6,3	9,1	8,8	8,7	7,3
Desvio padrão	1,8	2,3	0,7	0,6	1,1	1,0
Percentual de reprovação	22%	19%	0%	0%	0%	7%

Fonte: dados da pesquisa.

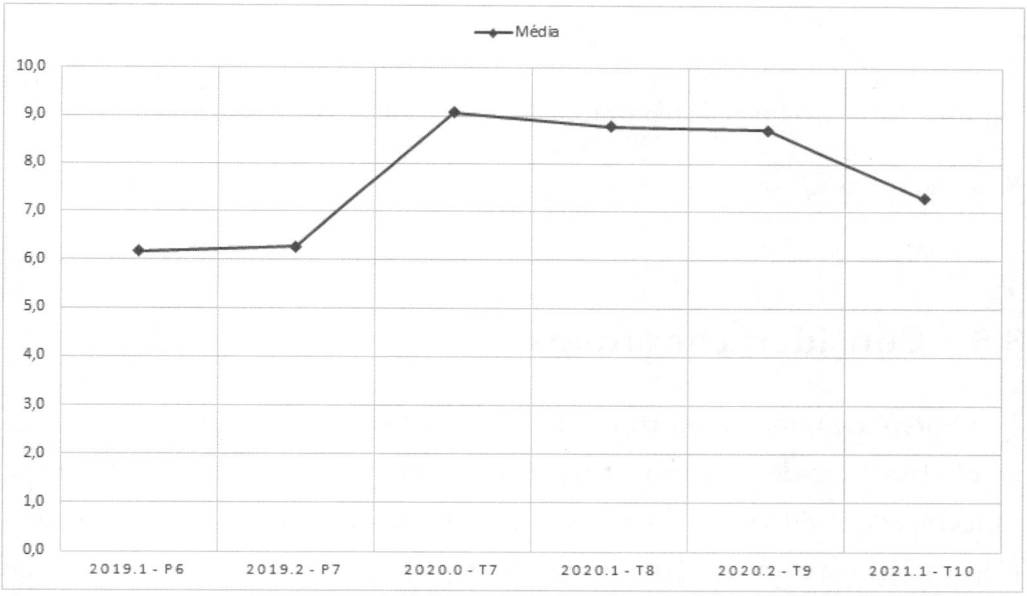

Figura 3.9 – Média das notas finais por turma, entre os semestres 2019.1 e 2021.1.

Fonte: dados da pesquisa.

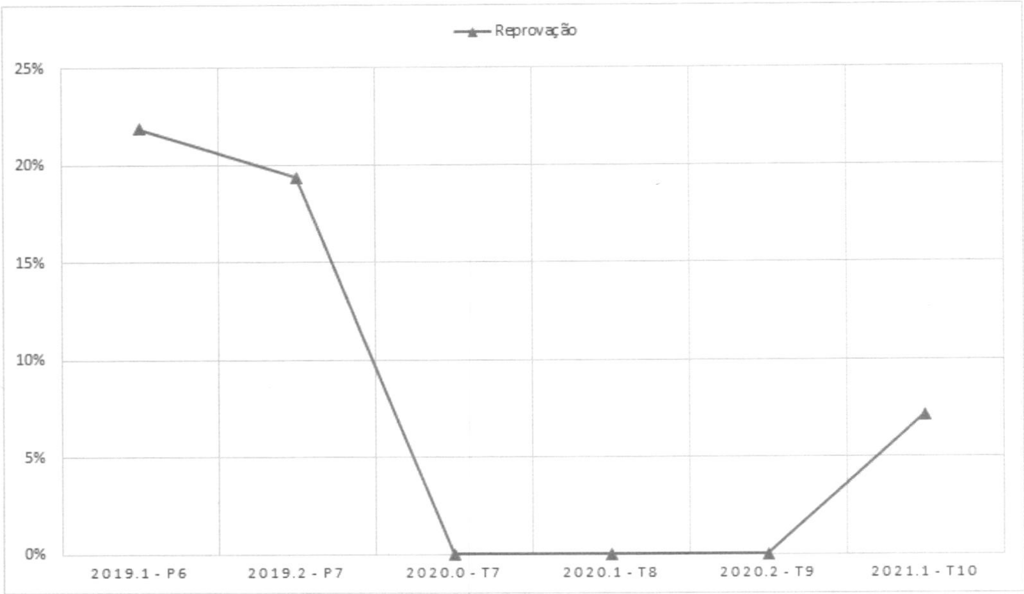

Figura 3.10 – Percentual de reprovação por turma, entre os semestres 2019.1 e 2021.1.

Fonte: dados da pesquisa.

3.5 Considerações finais

O presente trabalho buscou problematizar e relatar a experiência dos autores na elaboração de planejamentos para aulas remotas e sua execução, durante a pandemia de covid-19, em disciplinas de um curso de graduação em Engenharia Elétrica. Foi assumida uma perspectiva pluralista e pragmática, com a adoção de metodologias tradicionais expositivas em conjunto com metodologias ativas. Todas as atividades propostas foram criadas para fomentar a autonomia discente e o desenvolvimento de atitudes e valores preconizados pelas DCN para os cursos de Engenharia (Brasil, 2019). Foram relatados os desafios e os referenciais teóricos utilizados para as escolhas de atividades assíncronas e síncronas, tendo sido detalhada a aplicação das metodologias em AVEA.

Os resultados apresentados evidenciaram as dificuldades na elaboração de métricas de eficácia na aplicação dos planejamentos e técnicas didáticas. O uso de médias das notas finais e estatística descritiva associada não permitiu estabelecer relações de causa e efeito entre o uso das técnicas e os resultados obtidos, mas possibilitou identificar que não ocorreram efeitos negativos durante os semestres em estudo. Os depoimentos textuais e os resultados da pesquisa COLLES com os discentes mostraram aspectos positivos importantes na primeira abordagem empregada. Considerando a experiência de afastamento social como de exceção, os resultados mostram que foi possível reduzir as perdas e manter os estudantes ativos e atuantes no PEA.

Os autores identificaram ganhos significativos na prática docente com a adoção das abordagens apresentadas e pretendem incorporar o maior número possível das atividades e metodologias abordadas no retorno às atividades presenciais. Alguns trabalhos futuros advindos deste relato são enumerados:

- Aprofundar a estatística com mais dados obtidos da aplicação das técnicas de ensino em outras turmas.
- Incrementar o tratamento desses dados obtidos com abordagens de Inteligência Computacional e Aprendizagem de Máquina.
- Relatar a experiência de retorno ao presencial — pós-pandemia covid-19 — e mostrar as adaptações necessárias na aplicação das abordagens descritas.
- Comparar prejuízos e vantagens entre o Ensino Remoto e o Presencial na aplicação das metodologias descritas.

Referências

ALECRIM, M. Multirio oferece curso de produção de videoaulas. **MultiRio**, 12 jul. 2020. Disponível em: http://www.multirio.rj.gov.br/index.php/multirio/sala-de-imprensa/notÃŋcias/16230-multirio-oferece-curso-de-produÃğÃčo-de-videoaulas. Acesso em: 24 jun. 2022.

ANDERSON, L. W.; KRATHWOHL, D. R.; AIRASIAN, P. W.; CRUIKSHANK, K. A.; MAYER, R. E.; PINTRICH, P. R.; RATHS, J.; WITTROCK, M. C. (ed.). **A taxonomy for learning, teaching, and assessing**: a revision of bloom's taxonomy of educational objectives. Boston: Allyn Bacon, Pearson, 2001.

BARBOSA, T. R. C. G.; CARVALHO, M. L. **Planejamento e desenvolvimento de cursos em EAD?**. 2014. Disponível em: https://www2.cead.ufv.br/serieconhecimento/?edicoes=planejamento-de-desenvolvimento-de-cursos-em-ead. Acesso em: 24 jun. 2022.

BEHAR, P. A. **O ensino remoto emergencial e a educação a distância**, 6 jul. 2020. Disponível em: https://www.ufrgs.br/coronavirus/base/artigo-o-ensino-remoto-emergencial-e-a-educacao-a-distancia/. Acesso em: 24 jun. 2022.

BERGMANN, J.; SAMS, A. **Sala de aula invertida**: uma metodologia ativa de aprendizagem. Rio de Janeiro: LTC, 2019.

BRASIL, Conselho Nacional de Educação. **Resolução CNE/CES n° 2, de 24 de abril de 2019**. Diretrizes Curriculares Nacionais do Curso de Graduação em Engenharia. Disponível em: https://www.in.gov.br/web/dou/-/resolu%C3%87%C3%83o-n%C2%BA-2-de-24-de-abril-de-2019-85344528. Acesso em: 24 jun. 2022.

BUZAN, T.; BRIEN, D. **Mind map mastery**: the complete guide to learning and using the most powerful thinking tool in the universe. London: Watkins, 2018.

CASSUNDÉ, F. R. S. A.; SILVA, E. G.; SANTOS, L. S.; SOUZA, A. H. S.; SOUZA, G. S. G.; CIRILO, T. S. P. Avaliação social construtivista de uma experiência em EAD: o uso do Colles como instrumento de coleta de dados. **Revista EAD em Foco**, v. 6, n. 2, p. 46-60, 2016. DOI: https://doi.org/10.18264/eadf.v6i2.339.

ELMÔR FILHO, G.; SAUER, L. Z.; ALMEIDA, N. N.; VILLAS-BOAS, V. **Uma nova sala de aula é possível**: aprendizagem ativa na Educação em Engenharia. Rio de Janeiro: LTC, 2019.

FARINA, C. A. **Percepção docente sobre as consequências do plágio para os processos de ensino e aprendizagem na universidade**. Dissertação (Mestrado em Educação) – Universidade Federal de Goiás, Jataí, 2020. Disponível em: https://repositorio.bc.ufg.br/tede/handle/tede/10876. Acesso em: 24 jun. 2022.

FERRAZ, A. P. C. M.; BELHOT, R. V. Taxonomia de Bloom: revisão teórica e apresentação das adequações do instrumento para definição de objetivos instrucionais. **Gestão & Produção**, São Carlos, v. 17, n. 2, p. 421-431, 2010. DOI: https://doi.org/10.1590/S0104-530X2010000200015.

GUEDES, H. V. L.; BARROS, D. S.; FERNANDES, M. C. O.; MALTA, A. O.; NOGUEIRA, F. C. Posicionamento das universidades em relação à cultura do plágio. *In*: CONGRESSO BRASILEIRO DE EDUCAÇÃO EM ENGENHARIA (COBENGE 2018), 46., 2018, Salvador. **Proceedings** [...]. ABENGE: Salvador, 2018. Disponível em: http://www.abenge.org.br/sis_submetidos.php?acao=abrir&evento=COBENGE18&codigo=COBENGE18_00048_00001194.pdf. Acesso em: 24 jun. 2022.

LUCKESI, C. C. O que é mesmo o ato de avaliar a aprendizagem? **Revista Pátio: Novas Perspectivas em Avaliação**, ano III, n. 12, 2000.

MASETTO, M. T. Formação pedagógica dos docentes do ensino superior. **Revista Brasileira de Docência, Ensino e Pesquisa em Administração**, v. 1, n. 2, p. 4-25, 2009.

MULTIRIO. Cursos no portal MultiRio. **MultiRio**, 2020a. Disponível em: http://multirio.rio.rj.gov.br/index.php/estude/cursos. Acesso em: 24 jun. 2022.

MULTIRIO. Direito autoral: cuidados na hora de produzir e compartilhar conteúdos on-line. **MultiRio**, 2020b. Disponível em: http://multirio.rio.rj.gov.br/index.php/leia/reportagens-artigos/reportagens/16025-direito-autoral-cuidados-na-hora-de-produzir-e-compartilhar-conteÃždos-on-line. Acesso em: 24 jun. 2022.

NERY, G.; BRAGAGLIA, A. P.; CLEMENTE, F.; BARBOSA, S. **Nem tudo que parece é**: entenda o que é plágio. Comissão de Avaliação de Casos de Autoria (biênio 2008-2010).

Departamento de Comunicação Social, UFF, 2008. Disponível em: http://www.noticias.uff.br/arquivos/cartilha-sobre-plagio-academico.pdf. Acesso em: 24 jun. 2022.

OLIVEIRA, V. F. (org.). **A Engenharia e as novas DCNs**: oportunidades para formar mais e melhores engenheiros. Rio de Janeiro: LTC, 2019.

PESSOA, C. Contrato didático: sua influência na interação social e na resolução de problemas. *In*: ENCONTRO NACIONAL DE EDUCAÇÃO EM MATEMÁTICA, 8., 2004. Recife. **Anais** [...]. Recife, 2004. Disponível em: http://www.sbembrasil.org.br/files/viii/pdf/01/CC66657466404.pdf. Acesso em: 24 jun. 2022.

PILLA JUNIOR, V.; FERLIN, E. P. Os níveis de aprendizagem da taxonomia de Bloom aplicados em uma disciplina de um curso de engenharia da computação. *In*: CONGRESSO BRASILEIRO DE EDUCAÇÃO EM ENGENHARIA (COBENGE 2011), 39., 2011, Blumenau. **Anais** [...]. Blumenau: ABENGE, 2011. Disponível em: http://www.abenge.org.br/cobenge/legado/arquivos/8/sessoestec/art1611.pdf. Acesso em: 24 jun. 2022.

PIMENTEL, M.; CARVALHO, F. S. P. Princípios da Educação Online: para sua aula não ficar massiva nem maçante! **SBC Horizontes**, maio 2020. Disponível em: http://horizontes.sbc.org.br/index.php/2020/05/23/principios-educacao-online. Acesso em: 24 jun. 2022.

REHEM, C. C. F. **Docência universitária e bacharéis docentes**: processos formativos e a prática pedagógica. Tese (Doutorado em Educação) – Faculdade de Educação, PUC-SP, São Paulo, 2018. Disponível em: https://repositorio.pucsp.br/jspui/handle/handle/21781. Acesso em: 24 jun. 2022.

SANTOS, L. M. A.; TAROUCO, L. M. R. A importância do estudo da teoria da carga cognitiva em uma educação tecnológica. **RENOTE**, Porto Alegre, v. 5, n. 1, p. 1-9, 2007. DOI: https://doi.org/10.22456/1679-1916.14145.

SATUR, R. V.; DIAS, G. A.; SILVA, A. M. B. M. Direito autoral, plágio e coautoria: questões acadêmicas e éticas. **BRAJIS: Brazilian Journal of Information Science: Research Trends**, v. 14, n. 1, p. 57-87, jan.-mar. 2020. DOI: https://doi.org/10.36311/1981-1640.2020.v14n1.04.p57.

SETIC-UFSC. Professora da UFSC esclarece dúvidas sobre direitos autorais no ensino não presencial. **Notícias da UFSC**, 30 jul. 2020. Disponível em: https://noticias.ufsc.br

/2020/07/professora-da-ufsc-esclarece-duvidas-sobre-direitos-autorais-no-ensino-nao-presencial/. Acesso em: 24 jun. 2022.

SILVA, M. H. S.; LOPES, J. P. Três estratégias básicas para a melhoria da aprendizagem: objetivos de aprendizagem, avaliação formativa e feedback. **Revista Eletrônica de Educação e Psicologia**, v. 7, p. 12-31, 2016. Disponível em: http://edupsi.utad.pt/index.php/component/content/article/79-revista2/144. Acesso em: 24 jun. 2022.

SILVA, N. L.; MENDES, O. M. Avaliação formativa no ensino superior: avanços e contradições. **Avaliação: Revista da Avaliação da Educação Superior (Campinas)**, v. 22, n. 1, p. 271-297, 2017. DOI: https://doi.org/10.1590/S1414-40772017000100014.

SWELLER, J. Cognitive load theory. *In*: MESTRE, J. P.; ROSS, B. H. (ed.). **Psychology of learning and motivation**, v. 55, Academic Press, 2011. p. 37-76. DOI: https://doi.org/10.1016/B978-0-12-387691-1.00002-8.

UCLES – UNIVERSITY OF CAMBRIDGE LOCAL EXAMINATIONS SYNDICATE. **Active learning** (on-line), 2020. Disponível em: https://www.cambridgeinternational.org/Images/271174-active-learning.pdf. Acesso em: 24 jun. 2022.

UFF – UNIVERSIDADE FEDERAL FLUMINENSE. Nota GT CEPEx. **Esclarecimentos atividades acadêmicas emergenciais**, 16 out. 2020. Disponível em: https://www.uff.br/?q=nota-gt-cepex-esclarecimentos-atividades-academicas-emergenciais. Acesso em: 24 jun. 2022.

VELUDO-DE-OLIVEIRA, T. M.; AGUIAR, F. H. O.; QUEIROZ, J. P.; BARRICHELLO, A. Cola, plágio e outras práticas acadêmicas desonestas: um estudo quantitativo-descritivo sobre o comportamento de alunos de graduação e pós-graduação da área de negócios. **Revista de Administração Mackenzie**, São Paulo, v. 15, n. 1, p. 73-97, 2014. DOI: https://doi.org/10.1590/S1678-69712014000100004.

VILLAS-BOAS, V.; SAUER, L. Z. Aprendizagem ativa na educação em Engenharia em tempos de indústria 4.0. *In*: OLIVEIRA, V. F. (org.). **A Engenharia e as novas DCNs**: oportunidades para formar mais e melhores engenheiros. Rio de Janeiro: LTC, 2019. p. 146-181.

Capítulo 4

Ensino de circuitos elétricos em tempos de pandemia: a Engenharia (re)descobrindo Paulo Freire

Danúbia Soares Pires

4.1 Introdução

Nos últimos anos, a educação tem vivenciado muitas transformações, em especial, na incorporação de novas tecnologias na aprendizagem (Araujo *et al.*, 2020). O desenvolvimento tecnológico impacta fortemente outros setores da sociedade, mas, em especial na educação, tem modificado a forma de interação e aprendizagem: se antes o professor era o centro do conhecimento e, por consequência, o aprendizado era realizado de forma vertical (docente, detentor único do conhecimento; aluno, aprendiz não questionador), hoje se observa um movimento pedagógico para a horizontalidade do conhecimento, em que ambos, docente e aluno, podem discutir os conteúdos e propor soluções. Essa transformação é a consequência da facilidade na disseminação de informação em diversos meios e plataformas digitais; atualmente, o aluno pode aprofundar e aprender novos conteúdos, no entanto, cria-se a necessidade de diferenciar informação de conhecimento (Lantada, 2020). A partir da crítica de materiais disponibilizados, o docente, nesse caso, passa a ser o curador do conhecimento, direcionando o aluno para o cuidado com a seleção de informações: Qual o nível de confiabilidade? Qual a intenção? Isto é conhecimento científico ou opinião do divulgador (seja empresa, grupo ou indivíduo) do conteúdo pesquisado?

Nos cursos de Engenharia, observa-se um problema ainda maior: se, por um lado, é necessário horizontalizar o aprendizado, de outro, nas disciplinas específicas, é difícil perceber uma forma de disponibilidade para esse tipo de abertura, uma vez que, nas disciplinas de Circuitos Elétricos, por exemplo, um resistor sempre será um resistor; elementos em série estão em série, não em paralelo. A partir do primeiro semestre de 2020, devido à pandemia de covid-19, com a inserção das aulas remotas e a necessidade de trabalhar a prática com plataformas de simulação, essa dificuldade tornou-se ainda maior nas disciplinas específicas desses cursos (Lessinger; Abaide, 2021).

Uma das abordagens de diálogo utilizadas na educação é a de Paulo Freire. Paulo Freire foi um estudioso da área de educação, considerado o Patrono da Educação Brasileira e um dos filósofos mais lidos na área acadêmica, segundo o Massachusetts Institute of Technology (Araujo *et al.*, 2020). Um dos muitos livros escritos por ele, *Pedagogia do oprimido*, de acordo com a London School of Economics, é a terceira obra mais citada no mundo na área de ciências sociais e humanas (Sena; Bento; Silva, 2018). A principal característica da educação dialógica freireana é a valorização da autonomia do estudante na construção de seu conhecimento no processo de ensino-aprendizagem (Freire, 2020; Freire; Guimarães, 2021).

Para lidar com a educação em Engenharia de forma mais crítica e participativa por parte do aluno, o presente capítulo tem como principal objetivo a análise do ensino da disciplina de Circuitos Elétricos I, no Curso de Engenharia Elétrica Industrial do Instituto Federal do Maranhão (IFMA), *campus* São Luís/Monte Castelo, nos semestres de 2021.1 (totalmente remoto, entre os meses de maio a outubro de 2021) e 2021.2 (no formato híbrido, entre os meses de novembro de 2021 e fevereiro de 2022), que foi lecionada incorporando aspectos da dialógica freireana e, basicamente, utilizando as seguintes obras do escritor: *Pedagogia do oprimido* (75ª edição, 2020) e *Educar com a mídia: novos diálogos sobre educação* (2ª edição, 2021, escrita em conjunto com Sérgio Guimarães). Nessas obras, foram coletados alguns aspectos, ou seja, trechos que, na obra freireana, buscam conferir sentido aos alunos em relação ao conteúdo ministrado e, consequentemente, desenvolver autonomia e responsabilidade, além de trabalhar a relação dos assuntos abordados com o cotidiano do estudante.

O restante deste capítulo está organizado da seguinte forma: na Seção 4.2 é abordado o estado da arte acerca de Paulo Freire e a educação em Engenharia; na Seção 4.3 são detalhados os aspectos da obra freireana incorporados à disciplina de Circuitos Elétricos I, bem como os pontos para reflexão-ação-problematização e o instrumento de intervenção utilizado em cada aspecto considerado; na Seção 4.4 são apresentados os resultados e discussões; e, na Seção 4.5, as considerações finais.

4.2 Paulo Freire e a educação em Engenharia: estado da arte

Paulo Freire é o Patrono da Educação Brasileira, considerado uma referência para educadores do mundo inteiro, sendo citado em diversas obras pedagógicas atuais. No ano de 2021 foram celebrados os seus 100 anos, trazendo em suas obras a ideia de junção do diálogo, autonomia e reflexão crítica, em busca de uma pedagogia problematizadora e dialógica como meio para a efetiva aprendizagem (Aceves; Torres-Olave; Tolbert, 2021; Araujo *et al.*, 2020; Strajn, 2016).

Dentre as diversas teorias de Paulo Freire, tem-se a importância de o homem pensar sobre o seu tempo (o tempo em que se vive, em oposição à expressão "no meu tempo", para enunciar comparações ou saudosismos) e, mais ainda, a importância da vocação ontológica do *ser mais* (Freire, 2020). Em 2020, em decorrência da pandemia, pensar sobre o tempo em que se vive e buscar a vocação ontológica do *ser mais* nunca se fizeram tão necessários, em face da urgência sobre a reflexão do tipo de sociedade que se tem na atualidade, em vista da grande visibilidade das desigualdades sociais e a situação de alerta para novas pandemias – devido, em especial, aos fortes impactos ambientais que assolam o nosso planeta (Araujo *et al.*, 2020; Olvera; Velázquez; Castellanos, 2021; Siegfried, *et al.*, 2020).

Neste contexto pandêmico, a área da educação também foi fortemente impactada, trazendo dúvidas, incluindo novas ferramentas e possibilidades de aprendizagem. Como em toda área de educação, pensar o processo educativo (como apresentar o conteúdo, avaliações e atividades) traz dificuldades. No entanto, na Engenharia observa-se outra problemática: sabe-se que não há um hábito de inserção de teóricos da educação (Zarpelon; Resende, 2020), além disso, a necessidade da parte prática (com a restrição da utilização de laboratórios, por exemplo) inseriu uma dificuldade maior. Somado a isso, encontrar sentido e vivenciar o conteúdo de Engenharia não é tarefa trivial: tensão é igual à resistência vezes corrente, mas como contextualizar isso na vivência e realidade do aluno?

Ao observar as publicações relacionadas à pedagogia freireana na educação em Engenharia, observam-se algumas vertentes. A primeira, mais explorada, diz respeito às revisões da literatura sobre os conceitos da pedagogia freireana. Em Mejia *et al.* (2018) é realizada uma revisão de literatura, apresentando uma análise baseada nos princípios da andragogia crítica e da pedagogia de Paulo Freire, a fim de formular questões e orientar projetos de pesquisa usando estruturas teórico-críticas, as quais são necessárias para desenvolver abordagens antideficit para a pesquisa de Educação em Engenharia. Em Sena, Bento e Silva (2018) articulam-se três elementos (*smart school*, *smart city* e a pedagogia freireana) em uma perspectiva de futuro, a fim de gerar metodologias de inserção social e diálogo, em um modelo de urbanidade que seja capaz de promover progresso e coesão social. Em Cruz (2020) foi discutido o conceito de engenheiro de base, termo cunhado em 2008, a partir das ideias de Paulo Freire, no livro *Pedagogia do oprimido*. Esse engenheiro de base, para o qual foram desenvolvidas diferentes abordagens e atividades pedagógicas em diversas universidades brasileiras, engloba, além das competências técnicas e conhecimentos habituais desenvolvidos/aprendidos nos cursos de Engenharia, a empatia e empenho, diálogo, sentido crítico e abertura de aprendizado, a partir de saberes locais.

A segunda vertente diz respeito à aplicação da pedagogia freireana em disciplinas do núcleo comum do curso de Engenharia Elétrica. Em Riley (2003) é apresentado um estudo sobre o uso de pedagogias utilizadas comumente na área de humanas e sociais, por exemplo, a pedagogia de Paulo Freire no ensino da Engenharia, em específico, na disciplina de Termodinâmica. Em Souza *et al.* (2011) são discutidas estratégias de transdisciplinaridade a partir da pedagogia freireana, no ensino-aprendizagem de conteúdos relacionados a questões socioambientais nas engenharias. Em Zarpelon e Resende (2020) foram identificadas quais teorias de aprendizagem fundamentam a ação docente e são referenciados em trabalhos voltados para a disciplina de Cálculo I, que, segundo os autores, é uma disciplina com altos índices de reprovação em Engenharia.

Observa-se que a implementação de conceitos da pedagogia freireana em disciplinas específicas do curso de Engenharia Elétrica apresenta uma lacuna em relação a estudos científicos. No sentido de suprir essa lacuna, o presente capítulo dedica-se a apresentar uma análise do ensino da disciplina de Circuitos Elétricos I, do curso de Engenharia Elétrica Industrial, incorporando aspectos da dialógica freireana no contexto de aulas remotas e híbridas.

4.3 Aspectos da pedagogia freireana e estratégias utilizadas na disciplina de Circuitos Elétricos I

Nesta seção são descritos alguns trechos dos livros *Pedagogia do oprimido* e *Educar com a mídia: novos diálogos sobre educação*, que foram utilizados, observando as estratégias realizadas, a fim de incorporar aspectos pedagógicos freireanos na disciplina de Circuitos Elétricos I.

A disciplina de Circuitos Elétricos I, do Curso de Engenharia Elétrica Industrial, no IFMA, possui uma carga horária de 75 horas e tem como objetivo geral, segundo o programa de ensino da disciplina, "capacitar o aluno a analisar e projetar circuitos elétricos contendo resistores, indutores, capacitores, fontes dependentes e independentes". Como conteúdo programático tem-se: variáveis em circuitos elétricos; elementos de circuitos; circuitos resistivos; métodos de análise de circuitos resistivos; teoremas em circuitos; elementos armazenadores de energia; resposta completa de circuitos RL e RC; resposta completa de circuitos com dois elementos armazenadores de energia (IFMA, 2021).

Em geral, o semestre é dividido em três bimestres. O conteúdo ao longo dos bimestres é distribuído da seguinte forma: no primeiro bimestre são ministrados os conteúdos referentes às variáveis em circuitos elétricos, elementos de circuitos, circuitos resistivos, métodos de análise de circuitos resistivos, teoremas em circuitos e elementos armazenadores de energia; no segundo semestre são ensinados os conteúdos de resposta completa de circuitos RL e RC; no terceiro semestre, a resposta completa de circuitos com dois elementos armazenadores de energia.

Aqui, utilizou-se a denominação de aspecto 1 ao 4, por questões didáticas para melhor compreensão, no entanto, nas obras freireanas, esses aspectos não são pontuados por números, nem por ordem de aplicação.

Aspecto 1: "*Para o educador-educando, dialógico, problematizador, o conteúdo programático da educação não é uma doação ou uma imposição – um conjunto de informes a ser depositado nos educandos –, mas a devolução organizada, sistematizada e acrescentada ao povo daqueles elementos que este lhe entregou de forma desestruturada*" (Freire, 2020, p. 116).

Esse aspecto foi incorporado à disciplina no momento da definição de como se daria o desenvolvimento dos conteúdos, atividades e avaliações. Entende-se que o conteúdo programático deve ser ministrado e cumprido, no entanto, a depender do plano de curso e a ementa da disciplina, esses possuem uma flexibilidade em relação à maneira como serão ministrados e avaliados. No início da disciplina, foi apresentada pela docente a ementa da disciplina e a proposta da forma de ministração das aulas, as atividades e a avaliação que, incorporando os recursos tecnológicos disponíveis e viáveis aos discentes, poderiam ser realizadas: as aulas síncronas seriam realizadas (e gravadas, no contexto remoto) e as avaliações seriam obtidas a partir de listas de exercícios, simulação de circuitos em plataformas abertas e leituras de artigos científicos sobre os temas específicos de cada etapa.

Os alunos puderam propor modificações nas formas de avaliação, bem como nas datas de entrega delas, respeitando o prazo dos bimestres (no IFMA, o semestre é dividido em três bimestres e, para cada um, há uma avaliação do conteúdo ministrado nele). Além disso, deixaram claro quais recursos tecnológicos tinham disponíveis e se poderiam executar as atividades avaliativas programadas. Após cada avaliação e atividade, ela pôde ser discutida com os alunos, no sentido de observar quais os aspectos do conteúdo foram trabalhados e se a abordagem de trabalho desses aspectos foi satisfatória (a partir da análise da discussão com os alunos foi respondido o questionamento se houve aprendizado significativo na avaliação e/ou atividade proposta).

Aspecto 2: "*Outro recurso didático, dentro de uma visão problematizadora da educação e não 'bancária', seria a leitura e a discussão de artigos de revistas, de jornais, de capítulos de livros, começando por trechos. [...] Em seguida, se realizaria o debate em torno do conteúdo da leitura.*" (Freire, 2020, p. 163-164)

Nesse aspecto, foram trabalhados artigos científicos e documentários com assuntos interligados a cada etapa da disciplina. Os artigos foram indicados pela docente aos estudantes e foram discutidos nos encontros síncronos. Os discentes foram encorajados a pesquisar sobre os autores dos artigos propostos e a apresentar críticas ao material, mediante embasamento científico, ou seja, baseado em outros artigos e referências da área específica.

No caso dos documentários, os alunos foram orientados a assisti-los em forma de atividade assíncrona, havendo a discussão na aula síncrona. A orientação foi assistir ao documentário indicado e fazer considerações, pesquisar outras fontes em relação a pontos que mais chamaram a atenção dos discentes, a fim de apontar aspectos reais e de ficção (a qual inclui a dramaticidade conferida ao enredo do documentário, com a inserção de fatos que não necessariamente ocorreram), os quais são típicos de documentários da área de *Edutainment* (que incorpora a fusão da educação com o entretenimento).

Aspecto 3: "*Quatro vezes quatro, dezesseis; Pará, capital Belém, que o educando fixa, memoriza, repete, sem perceber o que realmente significa quatro vezes quatro. O que verdadeiramente significa capital, na afirmação, Pará, capital Belém. Belém para o Pará e Pará para o Brasil.*" (Freire, 2020, p. 80)

Na disciplina de Circuitos Elétricos I, buscou-se desenvolver o sentido de cada conteúdo. Assim, foi proposto aos alunos que escolhessem simuladores de plataforma aberta e os utilizassem em cada etapa da disciplina, simulando algum método ou teoria aprendida na etapa considerada. Para direcionamento, acerca de quais características deveriam ser observadas na escolha dos simuladores, foi apresentado a eles, no momento síncrono, o Falstad Circuit Simulator (FCS).[1] Por conseguinte, poderiam inserir suas próprias considerações e observar as diversas formas de resolução de um único circuito proposto, buscando adaptar os métodos ou teoremas à sua forma pessoal de organizar elementos e de ver a situação como um todo e, consequentemente, trazendo autonomia e desenvolvendo a criatividade do estudante. Assim, entende-se que os alunos possam dar sentido ao conteúdo aprendido, uma vez que, por si só, eles depreenderiam diversas formas de análise de várias configurações de circuitos, observando as relações de causa e efeito presentes em um método científico.

Quanto às plataformas abertas para simulação de circuitos, os alunos desenvolveram tutoriais de utilização delas, incluindo sua visão crítica sobre os fatores limitantes de uso, por exemplo, a configuração do circuito e os elementos disponíveis a serem utilizados. Somado a isso, nesse aspecto da educação freireana, foi incluída a discussão dos documentários citados no aspecto anterior. Nas discussões, realizadas nas aulas síncronas, tornou-se um ponto-chave frisar o tempo histórico de cada descoberta científica abordada, contextualizando como as descobertas científicas na época impactaram a sociedade e o mundo, reforçando a importância da ciência na contemporaneidade, no desenvolvimento integral de qualquer indivíduo, independente de tempo, cultura ou sociedade.

[1] Falstad Circuit Simulator. Disponível em: https://www.falstad.com/circuit/.

Ainda no terceiro aspecto, inclui-se a leitura de artigos científicos com a finalidade de interligar os tópicos estudados a alguma aplicação científica prática. Os alunos também foram encorajados a trazer discussões sobre *podcasts*, séries, filmes e livros do seu cotidiano, desde que identificassem ligações com conceitos da disciplina. Como exemplos desses materiais podem ser citados: o *podcast* Fisicast, episódio 106,[2] que trata de circuitos elétricos e sua importância na sociedade; a série Expresso Futuro[3] com a discussão de como será o mundo após a pandemia de covid-19, observando-se a importância de circuitos elétricos no desenvolvimento de tecnologias em diversos episódios da série; o filme *A Batalha das Correntes* com um debate sobre os padrões de distribuição de eletricidade; o livro Harari (2018), na Parte IV, capítulo 17, que trata da revolução científica e levanta uma discussão sobre a importância da eletricidade e da distribuição de energia elétrica para o desenvolvimento da humanidade.

Aspecto 4: "*É evidente que a escola, enquanto instituição social e histórica, não pode cumprir sempre da mesma forma um certo papel que ela vem cumprindo, através do tempo e do espaço. Por outro lado, eu não diria que a escola tem de brigar com as novas presenças que se veem em torno dela. Presenças que vêm surgindo em função do desenvolvimento da ciência e da tecnologia, e que, no campo da comunicação, as superam de longe (ri), de longe! Aliás, se tu comparas a escola com esses meios que vêm surgindo no campo da comunicação com profunda dinâmica – como a televisão ou o videocassete, por exemplo –, podes observar como a escola é estática, perto deles!*" (Freire; Guimarães, 2021, p. 48)

O quarto aspecto por muitas vezes discutido e largamente sublinhado no contexto de aulas remotas: o papel das instituições de ensino diante das novas tecnologias e da quantidade de informação disponível em mídias digitais. Nesse sen-

[2]Fisicast, episódio 106. Disponível em: https://podcasts.apple.com/br/podcast/fisicast/id1448040455.

[3]Expresso Futuro. Disponível em: https://canaisglobo.globo.com/assistir/futura/expresso-futuro/t/PsxB5RRNmK/.

tido, o desafio docente é trabalhar incorporando os recursos tecnológicos disponíveis e buscando estratégias, a fim de salientar o papel do professor nesse novo cenário. É fato que a sociedade vivencia a Educação 4.0 (muitos autores já utilizam a nomenclatura de Educação 5.0), na qual o papel do professor é de curador do conhecimento, ou seja, em um mundo cada vez mais repleto de informações, o professor torna-se um balizador dessas informações, uma espécie de "filtro" científico na sua área de conhecimento (Lantada, 2020; Olvera; Velázquez; Castellanos, 2021; Siegfried *et al.*, 2020).

Na disciplina de Circuitos Elétricos I, o aspecto da obra freireana foi incorporado na escolha dos meios tecnológicos utilizados e, em especial, nos materiais compartilhados (artigos, leituras científicas). Na etapa de discussões desses materiais, os alunos foram orientados a pesquisar novas fontes incorporando novas informações (baseadas em textos científicos) e criticando as já existentes, entendendo e participando da construção do conhecimento científico, tal como deve ser realizado.

Presencialmente e com uma estrutura de laboratório, o ensino de algumas disciplinas específicas em Engenharia já é complexo, uma vez que conceitos abstratos exigem dos alunos e docentes um esforço maior no processo de ensino-aprendizagem. No contexto remoto, contemplando essa lacuna, ferramentas de simulação foram amplamente utilizadas no contexto do ensino em Engenharia, no entanto, as limitações de licença impeliram à utilização de simuladores livres, uma vez que os alunos estavam em ambiente remoto (Lessinger; Abaide, 2021).

Contemplando os aspectos 3 e 4 (assim denominados neste capítulo), foram utilizados softwares livres de licença. Porém, devido à diversidade de recursos tecnológicos ou a falta de alguns específicos por parte dos alunos, eles foram encorajados a buscar simuladores que atendessem suas demandas. Além disso, deveriam elaborar um tutorial contemplando simulações de assuntos de cada etapa da disciplina ministrada.

Um dos softwares escolhidos pelos alunos foi o FCS, que, além de ser gratuito, demonstrou excelentes resultados na aprendizagem dos conceitos por eles

(Campos, 2021). Outro software escolhido foi o PartSim,[4] que se constitui em um simulador de circuitos gratuito e de fácil manuseio, o qual também se mostrou uma ferramenta poderosa no processo de educação remota, em relação aos exercícios práticos em engenharia (Spasova; Bogdanov; Chiurteva, 2021).

Além da inclusão de softwares gratuitos, foram inseridos documentários para discussão em sala de aula conferindo o entretenimento ao aprendizado de algum conteúdo, uma vez que, através da dramaticidade e enredo de uma história, o discente se envolve cada vez mais com o assunto tratado, pois o mesmo passa a ser contado como algo do cotidiano, trazendo sentido ao aluno (Ningsih *et al.*, 2021). *Edutainment* é uma área que vem crescendo nos últimos anos, cuja principal característica é a união da educação com o entretenimento proporcionando, segundo muitos especialistas em educação, um processo de aprendizagem mais agradável (Gabriele; Bertacchini, 2021).

Em documentários, de maneira geral, tem-se a interpretação de histórias de pessoas comuns e, por vezes, o telespectador se identifica com tais personagens; muitas vezes, são cientistas retratados com seus anseios, fraquezas, ambições, sonhos, tornando o mundo científico muito mais próximo do mundo real. A inclusão de ferramentas de *Edutainment*, na disciplina de Circuitos Elétricos I, foi realizada através do documentário *Guerra das correntes*, da National Geographic, e incorporou os aspectos freireanos 2 e 3. Os alunos foram encorajados a assisti-lo como atividade extraclasse e ele seria discutido no momento da aula síncrona. Além disso, os alunos foram incentivados a trazer para a sala de aula *podcasts*, séries e livros que já fizessem parte do cotidiano deles e que tivessem alguma conexão com o conteúdo da disciplina, buscando desenvolver o sentido de cada conteúdo, conforme o aspecto 3.

A incorporação de artigos científicos, contextualizando alguns tópicos da disciplina, foi a estratégia encontrada a fim de abranger os aspectos freireanos 2, 3 e 4. A proposta inicial seria que os alunos observassem os assuntos abordados na

[4] PartSim. Disponível em: https://www.partsim.com/.

disciplina, com a sua utilização em problemas práticos. Nessa abordagem, alguns artigos que foram utilizados são descritos:

- Artigo 1: *Simulação e modelagem computacionais no auxílio à aprendizagem significativa de conceitos básicos de Eletricidade: Parte I – circuitos elétricos simples* (Dorneles; Araujo; Veit, 2006).

  Nesse artigo são analisadas as diferentes concepções e raciocínios por parte dos alunos sobre os conceitos básicos de circuitos elétricos simples. A análise desse artigo, logo na introdução da disciplina, objetivou a percepção deles sobre possíveis erros de análise de circuitos que são comumente cometidos e, o mais importante, através de um conhecimento científico.

- Artigo 2: *Analisando os circuitos RL: uma abordagem via applets* (Cruz, 2018).

  Nesse artigo são utilizadas as TIC (Tecnologias de Informação e Comunicação), tais como computadores pessoais e telefones móveis, para expor conteúdos como circuitos RL, demonstrando aos alunos o funcionamento básico desse circuito, promovendo ao discente, além da visualização, as nuances dos fenômenos observados, facilitando a aprendizagem. Com a abordagem do tópico de circuitos RL, esse artigo aponta aos alunos uma discussão acerca desse tipo de circuito, ao mesmo tempo que os contextualiza na situação atual da educação, abordando o auxílio da tecnologia em ferramentas de ensino-aprendizagem.

- Artigo 3: *Física com Arduino para iniciantes* (Cavalcante; Tavolaro; Molisani, 2011).

  Nesse artigo são apresentados processos de construção de circuitos elétricos, trazendo propostas didáticas de utilização, códigos fontes, links para acesso a tutoriais para reprodução de experimentos. Esse artigo promove aos alunos uma discussão dos circuitos RC e os processos de carga e descarga de um capacitor, abordando, de forma didática, o uso de plataformas de fácil manuseio para aprendizagem de tópicos de Circuitos Elétricos.

- Artigo 4: *Modelagem caixa cinza por analogia a um circuito RC* (Pereira; Munareto, 2018).

  Esse artigo apresenta uma analogia de uma planta de vazão com um circuito RC, por meio da modelagem caixa cinza. Discutir conceitos a partir de analogias com sistemas dinâmicos conhecidos confere sentido ao aprendizado. Além disso, o conceito de modelagem, tão importante, porém pouco trabalhado nas disciplinas iniciais dos cursos de Engenharia, pôde ser abordado em Circuitos Elétricos.

- Artigo 5: *Acionamento eletrônico de motor a relutância: determinação do perfil da indutância, controle do conjugado e comutação* (Oliveira *et al.*, 2003).

  Esse artigo indica uma técnica para determinação de um motor a relutância. A proposta de discussão é focada na compreensão dos conceitos relacionados à indutância em uma aplicação prática.

No Quadro 4.1, observam-se os aspectos das obras de Paulo Freire utilizados na disciplina, relacionados ao ponto de reflexão-ação-problematização e o instrumento de intervenção utilizado. É importante observar que um instrumento pode ser utilizado em mais de um aspecto, contudo, a forma de utilização é diferenciada de acordo com o ponto de reflexão-ação-problematização que se quer alcançar em cada aspecto considerado. No Quadro 4.2, observam-se os artigos científicos propostos para estudo, a temática principal dos mesmos e o ponto de discussão levantado em sala de aula.

Quadro 4.1 – Relação dos aspectos da pedagogia freireana com o ponto para reflexão-ação-problematização e instrumento de intervenção utilizado

Aspecto da obra freireana	Ponto para reflexão - ação -problematização	Instrumento utilizado
1	Socialização quanto à forma de se trabalhar o conteúdo programático e quais ferramentas utilizar	1. Abertura para discussão sobre como cada **conteúdo seria trabalhado** e os **recursos a serem utilizados em cada etapa**
2	Visão problematizadora dentro da Educação, a partir de discussões	1. Encorajar os discentes a assistir **documentários** e ler **artigos** (levantando questões e críticas baseadas em pesquisas científicas) para posterior discussão em sala de aula
3	Buscar o sentido do conteúdo para o discente	1. Discussão dos **documentários** (buscando elementos da dramaticidade que aproximam os telespectadores dos personagens); 2. Propor **artigos** (interligando-os aos tópicos estudados e a alguma aplicação científica prática); Encorajar os discentes à discussão sobre ***podcasts***, **séries** , **filmes** e **livros do cotidiano** dos mesmos (identificando ligações com conceitos da disciplina); 3. Utilização de **plataformas de simulação de circuitos elétricos de acesso livre** (analisando diversas configurações possíveis, análises dos teoremas e métodos)
4	Inserção de novas tecnologias e a curadoria de informação disponível em mídias digitais	1. Discussão dos **documentários** (buscand o elementos da dramaticidade que são somente ficção e os que são realidade); 2. Propor **artigos** (levantando questões e críticas baseadas em pesquisas científicas); 3. Encorajar os discentes à discussão sobre ***podcasts*** **séries** , **filmes** e **livros do cotidiano** dos mesmos (identificando a quem se destinam esses materiais e confrontando as informações com pesquisas científicas da área especifica de Engenharia Elétrica); 4. Utilização de **plataformas de simulação de circuitos elétricos de acesso livre** (identificando as limitações de cada plataforma)

Fonte: dados da pesquisa.

Quadro 4.2 – Relação dos artigos científicos propostos para estudo, relacionando com a temática principal e o ponto de discussão em sala de aula

Artigo	Temática	Ponto de discussão
1	Análise de diferentes concepções e raciocínios por parte dos discentes sobre conceitos básicos de circuitos elétricos simples	Observar os possíveis erros de análise de circuitos que são comumente cometidos por discentes
2	Utilização de TICs no aprendizado de circuitos RL, demonstrando o funcionamento básico, visualização e nuances dos fenômenos observado	Discutir os circuitos RL, contextualizando a situação atual da Educação, a qual conta com o auxílio da tecnologia em ferramentas de ensino-aprendizagem
3	Apresentação de processos de construção de circuitos elétricos utilizando Arduino (códigos fontes, tutoriais para reprodução de experimentos), dando ênfase ao circuito RC	Discutir acerca de circuitos RC e processos de carga e descarga de capacitor, abordando o uso do Arduino para aprendizagem de Circuitos Elétricos
4	Apresentação de uma analogia de uma planta de vazão com um circuito RC, através da modelagem caixa cinza	Discutir conceitos a partir de analogias com sistemas dinâmicos conhecidos, inserção do conceito de modelagem em Circuitos Elétricos
5	Apresentação de uma técnica para determinação de um motor a relutância	Compreender conceitos relacionados à indutância associados a uma aplicação prática

Fonte: dados da pesquisa.

4.4 Resultados e discussões

A fim de comprovar a eficiência da inserção de aspectos das obras de Paulo Freire na disciplina de Circuitos Elétricos I, foram realizadas discussões acerca da própria metodologia adotada, durante a disciplina e ao final dos semestres 2021.1 e 2021.2. Com o término da disciplina, os alunos foram convidados a responder a um questionário com perguntas englobando os objetivos principais de cada aspecto pedagógico freireano adotado.

Na disciplina, ao final das discussões sobre cada ferramenta tecnológica que seria utilizada em cada etapa (aspecto 1 do Quadro 4.1), nos debates acerca dos documentários e artigos propostos (aspectos 2, 3 e 4, conforme Quadro 4.1) e na apresentação das plataformas de simulação pesquisadas e utilizadas por eles (aspectos 3 e 4, Quadro 4.1), os alunos foram convidados a avaliar cada um desses instrumentos e a utilização deles. Na avaliação dos instrumentos utilizados em cada aspecto foram observados: a facilidade ou dificuldade encontrada ao utilizar os instrumentos propostos; a diferença na aprendizagem de determinado conteúdo que o aspecto da obra freireana proporcionou; a sugestão de modificações na aplicação dos instrumentos. Nessas avaliações realizadas em aulas síncronas, logo após a incorporação de cada aspecto da obra freireana, observou-se a partir dos relatos dos discentes que, em geral, eles começaram a encontrar sentido no conteúdo, logo entendiam melhor os conceitos, uma vez que atingiam a capacidade de relacionar os assuntos abordados em sala ao cotidiano. Também pode ser percebido, por parte dos discentes, o reconhecimento da importância do estudo da disciplina de Circuitos Elétricos I para além do simples cumprimento curricular.

A percepção docente alcançou a observação do desenvolvimento de habilidades nos alunos, tais como: aumento da criatividade, autonomia e responsabilidade; a proposta de soluções diferenciadas para a resolução de problemas; uma maior facilidade no entendimento dos conceitos; mais abertura para expor as dúvidas e de forma muito mais assertiva; um aumento do número de alunos participando dos encontros síncronos. Nos dois semestres considerados nesta pesquisa, ainda que em formatos diferentes (2021.1 totalmente remoto e 2021.2 no formato híbrido), não houve alteração significativa na percepção docente quanto ao desenvolvimento das habilidades dos alunos supracitadas.

Ao final de cada semestre foi enviado um questionário aos alunos participantes da disciplina, a fim de a avaliarem. As perguntas formuladas no questionário e a média dos níveis descritos pelos alunos (dos semestres 2021.1 e 2021.2) são descritos no Quadro 4.3. Os níveis para cada resposta foram estabelecidos a partir da escala de Likert (Joshi *et al.*, 2015).

Além das sete perguntas, descritas no Quadro 4.3, os discentes poderiam tecer críticas e/ou sugestões acerca do andamento da disciplina no semestre considerado. Os semestres de 2021.1 e 2021.2 tiveram nove e onze alunos matriculados, respectivamente. O semestre de 2021.1 foi totalmente remoto e o de 2021.2 foi híbrido. A partir da média das respostas apontadas pelos alunos dos dois semestres, observa-se que o aspecto 1 mostrou-se satisfatório, uma vez que os instrumentos utilizados, sua forma de uso e disponibilidade pelo aluno foram apontados no início da disciplina, como também o tempo para cada conteúdo ministrado. Na pergunta 4, observou-se que o tempo dedicado a cada conteúdo ficou em 100% como muito satisfatório, demonstrando que socializar a forma como os conteúdos serão ministrados no semestre auxilia no processo ensino-aprendizagem.

O aspecto 2 foi muito bem avaliado, conforme observado a partir da média de respostas à pergunta 5, com a utilização de artigos e documentários na disciplina. Os aspectos 3 e 4 também foram fortemente alcançados a partir das avaliações por parte dos alunos às perguntas 5 e 6. Ainda sobre o aspecto 3, observa-se que o conteúdo da disciplina conferiu sentido aos estudantes, demonstrado a partir da média de respostas à pergunta 7. Contudo, apesar do alcance dos aspectos, na visão dos alunos, a partir das respostas obtidas nas perguntas 2 e 3, observa-se o grau de comprometimento com a disciplina, além da percepção do grau de dificuldade agregada a ela. Assim, torna-se importante sublinhar que a disciplina não mudou, uma vez que os conteúdos ministrados são os mesmos, o que se pretende modificar é a forma de percepção e entendimento da disciplina.

Quadro 4.3 – Perguntas do questionário para avaliação da disciplina de Circuitos Elétricos I e média de resposta dos discentes dos semestres 2021.1 e 2021.2

Pergunta	Níveis de gradação da resposta	Média de resposta dos discentes dos semestres 2021.1 e 2021.2
1. As aulas de Circu itos Elétricos I foram de encontro às suas expectativas?	Do nível 1 (não satisfatório) ao nível 5 (muito satisfatório)	4
2. Qual seu nível de dedicação na disciplina?	Do nível 1 (não me dediquei) ao nível 5 (me dediquei ao máximo)	4
3. Como você avalia o grau de dificuldade da disciplina?	Do nível 1 (muito fácil) ao nível 5 (muito difícil)	5
4. Como você avalia o conteúdo ministrado em relação ao tempo gasto para cada conteúdo?	Do nível 1 (não satisfatório) ao nível 5 (muito satisfatório)	5
5. Como você avalia a leitura de artigos científicos e a inserção de documentários relacionados aos assuntos da disciplina?	Do nível 1 (desinteressante) ao nível 5 (muito interessante)	5
6. Como você avalia a inserção de simuladores na disciplina?	Do nível 1 (desinteressante) ao nível 5 (muito interessante)	5
7. Os conteúdos, da forma como foram trabalhados, ofereceram sentido a você (no tocante ao entendimento dos conceitos e fórmulas e não somente "gravação" das mesmas)?	Do nível 1 (não o fereceu sentido nenhum) ao nível 5 (ofereceu muito sentido)	5

Fonte: dados da pesquisa.

Importante ressaltar ainda que as pesquisas presentes na literatura que envolvem disciplinas do núcleo profissionalizante dos cursos de Engenharia, em geral, apresentam uma análise de um método e/ou instrumento utilizado durante a disciplina.

4.5 Considerações finais

A implementação de conceitos da pedagogia freireana em disciplinas específicas do curso de Engenharia Elétrica é um tema que ainda necessita de muitas contribuições científicas. Nesse sentido, este capítulo apresentou uma análise do ensino da disciplina de Circuitos Elétricos I, no Curso de Engenharia Elétrica Industrial do IFMA, *campus* São Luís – Monte Castelo, nos períodos 2021.1 e 2021.2, lecionada no contexto remoto e híbrido, respectivamente, incorporando aspectos da dialógica freireana.

Os resultados mostram a eficiência da utilização de alguns aspectos freireanos, tais como: o encontro do sentido, por parte dos alunos, em relação aos conceitos aprendidos; a importância e a relação de tópicos da disciplina com o cotidiano do aluno; aumento da criatividade, autonomia e responsabilidade; proposta de soluções diferenciadas para a resolução de problemas; maior facilidade no entendimento dos conceitos; mais abertura para expor as dúvidas e de forma muito mais assertiva.

Como propostas futuras tem-se:

- acompanhamento dos alunos participantes desta pesquisa (turmas 2021.1 e 2021.2) no decorrer do curso, em especial, na observação do aproveitamento deles em disciplinas do núcleo profissionalizante, as quais dependam diretamente da disciplina de Circuitos Elétricos I;
- extensão da aplicação de outros aspectos da obra de Paulo Freire na referida disciplina, nos contextos híbrido e presencial;
- acréscimo na quantidade de métodos/instrumentos a serem utilizados em cada aspecto;

- aplicação de aspectos da pedagogia freireana em outras disciplinas específicas do curso de Engenharia Elétrica Industrial do Instituto Federal do Maranhão.

Referências

ACEVES, A. F.; TORRES-OLAVE, B.; TOLBERT, S. On love, becomings, and true generosity for science education: honoring Paulo Freire. **Cultural Studies of Science Education**, v. 17, p. 217-230, jan. 2022. DOI: https://doi.org/10.1007/s11422-021-10098-w.

ARAUJO, M. S; OLIVEIRA, D. P.; TRINDADE, R. A. C.; NICOLAU, G. S. A atualidade de Paulo Freire em tempos de pandemia: tecendo diálogos sobre os desafios da educação e do fazer docente. **Práxis Educativa**, v. 16, p. 1-20, dez. 2020. DOI: https://dx.doi.org /10.5212/PraxEduc.v.16.16610.009.

CAMPOS, F. M. Electronics education during the Covid-19 pandemic: the use of a CAD framework in distance learning assignments. *In*: INTERNATIONAL CONFERENCE OF THE PORTUGUESE SOCIETY FOR ENGINEERING EDUCATION (CISPEE), 2021, Lisbon. **Proceedings** [...]. Lisbon: IEEE, p. 1-7, jun. 2021. DOI: https://doi.org/10.1109/ CISPEE47794.2021.9507239.

CAVALCANTE, M. A; TAVOLARO, C. R. C.; MOLISANI, E. Física com Arduino para iniciantes. **Revista Brasileira de Ensino de Física**, v. 33, n. 4, p. 4503, dez. 2011. DOI: https://dx.doi.org/10.1590/S1806-11172011000400018.

CRUZ, C. C. Brazilian grassroots engineer's education: achievements, flaws, and challenges. *In*: ASEE VIRTUAL ANNUAL CONFERENCE CONTENT ACCESS, 2020. **Proceedings** [...]. 2020. DOI: https://dx.doi.org/10.18260/1-2--34223.

CRUZ, F. A. O. Analisando os circuitos RL: uma abordagem via applets. **Vivências: Revista Eletrônica de Extensão da URI**, v. 14, n. 26, p. 77-85, mai. 2018. Disponível em: http://www2.reitoria.uri.br/~vivencias/Numero_026/artigos/pdf/Artigo_06.pdf. Acesso em: 5 jun. 2022.

DORNELES, P. F. T.; ARAUJO, I. S.; VEIT, E. A. Simulação e modelagem computacionais no auxílio à aprendizagem significativa de conceitos básicos de eletricidade: parte I –

circuitos elétricos simples. **Revista Brasileira de Ensino de Física**, v. 28, n. 4, p. 487-496, set. 2006. DOI: https://doi.org/10.1590/S1806-11172006000400011.

FREIRE, P. **Pedagogia do oprimido**. 75. ed. Rio de Janeiro/São Paulo: Paz e Terra, 2020.

FREIRE, P; GUIMARÃES, S. **Educar com a mídia**: novos diálogos sobre educação. 2. ed. São Paulo: Paz e Terra, 2021.

GABRIELE, L.; BERTACCHINI, F. Technologies to feed your mind: implementing edutainment laboratories. **International Journal of Entertainment Technology and Management**, v. 1, n. 2, p. 146-161, 2021. DOI: https://dx.doi.org/10.1504/IJENTTM.2021.116768.

IFMA – INSTITUTO FEDERAL DO MARANHÃO. **Programa de ensino de Circuitos Elétricos I**, 2021. Disponível em: https://drive.google.com/file/d/1_VW3WS8m8ccRAV9fj6WcvpDWlDAnr2Qg/view. Acesso em: 22 jun. 2022.

HARARI, Y. N. **Sapiens**: uma breve história da humanidade. Porto Alegre: LPM Editores, 2018.

JOSHI, A.; KALE, S.; CHANDEL, S.; PAL, D. K. Likert scale: explored and explained. **Current Journal of Applied Science and Technology**, v. 7, n. 4, p. 396-403, fev. 2015. DOI: https://dx.doi.org/10.9734/BJAST/2015/14975.

LANTADA, A. D. Engineering Education 5.0: continuously evolving Engineering Education. **International Journal of Engineering Education**, v. 36, n. 6, p. 1814-1832, nov. 2020. Disponível em: https://www.ijee.ie/1atestissues/Vol36-6/10_ijee3990.pdf. Acesso em: 5 jun. 2022.

LESSINGER, S.; ABAIDE, A. R. Uma contribuição didática ao ensino de sistemas de controle no contexto pandêmico. *In*: SEMINAR ON POWER ELECTRONICS AND CONTROL (SEPOC), 13., Santa Maria, 2021. **Proceedings** [...]. Santa Maria: UFSM, 2021. DOI: https://doi.org/10.53316/sepoc2021.081.

MEJIA, J. A.; REVELO, R. A.; VILLANUEVA, I.; MEJIA, J. Critical theoretical frameworks in engineering education: an anti-deficit and liberative approach. **Education Science**, v. 8, n. 4, p. 158, set. 2018. DOI: https://doi.org/10.3390/educsci8040158.

NINGSIH, T.; MA'RUFA, D. W.; HERMAWAN, R.; SHOLEHUDDIN, M. S.; FATIMAH, S. Shaping students' character through edutainment strategies. **Journal of Educational**

and Social Research, v. 11, n. 6, p. 173-185, set. 2021. DOI: https://doi.org/10.36941/jesr-2021-0138.

OLIVEIRA, L. P. B.; OLIVEIRA, A. C.; SILVA, E. R. C.; LIMA, A. M. N.; JACOBINA, C. B. Acionamento eletrônico de motor a relutância: determinação do perfil da indutância, controle do conjugado e comutação suave. **Eletrônica de Potência**, v. 8, n. 1, p. 25-32, jun. 2003. DOI: https://dx.doi.org/10.18618/REP.2003.1.025032.

OLVERA, M. M.; VELÁZQUEZ A. L. F.; CASTELLANOS A. T. Assessment of competencies required for society 5.0 for Engineering graduates. **IEEE Revista Iberoamericana de Tecnologias del Aprendizaje**, v. 16, n. 4, p. 346-351, dez. 2021. DOI: https://dx.doi.org/10.1109/RITA.2021.3136466.

PEREIRA, A. P. D.; MUNARETO, S. S. Modelagem caixa cinza por analogia a um circuito RC. *In*: CONGRESSO BRASILEIRO DE AUTOMÁTICA (CBA 2018), 22., 2018, João Pessoa. **Anais** [...]. João Pessoa: SBA, 2018. DOI: https://dx.doi.org/10.20906/cps/cba2018-1278.

RILEY, D. Employing liberative pedagogies in Engineering Education. **Journal of Women and Minorities in Science and Engineering**, v. 9, n. 2, p. 137-158, jan. 2003. DOI: https://dx.doi.org/10.1615/JWomenMinorScienEng.v9.i2.20.

SENA, P. S.; BENTO, M. C. M.; SILVA, M. B. Paulo Freire na smart school da smart city. **Revista ECCOM**, v. 9, n. 18, jul. 2018. Disponível em: http://fatea.br/seer3/index.php/ECCOM/article/view/864. Acesso em: 25 fev. 2022.

SIEGFRIED, R.; CECILE, G. P.; HARALDUR, A.; NATHALIE, C.; INGGRIANI, L.; LLUIS, T. V. Preparing 5.0 Engineering students for an unpredictable post-Covid world. *In*: IFEES WORLD ENGINEERING EDUCATION FORUM – GLOBAL ENGINEERING DEANS COUNCIL (WEEF-GEDC), 2020, Cape Town. **Proceedings** [...]. Cape Town: IEEE, p. 1-5, nov. 2020. DOI: https://dx.doi.org/10.1109/WEEF-GEDC49885.2020.9293661.

SOUZA, J. S. A.; GHESTI, G. F.; ELS, R. H. V.; RODRIGUES, J. P.; GAIO, L. M.; SILVA, J. S. Estratégias transversais no ensino-aprendizagem com ênfase Socioambiental no curso de Engenharia. *In*: CONGRESSO BRASILEIRO DE EDUCAÇÃO EM ENGENHARIA (COBENGE 2011), 39, 2011, Blumenau. **Anais** [...]. Blumenau: ABENGE, 2011. Disponível em: http://www.abenge.org.br/cobenge/legado/arquivos/8/sessoestec/art2024.pdf. Acesso em: 25 fev. 2022.

SPASOVA, N.; BOGDANOV, S.; CHIKURTEVA, A. Opportunities for online Engineering training in Electronics. *In*: NATIONAL CONFERENCE WITH INTERNATIONAL PARTICIPATION (ELECTRONICA), 12., 2021, Sofia. **Proceedings** [...]. Sofia: IEEE, 2021, p. 1-4, DOI: https://dx.doi.org/10.1109/ELECTRONICA52725.2021.9513657.

STRAJN, D. Paulo Freire: The global legacy. **International Review of Education**, v. 62, p. 389-391, abr. 2016. DOI: https://doi.org/10.1007/s11159-016-9555-8.

ZARPELON, E.; RESENDE, L. M. Teorias da aprendizagem em publicações na área de Educação em Engenharia: um mapeamento com foco na disciplina de Cálculo I. **Educação em Revista**, v. 36, n. 1, out. 2020. DOI: https://doi.org/10.1590/0102-46982 10405.

Parte II – Estudos de casos em sistemas embarcados, instrumentação e robótica

Capítulo 5

Abordagem de ensino remoto com softwares gratuitos em laboratório virtual de sistemas embarcados na UFOP

Taynan Roger Silva
Paulo Felipe Possa Parreira
Heitor Augusto de Novais
Eduardo José da Silva Luz
Alan Kardek Rêgo Segundo

5.1 Introdução

Devido à grande utilização de sistemas microcontrolados em diversos produtos tecnológicos, é crescente o interesse de estudantes e entusiastas nessa área de atuação. Dada a necessidade do mercado pela formação de profissionais da área de sistemas embarcados, diversas instituições de ensino superior têm ofertado disciplinas dessa área tanto em cursos de graduação como em cursos de pós-graduação nas Engenharias.

Por ser caracterizada como uma área interdisciplinar e multidisciplinar, que engloba conhecimentos em eletrônica, algoritmos, sistemas operacionais, processamento de sinais, dentre outros, o uso de laboratórios no ensino de sistemas embarcados é fundamental para o processo de ensino-aprendizagem. Por meio das experiências realizadas nesses ambientes, os alunos têm a oportunidade de consolidar alguns conhecimentos teóricos solucionando problemas reais da vida profissional. Dessa forma, diversas metodologias de ensino em laboratórios têm sido desenvolvidas por educadores para atrair e motivar os estudantes em uma práxis pedagógica que concilie os aspectos de teoria em situações práticas (Matos *et al.*, 2019; Rêgo Segundo *et al.*, 2015a, 2015b).

Com a necessidade do isolamento social imposta pela pandemia de covid-19 em 2020 no Brasil, esse desafio de integração por meio de atividades laboratoriais tornou-se ainda maior, visto que muitas instituições de ensino passaram a ofertar essas disciplinas apenas de forma remota. Se nos laboratórios físicos de sistemas embarcados os estudantes tinham acesso às diversas plantas didáticas e contato direto com hardwares previamente adquiridos pelas instituições, com a pandemia essa interação ficou limitada ao seu computador pessoal. Aliado a isso, esse novo contexto evidenciou também a dificuldade no uso de softwares livres e/ou gratuitos para os estudantes, visto que a maioria das plataformas experimentais disponíveis e aplicáveis para a graduação e pós-graduação são muito caras e/ou possuem uma arquitetura de hardware e software fechada (Torga *et al.*, 2019).

Neste cenário, dentre as alternativas que visam complementar ou substituir a utilização de laboratórios físicos, as mais utilizadas são os laboratórios remotos e os laboratórios virtuais, ou a combinação de ambos (Bencomo, 2004).

Os laboratórios virtuais utilizam uma abordagem puramente via software para realizar a simulação da dinâmica de diversos tipos de plataformas físicas. Essa simulação, normalmente, é baseada em modelos matemáticos e seu grau de similaridade com o processo real depende da implementação (Karakasidis, 2013). Comparado com o modelo remoto, os laboratórios virtuais possuem um menor custo de implantação e manutenção, além de ser possível a realização de vários experimentos simultâneos e uma maior disponibilidade entre os estudantes.

Assim, na busca pela continuidade do ensino de sistemas embarcados adaptado ao novo contexto, neste capítulo apresenta-se uma versão estendida de um laboratório virtual de sistemas embarcados, publicada nos anais do *XV Simpósio Brasileiro de Automação Inteligente* (Parreira *et al.*, 2021). Este laboratório virtual utiliza uma didática que mescla o ensino teórico com a metodologia de Aprendizagem Baseada em Projetos (*Project-Based Learning* – PjBL) a partir do uso de softwares gratuitos e/ou livres.

Como premissas para o desenvolvimento dessa práxis, buscou-se ferramentas e métodos para o sucesso do ensino remoto e para a inclusão do maior número de alunos possível, diante dos desafios tecnológicos vivenciados no período de isolamento social. As três principais premissas elencadas na criação do laboratório virtual foram:

- que a metodologia de ensino selecionada estivesse alinhada com as demandas do mercado de trabalho brasileiro de sistemas embarcados;
- que o laboratório virtual fosse aplicável para atender todo o conteúdo programático proposto nas disciplinas de sistemas embarcados ofertadas pela Universidade Federal de Ouro Preto (UFOP);
- que os softwares selecionados para o laboratório fossem gratuitos e/ou livres para acesso de todos os estudantes.

Assim, no restante do capítulo é apresentada uma breve discussão sobre o ensino e os desafios mercadológicos de sistemas embarcados, nas Seções 5.2 e 5.3, respectivamente; na Seção 5.4 são apresentados os softwares e recursos utilizados no laboratório virtual e na Seção 5.5 são exemplificadas algumas formas de utilização deste laboratório, baseado em aspectos pedagógicos, técnicos e de acesso para efetivação das práticas pedagógicas remotas. Na Seção 5.6, a discussão e o resultado de um questionário sobre a avaliação da qualidade do ensino-aprendizagem dos alunos de graduação e de pós-graduação (mestrado e doutorado) que utilizaram o laboratório durante os semestres letivos de 2020 e 2021 são apresentados e por fim, na Seção 5.7, as considerações finais do capítulo.

5.2 O ensino de sistemas embarcados

Os microcontroladores são dispositivos muito utilizados no ensino de Engenharia nas instituições de ensino superior, principalmente em relação às subáreas de conhecimento em Engenharias IV e em Ciência da Computação definidas pela Capes. Por meio deles, estudantes de diversos cursos conseguem compreender os princípios de eletrônica digital, microcomputadores e sistemas embarcados (Ni; Luo, 2010).

No caso específico do ensino de sistemas embarcados, as ementas dos cursos introdutórios, geralmente, abordam desde a leitura e o acionamento de entradas e saídas digitais, até a configuração e o uso de interrupções, temporizadores, contadores, conversores analógicos-digitais, acionamento de periféricos e formas de comunicação serial com outros dispositivos. Já em cursos intermediários, com maior carga horária, frequentemente são apresentados os principais sistemas operacionais para sistemas embarcados e técnicas de programação para requisitos de tempo real.

Na UFOP, local onde o laboratório virtual proposto foi aplicado, a unidade curricular de sistemas embarcados (CAT341 – Microcontroladores Aplicados à Engenharia de Controle e Automação) é oferecida de forma eletiva para o curso de Engenharia de Controle e Automação. Essa disciplina foi desenvolvida com o intuito de avançar nos temas previamente vistos pelos estudantes na disciplina obrigatória de sistemas embarcados, de forma aplicada à Engenharia de Controle e Automação, por meio da solução de problemas e do desenvolvimento de projetos.

A disciplina possui carga horária total de sessenta horas, sendo trinta reservadas para a parte teórica e as outras trinta para as práticas. Esse conteúdo teórico e prático é ministrado concomitantemente no decorrer das aulas, sendo a metodologia de Aprendizagem Baseada em Projetos (ABPj) utilizada para fixação do conteúdo teórico exposto pelo professor, discutida posteriormente. Para ilustrar os tópicos abordados com o uso do laboratório é apresentado no Quadro 5.1 o cronograma da disciplina.

Quadro 5.1 – Cronograma da disciplina CAT341

Semana	Estratégia de ensino	Conteúdo formativo
01	Exposição dialogada	Apresentação da disciplina: objetivos do curso, referências bibliográficas e critérios de avaliação.
	Exposição dialogada	Etapas de projetos de sistemas embarcados.
	Atividade prática	Arquiteturas de microcontroladores e identificação de pinos.
02	Exposição dialogada	Características gerais de microcontroladores.
	Exposição dialogada	Interrupções.
03	Exposição dialogada e atividade prática	Temporizadores e contadores.
04	Exposição dialogada e atividade prática	Acionamento de periféricos externos via portas digitais.
05	Exposição dialogada e atividade prática	Teclado matricial.
06	Exposição dialogada e atividade prática	Display de Cristal Líquido (LCD).
07	Atividade prática	Acionamento de motores – Parte 1.
	Atividade prática	Acionamento de motores – Parte 2.
08	Exposição dialogada e atividade prática	Conversor analógico-digital.
09	Apresentação de projeto	1ª etapa de acompanhamento do projeto: Projeto 1 – Sistema de bombeamento de água. Projeto 2 – Sistema de controle de temperatura.
10	Exposição dialogada	Projeto de placas de circuito impresso.
11	Exposição dialogada e atividade prática	Módulo CCP (Capture/Compare/PWM).
12	Exposição dialogada e atividade prática	Comunicação serial.
13	Exposição dialogada	Introdução à linguagem de programação C#.
14	Exposição dialogada e atividade prática	Comunicação UART e desenvolvimento de sistemas supervisórios.
15	Apresentação de projeto	Apresentação final dos projetos.

O laboratório virtual também foi utilizado nas unidades curriculares de sistemas embarcados ofertadas para as turmas de pós-graduação. Nesses casos, as disciplinas possuem carga horária de 45 horas, ministrada de forma condensada em duas semanas.

Na UFOP, a disciplina é ofertada para alunos do curso de mestrado profissional em Instrumentação, Controle e Automação de Processos de Mineração (CAM210 – Sistemas Embarcados) e para alunos de mestrado e doutorado acadêmico em Ciência da Computação (PCC113 – Projeto de Sistemas Embarcados e de Tempo Real).

O conteúdo é ministrado em duas etapas, sendo a primeira voltada para o aprendizado de linguagem estruturada em projetos com microcontroladores de 8 bits (aulas 1-6) e a segunda orientada para aprendizagem de sistemas operacionais de tempo real para projetos de microcontroladores de 32 bits (aulas 7-10). O Quadro 5.2 também exibe o cronograma dessa disciplina de forma a exibir quais conteúdos foram abordados com o uso do laboratório virtual.

Quadro 5.2 – Cronograma das disciplinas CAM210 e PCC113

Aula	Estratégia de Ensino	Conteúdo Formativo
01	Exposição dialogada	Apresentação da disciplina: objetivos do curso, referências bibliográficas e critérios de avaliação.
	Exposição dialogada	Etapas de projetos de sistemas embarcados.
	Exposição dialogada	Características gerais de microcontroladores.
	Exposição dialogada	Temporizadores, interrupções e periféricos.
	Atividade prática	Prática 1.
02	Exposição dialogada	Simulação e desenvolvimento de projetos.
	Atividade prática	Prática 2 – 1ª Etapa.
03	Exposição dialogada	Conversão analógico-digital.
	Exposição dialogada	Módulo CCP (Capture/Compare/PWM).
	Exposição dialogada	Comunicação I2C
	Atividade prática	Prática 2 – 2ª Etapa.

04	Exposição dialogada	Técnicas de economia de energia.
	Exposição dialogada	Projeto de hardware.
	Exposição dialogada	Exemplo de sistema de medição de temperatura.
	Atividade prática	Prática 3.
05	Exposição dialogada	Desenvolvimento de sistemas supervisórios.
	Exposição dialogada	Comunicação UART.
	Atividade prática	Prática 4.
06	Exposição dialogada	Aplicação de controladores PID em sistemas embarcados.
	Exposição dialogada	Arduino
	Atividade prática	Prática 5.
07	Exposição dialogada	Sistemas críticos de tempo real e introdução aos sistemas operacionais.
08	Exposição dialogada	Sistemas operacionais para sistemas embarcados e características de tempo real.
	Atividade prática	Prática 6.
09	Exposição dialogada	Conceitos de sistemas operacionais de tempo real (RTOS).
	Atividade prática	Prática 7.
10	Exposição dialogada	Estudo de caso com um sistema oper acional embarcado.
	Atividade prática	Prática 8.

Fonte: elaborado pelos autores (2021).

5.3 Desafios mercadológicos no ensino de sistemas embarcados

Um dos grandes desafios no ensino de Engenharia é a adoção de uma práxis pedagógica que prepare ativamente o estudante para o mercado de trabalho. Tal desafio é ainda maior em disciplinas específicas e de conteúdos profissionalizantes, como no caso do ensino de sistemas embarcados. Em unidades curriculares como essa, não basta apenas transmitir aos estudantes o saber sistematizado do conteúdo previsto, mas fazer com que eles transformem o conhecimento adquirido em habilidades para uso efetivo em suas profissões.

Adequar um curso com base nessas necessidades não é um processo trivial, principalmente quando formulado para aprendizagem de forma remota. Além da limitação de carga horária disponível na maioria dos cursos universitários, geralmente a ausência de experiências pedagógicas eficazes é um dos principais motivos que distanciam os estudantes da prática vivenciada no mercado de trabalho.

Assim, avaliar as demandas do mercado para adequar os currículos é uma estratégia pedagógica eficaz para a construção de uma unidade curricular coerente com o perfil demandado.

No Brasil, os principais dados consolidados sobre o mercado brasileiro de sistemas embarcados são obtidos por meio de uma pesquisa realizada anualmente com profissionais do setor pelo Portal Embarcados (Portal Embarcados, 2021). Elaborada desde 2014, a pesquisa busca entender a dinâmica e as particularidades do mercado brasileiro a partir da aplicação de questionários online de autopreenchimento. Na pesquisa produzida em 2021, os dados revelam informações importantes que podem auxiliar os docentes na construção de experiências remotas mais atrativas para os estudantes. Engajar os alunos nas atividades ofertadas dentro de uma disciplina tem sido um ponto estratégico para o sucesso do ensino remoto.

A respeito do perfil profissional de sistemas embarcados, a pesquisa aponta profissionais com diferentes formações acadêmicas, o que revela a necessidade de um olhar atento para a área de formação do estudante, de forma a envolver e incluí-lo com formações distintas das tradicionais.

Na UFOP, por exemplo, onde a disciplina de sistemas embarcados (CAM210) é ofertada para estudantes do mestrado profissional em Instrumentação, Controle e Automação de Processos de Mineração, embora a maioria seja formada em Engenharia de Controle e Automação, existem também estudantes com formação nas Engenharias Mecânica, de Minas e de Produção. Dessa forma, pensar em projetos diversos que sejam entendíveis e aplicáveis para todos os perfis existentes foi uma preocupação constante na construção do laboratório virtual apresentado neste capítulo. Nesse sentido, dois exemplos de projetos desenvolvidos pelos estudantes usando o laboratório virtual são apresentados neste capítulo para ilustrar a estrutura flexível e versátil dos softwares selecionados.

Em relação às atividades exercidas pelos entrevistados nessa mesma pesquisa, revelou-se que o desenvolvimento e depuração de *firmware* e software são as duas atividades mais realizadas por profissionais do setor (Portal Embarcados, 2021). Esse fato aponta que o ensino de sistemas embarcados voltado para o mercado de trabalho deve ser orientado, principalmente, para essas atividades. É evidente que o desenvolvimento de hardware é um conteúdo de extrema relevância para os estudantes de sistemas embarcados, no entanto, pensar em práticas pedagógicas remotas que atendam essa demanda é algo complexo e que pode ser pouco eficaz comparado ao que é praticado pela maioria dos profissionais do setor.

Por outro lado, se o objetivo de uma disciplina de sistemas embarcados for prioritariamente o desenvolvimento e depuração de *firmware* e software, a adoção de um laboratório virtual é ainda mais aplicável, visto que depende principalmente dos softwares utilizados pelos estudantes. Essa discussão é de extrema importância na construção da prática pedagógica que se pretende oferecer ao aluno, visto que deixar claro os objetivos intencionados com o uso dessa práxis é o primeiro passo para o aprimoramento dos recursos e métodos selecionados.

Ainda sobre esse assunto, a escolha do ambiente de desenvolvimento integrado (*Integrated Development Environment* – IDE) recomendado aos alunos foi um ponto de atenção na criação do laboratório virtual proposto. Em todo o mundo, o IDE Arduino, junto com os kits de desenvolvimento de mesmo nome, tem sido utilizado vastamente no ensino de sistemas embarcados (El-Abd, 2017; Jamieson; Herdtner, 2015). Grande parte disso deve-se à simplicidade de uso da plataforma, à extensa documentação aberta disponível na internet e ao baixo custo para a aquisição da placa de testes que, geralmente, possui um microcontrolador AVR. No entanto, para o ensino de sistemas embarcados voltado especificamente para o mercado de trabalho, como no caso do mestrado profissional citado anteriormente, a plataforma pode não ser a melhor alternativa, em parte por retirar do estudante a capacidade de explorar todos os recursos disponíveis no microcontrolador (Bolanakis, 2017; Williams, 2014).

Sem discorrer sobre os méritos comprovados sobre a utilização dessa plataforma no ensino desta unidade curricular, o ponto de debate é que, muitas vezes, a simplicidade de operação da plataforma é resultado da abstração de importantes detalhes de arquitetura e programação, essenciais para os conhecimentos dos estudantes.

De fato, a Pesquisa sobre o Mercado Brasileiro de Sistemas Embarcados e IoT (*Internet of Things*) 2021 também revelou aspectos importantes nesse sentido. A investigação evidenciou que a maioria dos projetos de hardware são desenvolvidos pela própria empresa em que o profissional trabalha (75,74%), sendo que as placas de prototipação Arduino são a terceira opção de kits de desenvolvimento para uso. Ainda assim, embora esses kits sejam usados por esses profissionais, a maioria manifestou não incorporar essas placas de prototipação em seus produtos (Portal Embarcados, 2021).

Diante dessa discussão, no laboratório virtual proposto, adotou-se o ambiente de desenvolvimento integrado MPLAB X[1] da Microchip para o desenvolvimento de códigos voltados para microcontroladores da família PIC. Essa IDE utiliza a linguagem de programação C, citada por 74,72% dos profissionais como a linguagem mais utilizada por eles no desenvolvimento de sistemas embarcados (Portal Embarcados, 2021).

Em síntese, essa análise sobre o mercado de trabalho brasileiro de sistemas embarcados justifica, em parte, a escolha dos softwares e métodos selecionados para esse laboratório. Todavia, é importante enfatizar que o principal critério de escolha dos recursos elencados para o laboratório foi a classificação dos softwares como gratuitos ou livres, para inclusão de todos os alunos matriculados na disciplina. Sobre esse aspecto, critérios de seleção desses softwares como os requisitos

[1] MPLAB X. Disponível em: https://www.microchip.com/en-us/tools-resources/develop/mplab-x-ide.

mínimos do sistema operacional e seu consumo de memória também foram levados em consideração. Esses softwares e recursos são apresentados na próxima seção.

5.4 Softwares e bibliotecas utilizados no laboratório virtual

Para o laboratório virtual de sistemas embarcados proposto é utilizado o software emulador de placas didáticas PICSimLab[2] junto com o IDE MPLAB X e o compilador XC8.[3] Esses programas foram escolhidos devido à característica acessível de uso gratuito dos softwares, sendo o primeiro um software livre/gratuito e os demais softwares gratuitos.

A placa escolhida para emulação dos projetos é a placa virtual PICGenios, enquanto o microcontrolador sugerido aos alunos é o PIC18F4520, que contém um processador de 8 bits. Para o desenvolvimento de sistemas supervisórios é proposto o uso do Visual Studio Community[4] para aplicações baseadas em Windows Form. Da mesma forma, o protocolo de comunicação escolhido para o desenvolvimento dos projetos é o protocolo industrial Modbus RTU, que pode ser ensinado por meio de simulações com bibliotecas específicas, como Easymodbus,[5] NModbus[6] e Modbus-Slave-for-PIC18F.[7] Por fim, para a emulação de portas seriais no computador pessoal do aluno é utilizado o software VSPE,[8] que cria portas seriais virtuais dentro do sistema operacional. Os programas escolhidos,

---

[2] PICSimLab. Disponível em: http://sourceforge.net/projects/picsim.

[3] MPLAB XC Compilers. Disponível em: https://www.microchip.com/en-us/tools-resources/develop/mplab-xc-compilers.

[4] Visual Studio Community. Disponível em: http://visualstudio.microsoft.com/pt-br/vs/community.

[5] EasyModBus. Disponível em: http://easymodbustcp.net/en.

[6] NModbus. Disponível em: http://github.com/NModbus/NModbus.

[7] Modbus-Slave-for-PIC18F. Disponível em: http://github.com/whchoi/Modbus-Slave-for-PIC18F.

[8] VPSE. Disponível em: http://www.eterlogic.com/Products.VSPE.html.

assim como a placa virtual, o microcontrolador e o protocolo de comunicação citados, são brevemente relatados nas Subseções 5.4.1 a 5.4.5.

5.4.1 PIC Simulator Laboratory (PICSimLab)

O PICSimLab (acrônimo de PIC Simulator Laboratory) é um software livre desenvolvido pelo Prof. Luis Claudio Gambôa Lopes, de código aberto e disponível nas plataformas Linux e Windows para simulação de sistemas microcontrolados. Trata-se de um emulador em tempo real de placas de desenvolvimento com suporte à depuração pelas IDEs MPLAB X e Arduino. O software permite a utilização de placas prontas e a criação de modelos próprios por meio de componentes isolados em *protoboards* virtuais.

Atualmente, o PICSimLab conta com diversas placas passíveis de emulação, por exemplo, as placas Arduino Uno, McLab1, McLab2, Franzininho DIY e a placa PICGenios. Tais placas possuem suporte para diversos modelos de PIC (de 8 e 16 bits) assim como suporte para o microcontrolador ATmega328p. O programa permite também a simulação de protocolos de comunicação pela porta serial. Por ser um software livre, os estudantes podem utilizá-lo de forma gratuita em seus computadores pessoais para a realização de práticas de ensino de microcontroladores.

A placa virtual PICGenios é uma emulação do kit educacional PICGenios dentro do software PICSimLab. Essa placa é compatível com diversos modelos de PIC da família 18F e 16F e contém diversos periféricos acoplados para pronta utilização, conforme exibido na Figura 5.3. Dentre alguns componentes presentes na placa estão quatro *displays* de sete segmentos, um LCD, um teclado matricial, potenciômetros, uma ventoinha, uma resistência de aquecimento e um sensor de temperatura LM35.

Figura 5.3 – Emulação da placa PICGenios dentro do software PICSimLab.

O PIC18F4520 é um microcontrolador desenvolvido pela Microchip, de arquitetura Harvard de 8 bits e quarenta pinos. É um microcontrolador de baixo custo que consegue atender uma grande gama de aplicações. Possui quatro temporizadores, um conversor A/D, sistema PWM (*Pulse Width Modulation*), suporte a interrupções e comunicação serial. É um dos *chips* que pode ser simulado dentro do PICSimLab nas placas virtuais PICGenios, Mclab2 e PQDB.

5.4.2 MPLAB X

O MPLAB X é um IDE criado pela Microchip para auxiliar o desenvolvimento de códigos para diversos microcontroladores da família PIC. Ele possui versões tanto para uso em sistemas operacionais Linux quanto para Windows. Apesar de não ser um software livre, possui distribuição gratuita com diversos recursos livres para aplicações complexas. É uma excelente ferramenta para o desenvolvimento de software embarcado, principalmente por permitir o uso de diversos compiladores, assim como a integração com depuradores externos, como é feito no laboratório virtual com o depurador do PICSimLab. O MPLAB X também permite a geração automática de configurações para placas da Microchip. Além disso, possui uma interface amigável e facilmente configurável, sendo uma boa alternativa para os estudantes e desenvolvedores iniciantes.

Dentre os compiladores suportados estão os compiladores da família XC de compiladores Microchip. No caso do laboratório virtual é utilizado o MPLAB XC8 – versão de 8 bits do compilador citado. A utilização desse compilador é gratuita para todos os PIC de 8 bits.

5.4.3 Visual Studio Community

O Visual Studio Community é um IDE da Microsoft para o desenvolvimento de software, especialmente dedicado ao .NET Framework e às linguagens Visual Basic, C, C++, C#, F#, dentre outras. A partir dessa IDE, é possível criar aplicativos baseados em Windows Form que exibem informações, solicitam entrada de dados de usuários e se comunicam com dispositivos remotos pela rede. É um software gratuito e de uso irrestrito, sendo uma versão simplificada do Visual Studio Professional e do Visual Studio Enterprise. No ensino de Sistemas Embarcados, pode-se utilizá-lo para a criação de sistemas supervisórios (SCADA – *Supervisory Control And Data Acquisition*) e sistemas de interface homem-máquina (IHM).

5.4.4 Modbus

O Modbus é um protocolo de comunicação mantido pela Modicon Corporation. É atualmente o padrão mais utilizado em sistemas de automação industrial. O protocolo não define a interface física da comunicação, mas a forma como as informações são transportadas pela rede. Atualmente suporta os modos RTU (*Remote Terminal Unit*), ASCII e TCP (*Transmission Control Protocol*), além das tradicionais interfaces RS-232, RS-422, RS-485 e Ethernet (Peng *et al.*, 2008).

O protocolo funciona por meio de um sistema mestre-escravo e temporizadores para o tráfego de mensagens, permitindo a consistência dos dados com base na verificação pelo mestre dos estados dos escravos conectados.

Para o laboratório virtual, o Modbus RTU foi escolhido por ser um protocolo livre e por ser um padrão industrial, permitindo que os alunos tenham uma experiência prática do que é utilizado no mercado de trabalho.

Para a utilização do protocolo no Visual Studio em aplicações de sistemas supervisórios, são indicadas as bibliotecas Easymodbus e NModbus implementadas em C#. Já para o sistema embarcado é indicada a biblioteca Modbus-Slave-for-PIC18F, implementada em C.

5.4.5 Virtual Serial Ports Emulator

O Virtual Serial Ports Emulator (VSPE) é um software gratuito na versão de 32 bits que emula portas seriais físicas dentro do sistema operacional utilizado. O uso do VSPE permite criar um par de dispositivos de porta serial virtual para comunicação entre o PICSimLab e o sistema supervisório criado dentro do Visual Studio Community.

5.5 Metodologia de ensino

Nas disciplinas ministradas de sistemas embarcados com o laboratório virtual utilizou-se uma abordagem que mescla o ensino teórico com a metodologia de Aprendizagem Baseada em Projetos (ABPj). Esse tipo de aprendizagem é uma metodologia ativa que leva em consideração o desenvolvimento da autonomia do estudante a partir da abordagem de projetos baseados em situações reais.

Segundo Souza *et al.* (2013), a metodologia ABPj ajuda os estudantes a visualizarem os conceitos, a coletar e interpretar dados e a ligar a teoria com o mundo real. Esse conjunto de competências, associado a um projeto real, incentiva os alunos a aprender a aprender.

No início da disciplina, são propostos dois projetos para que os estudantes executem ao longo do semestre, sendo o primeiro um projeto de automação de um sistema de bombeamento de água e o segundo um projeto de controle da resistência de aquecimento presente na placa virtual PICGenios. Com base nas orientações e direcionamentos do professor, os alunos devem empregar os conceitos teóricos aprendidos nas aulas para a resolução dos problemas práticos apresentados.

No primeiro projeto (sistema de bombeamento de água para o controle de nível de dois reservatórios) podem ser desenvolvidos remotamente os conhecimentos de leitura e acionamento de entradas e saídas digitais, interrupções, temporizadores, contadores e comunicação entre dispositivos. Nesta atividade, o principal desafio proposto é a criação de um sistema supervisório no Windows Form com interface gráfica e comunicação Modbus RTU.

Já no segundo projeto, os alunos precisam identificar e modelar o sistema dinâmico de alteração da temperatura da resistência de aquecimento (*heater*) pela ventoinha da placa PICGenios (*cooler*), sendo o sistema mensurado pelo sensor de temperatura LM35, conforme Figura 5.4. A proposta é que os alunos projetem e implementem no sistema embarcado um controlador PID digital com estratégia de controle para o seguimento de referência (temperatura) em tempo discreto.

Visando a autonomia e o desenvolvimento de habilidades transversais dos estudantes, durante o desenvolvimento dos projetos, os alunos têm a oportunidade de propor diferentes soluções para executá-los. Nesse sentido, uma demonstração prévia dos trabalhos realizados é apresentada pelos estudantes no meio do semestre, contendo o *firmware* do microcontrolador e a simulação preliminar do sistema na placa virtual. Essa etapa oportuniza uma discussão crítica e o repasse de conhecimentos específicos a cada grupo pelo professor, de modo que este entenda as principais dificuldades e pontos de atenção na aprendizagem dos estudantes. Feito isso, no final do semestre, os estudantes apresentam a resolução final dos projetos, contendo o software supervisório e a resolução das pendências apontadas na etapa anterior.

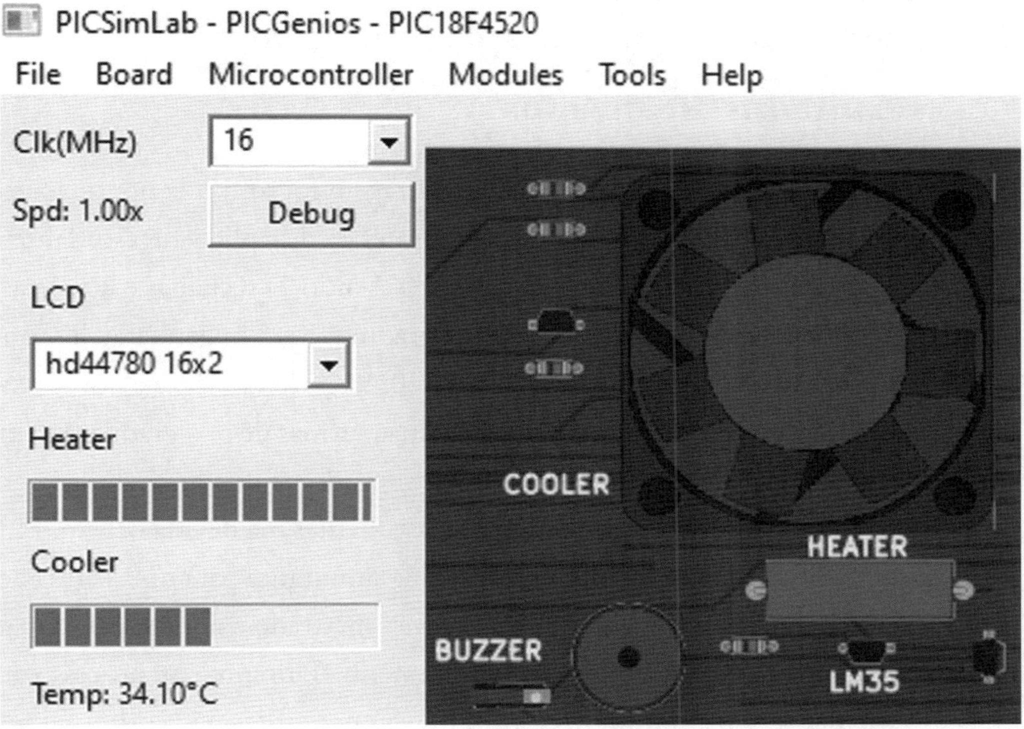

Figura 5.4 – Sistema dinâmico ventoinha-resistência-de-aquecimento da placa virtual PICGenios.

Uma vez que o ensino de sistemas embarcados é ofertado tanto em cursos de Ciências da Computação como em cursos de Engenharia Elétrica, Engenharia Eletrônica e Engenharia de Controle e Automação, os projetos sugeridos foram planejados para serem utilizados individualmente ou em conjunto, de acordo com os conteúdos programáticos de cada curso. Dessa forma, no projeto do sistema de bombeamento, os estudantes são estimulados a desenvolverem técnicas de programação de microcontroladores na criação de sistemas embarcados que se comunicam com sistemas supervisórios. Já no projeto de controle de temperatura, eles são estimulados a utilizarem os conhecimentos de sistemas embarcados para a solução de um problema que requer o uso prático de teorias de controle.

5.6 Avaliação do ensino-aprendizagem e resultados alcançados

A avaliação da qualidade do ensino-aprendizagem foi realizada por meio do envio de um questionário elaborado pelos docentes da disciplina aos estudantes, via Google Formulários, contendo 23 perguntas, sendo 21 fechadas e 2 abertas. O formulário foi enviado para duas turmas de graduação em Engenharia de Controle e Automação, dos semestres 2020.1 e 2020.2, contendo treze e nove estudantes matriculados, respectivamente, e para duas turmas de pós-graduação em Engenharia de Controle e Automação, nível mestrado profissional, dos semestres 2020.2 e 2021.2, totalizando oito e treze estudantes, na devida ordem. Em 2021.2, a disciplina também foi ofertada de forma simultânea para uma turma de pós-graduação em Ciência da Computação, níveis mestrado e doutorado, com a participação de três e quatro alunos, respectivamente. Durante esse processo de avaliação foi mantido o anonimato dos alunos e as perguntas não compuseram as notas das unidades curriculares.

O questionário foi enviado para todos os estudantes inicialmente matriculados nas disciplinas. Em relação às turmas de graduação, houve trancamentos de matrícula de dois dos treze matriculados no período 2020.1. Para as turmas de pós-graduação, houve trancamentos de matrícula de dois estudantes de doutorado no período 2021.2. Considerando todas as turmas, apenas um (nível mestrado) no período 2021.2 foi reprovado.

Dada a heterogeneidade da formação básica dos estudantes, principalmente na pós-graduação, os docentes elaboraram três perguntas com o objetivo de identificar o perfil de formação e o contato de cada um com o tema. Outras perguntas visaram avaliar a qualidade do ensino-aprendizagem em relação aos conceitos desenvolvidos durante o curso (seis perguntas), a eficiência da metodologia de ABPj (nove perguntas) e a proposta do laboratório virtual como alternativa ao ensino presencial (cinco perguntas).

Do total de cinquenta estudantes matriculados, considerando todas as turmas, 22 responderam as questões fechadas e dezoito as questões abertas. Com o intuito de verificar o perfil dos estudantes, quando perguntados "Você é aluno de graduação ou de pós-graduação?", 40,9% responderam que cursaram Graduação, 50% Mestrado e 9,1% Doutorado. Quando perguntados "Qual curso de graduação você cursou?", 72,7% responderam Engenharia de Controle e Automação, 9,1% Engenharia Elétrica, 4,5% nos demais cursos (Engenharia de Minas, Engenharia Metalúrgica, Engenharia Mecânica, Ciências da Computação, Engenharia de Produção e Sistemas de Informação). Por fim, quando perguntados "Você já teve contato prévio com o tema Sistemas Embarcados?", 81,8% responderam sim e 18,2% não.

Essas informações demonstram um interesse dos estudantes de diferentes áreas do conhecimento na área de sistemas embarcados. Por certo, é cada vez maior o interesse deles nessa disciplina, muitas vezes atraídos pelo fascínio dos produtos tecnológicos atuais e pelas profundas transformações no mundo do trabalho, procedentes da quarta revolução industrial.

Por outro lado, o interesse na área pelos estudantes de campos do conhecimento distintos, em especial os da pós-graduação, revela também um comportamento deles na busca por novos desafios e um interesse na transição de carreiras para áreas que englobam o desenvolvimento ou o uso de sistemas embarcados.

Já sobre o contato prévio deles com o tema Sistemas Embarcados, nota-se que esse contato tem se mostrado como um grande auxílio motivacional para o estudo e entendimento dos princípios que regem essas tecnologias.

Em relação à avaliação da aprendizagem sobre conceitos-chave abordados durante as disciplinas, os resultados são apresentados no Quadro 5.3. Conforme é possível observar, a maioria dos estudantes afirma ter compreendido todos os conceitos-chave abordados na disciplina. No entanto, a percepção deles sobre concordar fortemente com a compreensão desses conceitos diminui à medida que a complexidade do tópico aumenta.

Quadro 5.3 – Avaliação da aprendizagem sobre conceitos-chave abordados nas disciplinas

Pergunta	Resposta				
	a. Concordo fortemente	**b. Concordo**	**c. Neutro**	**d. Discordo**	**e. Discordo fortemente**
5) Compreendi como configurar e usar as portas digitais de um microcontrolador.	68,2%	22,7%	9,1%	0%	0%
6) Compreendi como configurar e usar as portas analógicas de um microcontrolador?	59,1%	31,8%	9,1%	0%	0%
7) Compreendi como configurar e usar as interrupções de um microcontrolador?	45,5%	40,9%	13,6%	0%	0%
8) Compreendi a diferença entre a abordagem do *looping* infinito e de um RTOS?	36,4%	36,4%	18,2%	4,5%	4,5%
9) Compreendi em quais aplicações devo usar um microcontrolador de 8 ou 32 bits.	36,4%	40,9%	18,2%	4,5%	0%
10) Compreendi em quais situações devo usar a abordagem do *looping* infinito, de estado de máquinas ou um RTOS.	9,5%	52,4%	19%	14,3%	4,8%

Fonte: dados da pesquisa.

Em especial, sobre o entendimento dos sistemas operacionais de tempo real, aplicados a sistemas embarcados, o número de estudantes que apenas concordam é sempre maior do que o número dos que concordam fortemente. Analisando o perfil dos que não concordam de nenhuma forma ou de forma neutra com a compreensão de conceitos de RTOS (*Real Time Operating System* ou Sistema Operacional de Tempo Real), percebe-se que a maioria (62,5%) são estudantes da graduação, o que indica que as atividades propostas para a disciplina CAT341 (Sistemas Embarcados Aplicados à Engenharia de Controle e Automação) não permitem que esse tópico seja abordado de maneira efetiva com o uso do laboratório virtual, sendo necessário um ajuste no cronograma tentativo da disciplina para a inclusão desse tópico.

Outra explicação para esse resultado se deve ao fato de que a abordagem de RTOS aplicada a sistemas embarcados requer, necessariamente, familiaridade básica dos conceitos de sistemas operacionais, geralmente vistos somente nos cursos de Ciência da Computação e Engenharia de Controle e Automação. De fato, dos estudantes da pós-graduação que também não concordam ter compreendido o conceito de RTOS, nenhum deles pertence a esses dois cursos, sendo esses discentes formados em Engenharia Mecânica, Engenharia Elétrica e Sistemas de Informação.

Um olhar para o laboratório virtual sob esse aspecto também revela um ponto de atenção para a abordagem desses conceitos. Para os cursos de pós-graduação, alternativamente, são utilizadas outras ferramentas (como a IDE uVision e uma versão de demonstração do software Proteus Design Suite) para complementar a compreensão dos alunos sobre RTOS aplicado a sistemas embarcados (ARM Keil RTX). Isso porque as placas disponíveis na versão utilizada do PICSimLab, atualmente, usam simuladores que não suportam (ou suportam minimamente) esses recursos (picsim, simavr, qemu-stm32, uCsim e gpsim).

Para o caso do PICSimLab, esses simuladores já utilizam mais de um *thread* para rodar, enquanto a emulação dos microcontroladores não. Nesse aspecto, para conceitos introdutórios de RTOS, existe a possibilidade de usar no PICSimLab, o sistema Amazon FreeRTOS[9] para microcontroladores AVR e PICs de 8 bits. Esse sistema operacional também pode ser utilizado com a placa Arduino Uno (disponível no PICSimLab), conforme descrito por Spohn *et al.* (2020). No entanto, seu desempenho para esses dispositivos é limitado.

[9] Amazon FreeRTOS. Disponível em: https://aws.amazon.com/pt/freertos/.

Por fim, sobre essa limitação, existe a intenção por parte do desenvolvedor do PICSimLab de integrar alguns simuladores de RISCV Ripes e Spike no PICSimLab, futuramente. Caso isso aconteça, esse tópico poderá ser trabalhado de forma mais eficaz no Laboratório Virtual de Sistemas Embarcados.

As perguntas e respostas relacionadas à avaliação da metodologia ABPj aplicada durante o curso estão apresentadas no Quadro 5.4.

Quadro 5.4 – Avaliação do método ABPj pelos estudantes

Pergunta	Resposta				
	a. Concordo fortemente	**b. Concordo**	**c. Neutro**	**d. Discordo**	**e. Discordo fortemente**
14) O projeto me motivou a concluir a disciplina.	50%	22,7%	9,1%	9,1%	9,1%
15) O projeto me motivou a aprender mais sobre o tema.	40,9%	36,4%	9,1%	9,1%	4,5%
16) Recomendo a outros estudantes cursar esta disciplina com a metodologia adotada.	54,5%	27,3%	4,5%	9,1%	4,5%
17) O projeto contribuiu para fixar conceitos teóricos relacionados ao tema.	59,1%	27,3%	9,1%	4,5%	0%
18) As habilidades e conteúdos adquiridos durante a disciplina irão contribuir de forma significativa para a minha formação.	54,5%	36,4%	0%	0%	9,1%

Fonte: dados da pesquisa.

Esses resultados indicam um bom desempenho da metodologia utilizada, uma vez que a maioria dos estudantes afirma concordar com todos os questionamentos realizados. Um aspecto importante a ser enfatizado é que, durante as aulas, as aplicações dos conceitos teóricos eram simuladas de forma prática por meio do uso do laboratório virtual. Assim, eles tinham a liberdade de realizar o passo a passo junto com o docente ou apenas acompanhar a abordagem dos conceitos, visto que as aulas eram gravadas e disponibilizadas posteriormente para que revisitassem os tópicos de maior interesse ou dificuldade. Adicionalmente também eram disponibilizados pelo docente os códigos-fonte produzidos para execução nas aulas práticas.

Em relação à avaliação do uso do laboratório virtual como alternativa ao ensino presencial, quando perguntado se "A proposta de laboratório virtual se mostrou uma alternativa eficiente para contornar as dificuldades impostas pela pandemia", 59,1% responderam Concordo Fortemente, 31,8% Concordo e 9,1% Neutro. Além disso, foram realizadas duas perguntas abertas, conforme indicadas no Quadro 5.5.

Sobre as vantagens elencadas pelos estudantes, a gestão do tempo proporcionada pelo uso do laboratório e a facilidade em consultar as aulas gravadas foram fatores de sucesso na metodologia aplicada. Sobre esse último enfoque, sabe-se que em disciplinas práticas como a de sistemas embarcados, em que as tarefas são geralmente executadas sequencialmente, o não entendimento ou execução de algum dos tópicos pode comprometer a execução das tarefas subsequentes. Assim, a utilização do laboratório virtual nas aulas síncronas, em um formato de vídeo-tutorial, mostrou-se tão eficiente quanto a utilização de guias práticos e apresentações multimídia.

Ainda a respeito das vantagens, conforme relato dos docentes, o fato de o laboratório virtual ser utilizado de forma flexível, em qualquer horário, permitiu aos estudantes um processo de ensino-aprendizagem mais contínuo, sem as devidas interrupções impostas pelo curto tempo reservado para as aulas práticas no formato presencial. No laboratório físico, por exemplo, constantemente alguns não conseguiam cumprir todas as atividades propostas em tempo hábil, fazendo com que existisse retrabalho para as próximas aulas ou até mesmo abandono de tarefas essenciais para aquisição das habilidades técnicas.

Quadro 5.5 – Avaliação das vantagens e desvantagens de uso do laboratório virtual

Pergunta	Respostas	
20) Quais as vantagens de cursar esta disciplina de forma remota?	1.	Consultar as aulas gravadas ajudaram a desenvolver as atividades e o projeto final.
	2.	Não há necessidade de deslocamento.
	3.	Melhoria na gestão de tempo. Possibilidade de rever a aula em caso de falta.
	4.	Não achei vantagem.
	5.	Ganho de tempo, pois não há tempo gasto com locomoção para ir à instituição de ensino.
	6.	Como as aulas ficam gravadas, podemos revê-las a fim de fixar o conteúdo, ao invés de gastar muito tempo procurando algo que foi mostrado na aula.
	7.	Distanciamento social durante a pandemia.
	8.	Possibilita um estudo mais aprofundado, tranquilo, possibilitando a aprendizagem no seu tempo e a busca por conceitos para se aprofundar.
	9.	Flexibilidade na execução das atividades.
	10.	O horário mais flexível para realizar as simulações e realizar di versos testes sem risco de estragar um componente eletrônico.
	11.	A não necessidade de hardware permite que o aluno consiga simular a qualquer momento o projeto, seja para realizar uma melhoria fora do horário de aula, seja para entender alguma coisa que deixou passar na aula prática.
	12.	Cursada de forma remota, podemos gerenciar melhor o tempo.
	13.	Maior concentração nas aulas e possibilidade de assisti-las para tirar dúvidas.
	14.	Flexibilidade da disciplina, ou seja, ter disponível as aulas gravadas e o contato com o sistema embarcado no formato virtual o momento que precisar.
	15.	A possibilidade de utilizar as aulas gravadas para rever conceitos no momento de realização das práticas ajudou muito.
	16.	Rapidez nos projetos/exercícios já que não é necessário montar fisicamente os circuitos.
	17.	Estar no conforto da casa.

<table>
<tr><td rowspan="18">21) Quais as desvantagens de cursar esta disciplina de forma remota?</td><td>1.</td><td>Não ter contato com o professor, colegas de sala, o equipamento ou qualquer outra coisa. Estar sozinho e ter que trabalhar no quarto.</td></tr>
<tr><td>2.</td><td>O fato de não conseguir ver os trabalhos em um ambiente real.</td></tr>
<tr><td>3.</td><td>A falta de acesso a equipamentos. E o fato de não ter um espaço totalmente voltado a educação como uma sala de aula ou um laboratório também prejudica minha concentração.</td></tr>
<tr><td>4.</td><td>Não ter acesso físico a equipamentos e componentes eletrônicos para realização de testes nas práticas e trabalho.</td></tr>
<tr><td>5.</td><td>Lidar com eventuais falhas dos simuladores e contornar as impossibilidades práticas.</td></tr>
<tr><td>6.</td><td>Problemas de conexão e barulhos externos.</td></tr>
<tr><td>7.</td><td>Não é possível termos o contato físico com os microcontroladores, apesar da metodologia de simulação utilizada ser muito efetiva, acredito que na prática teríamos algumas diferenças.</td></tr>
<tr><td>8.</td><td>Falta do laboratório.</td></tr>
<tr><td>9.</td><td>Faltou o hardware para ficar ainda mais legal e empolgante!</td></tr>
<tr><td>10.</td><td>Falta de contato direto com colegas e professores e excesso de teoria sem prática para consolidação de conceitos.</td></tr>
<tr><td>11.</td><td>Simuladores apresentaram bugs. Nem todos os alunos possuem computadores que rodem bem alguns dos programas necessários.</td></tr>
<tr><td>12.</td><td>A aplicação real sempre possui alguns desafios a mais e provavelmente algumas alterações teria que ser feitas no programa para que este se adaptasse ao projeto real.</td></tr>
<tr><td>13.</td><td>Pouco tempo para realizar as atividades, aulas com alto tempo de duração (o que torna cansativo) e ser bem distante da área de ciência da computação.</td></tr>
<tr><td>14.</td><td>Compreensão um pouco abstrata de alguns conceitos.</td></tr>
<tr><td>15.</td><td>Falta de contato físico com o sistema embarcado.</td></tr>
<tr><td>16.</td><td>A interação entre os colegas de turma diminui bastante, o que faz com que seja mais demorado para corrigir algum erro sem auxílio dos demais.</td></tr>
<tr><td>17.</td><td>Como tudo é virtual não experimentamos erros de montagem ou de componentes ruins, algo que em uma montagem prática por vezes acontece.</td></tr>
<tr><td>18.</td><td>Falta de prática reais no laboratório.</td></tr>
</table>

Fonte: dados da pesquisa.

Quanto às desvantagens elencadas pelos estudantes, os ambientes residenciais inadequados (ou com pouca infraestrutura) utilizados durante o uso do laboratório virtual foi um dos fatores que prejudicou a atenção e a dedicação necessária para a conclusão das tarefas. Dentre as respostas negativas, destaca-se também o aparecimento de alguns defeitos (*bugs*) encontrados nos softwares utilizados por eles, seja por erros de desenvolvimento do próprio software ou pela própria configuração do computador pessoal.

Sobre os erros de desenvolvimento, tratando-se de softwares livre e gratuitos, é aceitável e compreensível que esses defeitos sejam encontrados, visto que as aplicações se encontram em constante aperfeiçoamento pelos desenvolvedores *open source*. Nesse sentido, a colaboração com estudantes deve ser trabalhada para a melhoria dos softwares livres utilizados, incentivando-os a descobrirem e reportarem na comunidade as causas dos erros vivenciados e suas experiências de tratativas para solução dessas falhas. Sobre esses defeitos, o desenvolvedor do software PICSimLab, por exemplo, permite que eventuais *bugs* sejam reportados e discutidos por meio do fórum de discussão (*issue*) da página do GitHub onde os códigos do programa são publicados.

O fato de o laboratório não utilizar hardwares para execução das práticas foi um dos aspectos que dividiu a opinião dos estudantes. Para alguns, a experiência foi positiva, já que a não possibilidade de causar danos à placa de desenvolvimento trouxe maior autonomia e coragem para que eles executassem simulações não usuais ou situações não abordadas em sala de aula. Já para outros, o uso do hardware é considerado como essencial na disciplina, tanto para motivação quanto para visualização real da implementação dos projetos desenvolvidos.

Sob essa perspectiva, analisando as considerações expostas pelos estudantes, percebe-se que o uso do laboratório virtual é mais propício para o aprendizado por tentativa e erro. De fato, algumas habilidades só podem sem aperfeiçoadas por meio desse método, potencializado no laboratório virtual com a metodologia ABPj. O fato de não utilizar hardware, conforme discutido anteriormente, depende muito dos objetivos intencionados na seleção das habilidades passíveis de serem desenvolvidas na disciplina. Deixar isso claro para eles antes da efetivação da matrícula pode reduzir a insatisfação observada com o uso do laboratório.

Além disso, a adoção de hardwares para o ensino remoto de sistemas embarcados é uma abordagem complexa e que envolve fatores sociais e econômicos. Alguns professores, como Shoufan (2021), durante o período de isolamento social distribuíram aos alunos placas Arduino e kit de periféricos para realização das aulas práticas. Na UFOP, uma universidade pública e com premissa de ensino gratuito e de qualidade, essa prática não se mostrou viável, tanto por falta de recursos financeiros para aquisição das placas como por aspectos de logística, visto que muitos alunos acompanharam as aulas em diferentes cidades do Brasil.

Embora o preço de um microcontrolador de 8 ou 32 bits seja baixo, o custo de uma placa didática de desenvolvimento, como a placa PICGênios, não é. Os kits de desenvolvimento comerciais, por exemplo, o kit nRF51 DK da fabricante Nordic Semiconductor, custa em torno de 30 dólares. A adoção de placas Arduino para essa disciplina também não se mostrou viável, pois, além da discussão apresentada na Seção 5.3, seriam necessários vários outros componentes para realizar a montagem dos projetos finais.

Já sobre os problemas de logística, na pós-graduação, por exemplo, onde as aulas de sistemas embarcados acontecem diariamente durante duas semanas seguidas, substituir uma placa defeituosa de algum estudante durante esse período é uma operação trabalhosa e que pode atrapalhá-lo na efetivação das atividades práticas.

Por fim, foram realizadas duas perguntas para avaliar o nível de conhecimento dos estudantes antes e após cursarem a disciplina. As respostas estão apresentadas nas Figuras 5.6 e 5.7. Pelo que se percebe, houve um aumento na percepção sobre os conhecimentos adquiridos. Antes da disciplina, embora a maioria tenha respondido já ter tido contato prévio com o tema Sistemas Embarcados, apenas 36,36% afirmavam possuir um conhecimento acima da média sobre o tema. Após a conclusão da unidade curricular, esse resultado saltou para 90,9%, evidenciando a eficiência do laboratório e destacando a metodologia utilizada como um fator categórico contra a evasão no curso, especialmente em um período de vários desafios tecnológicos e sociais como o período pandêmico.

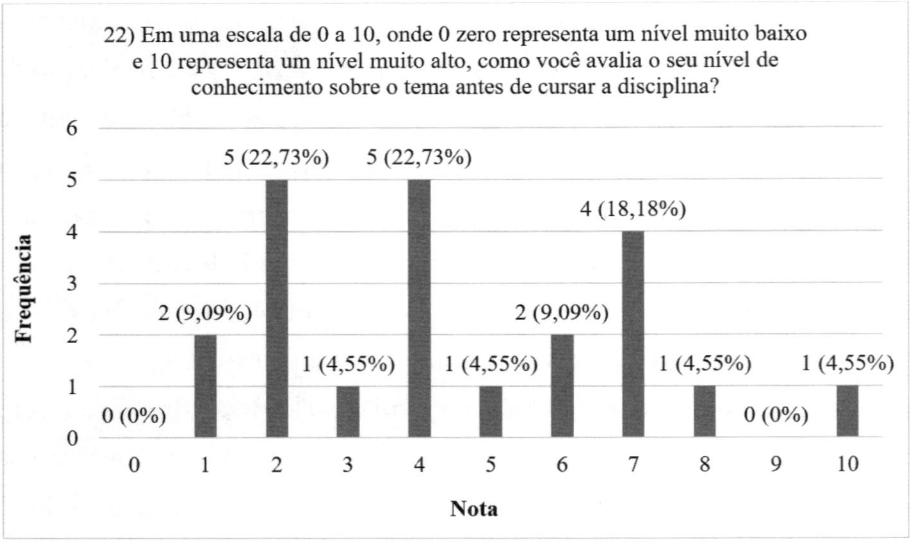

Figura 5.6 – Autoavaliação do nível de conhecimento dos estudantes antes de cursarem a disciplina, com 22 respostas.
Fonte: dados da pesquisa.

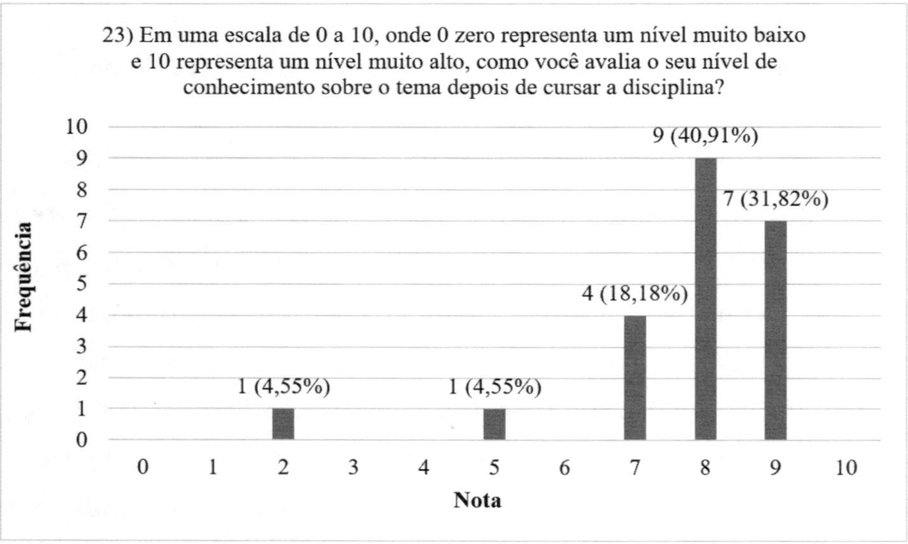

Figura 5.7 – Autoavaliação do nível de conhecimento dos estudantes após cursarem a disciplina.
Fonte: dados da pesquisa.

Um fato curioso observado foi que, antes de cursar a disciplina, a percepção de conhecimento de um dos estudantes era de 100% do tema, o que não se manteve ao final da disciplina. Decerto, esse decaimento de percepção pode ser atribuído como positivo, visto que a abordagem utilizada no laboratório trouxe discussões profundas sobre o quão complexa e intrigante é a área de sistemas embarcados.

5.7 Considerações finais

Este capítulo apresentou uma alternativa para o ensino remoto de Sistemas Embarcados em cursos de graduação e pós-graduação em Engenharia. A abordagem da criação de um laboratório virtual utilizando softwares livres e/ou gratuitos, assim como a metodologia ABPj, foram discutidas neste capítulo sob aspectos pedagógicos, técnicos e de acesso para efetivação das práticas pedagógicas remotas.

Sobre a plataforma e programas sugeridos, a partir da discussão dos resultados de um questionário sobre a avaliação da qualidade do ensino-aprendizagem, conclui-se que os recursos selecionados são flexíveis e permitem a realização de diversas práticas de sistemas embarcados, de forma totalmente remota e sem a ampliação de custos para a instituição, o que é fundamental para disciplinas que possuem esse caráter majoritariamente prático.

Notou-se por meio desses questionários a importância do auxílio e orientação do docente durante o uso do laboratório virtual e desenvolvimento dos projetos pelos estudantes. Cabe ressaltar o potencial do laboratório em auxiliar os docentes da área no uso dos softwares e bibliotecas apresentados, passíveis de serem replicados em outros contextos de ensino.

Como trabalhos futuros, pretende-se analisar e experimentar a integração de outras ferramentas gratuitas e/ou livres com os recursos e projetos citados neste trabalho. Para a criação de sistemas supervisórios, por exemplo, existe a possibilidade de integração do laboratório virtual com a aplicação web Grafana ou mesmo com o módulo de *dashboard* do Node-RED, em uma abordagem voltada para o uso de sistemas embarcados em aplicações de internet das coisas (IoT – *Internet of Things*).

Dado o grande interesse dos estudantes pela parte de hardware, relevado no questionário, pretende-se também a experimentação de outros projetos e placas no laboratório virtual, por exemplo, a placa *open* hardware brasileira Franzininho DIY, que também está disponível no PICSimLab.

Por fim, espera-se que o laboratório virtual apresentado neste capítulo seja uma ferramenta ativa de uso no ensino de sistemas embarcados, não só para o ensino remoto em tempos pandêmicos, mas para complementação pedagógica do próprio laboratório presencial ou para uso nos cursos de Engenharia ofertados pela modalidade de educação a distância.

Referências

BENCOMO, S. D. Control learning: present and future. **Annual Reviews in Control**, v. 28, n. 1, p. 115-136, 2004. DOI: https://doi.org/10.1016/j.arcontrol.2003.12.002.

BOLANAKIS, D. E. **Microcontroller education**: do it yourself, reinvent the wheel, code to learn. Williston: Morgan & Claypool, 2017. DOI: https://doi.org/10.2200/S00802ED1V01Y201709MEC009.

EL-ABD, M. A review of embedded systems education in the Arduino age: lessons learned and future directions. **International Journal of Engineering Pedagogy (iJEP)**, v. 7, n. 2, p. 79-93, 2017. DOI: https://doi.org/10.3991/ijep.v7i2.6845.

JAMIESON, P.; HERDTNER, J. More missing the boat – Arduino, Raspberry Pi, and small prototyping boards and engineering education needs them. *In*: IEEE Frontiers in Education Conference (FIE), 2015, El Paso. **Proceedings** [...]. El Paso: IEEE, p. 1-6, 2013. DOI: https://doi.org/10.1109/FIE.2015.7344259.

KARAKASIDIS, T. Virtual and remote labs in higher education distance learning of physical and engineering sciences. *In*: IEEE GLOBAL ENGINEERING EDUCATION CONFERENCE (EDUCON), 2013, Berlin. **Proceedings** [...]. Berlin: IEEE, p. 798-807, 2013. DOI: https://doi.org/10.1109/EduCon.2013.6530198.

MATOS, S.; MATTOS, V.; LEOCÁDIO, R. R. V.; RÊGO SEGUNDO, A. K.; COCOTA, J. A. N.; EUZÉBIO, T.; FERREIRA, D. V. M. Bancada de transferência de calor para práticas de teoria de controle. *In*: SIMPÓSIO BRASILEIRO DE AUTOMAÇÃO INTELIGENTE (SBAI 2019), 14., Ouro Preto. **Anais** [...]. Ouro Preto: SBA, 2019. DOI: https://dx.doi.org /10.17648/sbai-2019-111581.

NI, J.; LUO, J. Microcontroller-based engineering education innovation. *In*: International Conference on Educational and Information Technology, 2010, Chongqing. **Proceedings** [...]. Chongqing: IEEE, 2010. DOI: https://doi.org/10.1109/ICEIT.2010.5608413.

PARREIRA, P.; SILVA, T. R.; NOVAIS, H. A.; LUZ, E. J. S.; RÊGO SEGUNDO, A. K. Laboratório virtual de sistemas embarcados: uma abordagem de ensino remoto usando softwares gratuitos. *In*: SIMPÓSIO BRASILEIRO DE AUTOMAÇÃO INTELIGENTE (SBAI 2021), 15., 2021, Rio Grande, 2021. **Anais** [...]. Rio Grande: SBA, 2021. DOI: https: //doi.org/10.20906/sbai.v1i1.2843.

PENG, D.-G.; ZHANG, H.; YANG, L.; LI, H. Design and realization of Modbus protocol based on embedded Linux system. *In*: INTERNATIONAL CONFERENCE ON EMBEDDED SOFTWARE AND SYSTEMS SYMPOSIA, 2008, Chengdu. **Proceedings** [...]. Chengdu: IEEE, p. 275-280, 2008. DOI: https://doi.org/10.1109/ICESS.Symposia.2008.32.

PORTAL EMBARCADOS. **Relatório da pesquisa sobre o mercado brasileiro de sistemas embarcados e IoT 2021**, dezembro de 2021. Disponível em: https://www.embarcados.com.br/download/relatorio-da-pesquisa-sobre-o-mercado-brasileiro-de-sistemas-embarcados-e-iot2021/?wpdmdl=88527&masterkey=61aa7c9d6e356. Acesso em: 14 fev. 2022.

RÊGO SEGUNDO, A. K.; COCOTA, J. A. N., FERREIRA, D. V. M. Development of an educational tool for control engineering. *In*: IEEE Global Engineering Education Conference (EDUCON), 2015a, Tallinn. **Proceedings** [...]. Tallin: IEEE, p. 594-601, 2015a. DOI: https://doi.org/10.1109/EDUCON.2015.7096030.

RÊGO SEGUNDO, A. K.; COCOTA JUNIOR, J. A. N.; HILÁRIO, R. Q.; GOMIDE, V. O.; FERREIRA, D. V. M. Low-cost SCADA system for education. *In*: IEEE Global Engineering Education Conference (EDUCON), 2015b, Tallinn. **Proceedings** [...]. Tallin: IEEE, p. 536-541, 2015b. DOI: https://doi.org/10.1109/EDUCON.2015.7096022.

SOUZA, I. D.; SILVA, S. N.; NEVES, D. G.; NEVES, D. G.; SILVEIRA, L. F. Q.; FERNANDES, M. A. C. Aprendizagem baseada em projetos aplicada ao ensino de sistemas embarcados. *In*: CONGRESSO BRASILEIRO DE EDUCAÇÃO EM ENGENHARIA (COBENGE 2013), 41., 2013, Gramado. **Anais** [...]. Gramado: ABENGE, 2013.

SPOHN, M. A.; CHABATURA NETO, F.; FASSINI, L. T. Uma avaliação do sistema operacional FreeRTOS na plataforma Arduino Uno. **Revista de Sistemas e Computação (RSC)**, v. 9, n. 2, p. 252-263, 2020. Disponível em: https://revistas.unifacs.br/index.php/rsc/article/view/6016. Acesso em: 3 abr. 2022.

SHOUFAN, A. Active distance learning of embedded systems. **IEEE Access**, v. 9, p. 41104-41122, 2021. DOI: https://doi.org/10.1109/ACCESS.2021.3065248.

TORGA, D. S.; COCOTA JUNIOR, J. A. N.; RÊGO SEGUNDO, A. K.; MARTINS, W. T. Desenvolvimento de uma bancada didática para práticas de controle de velocidade de motor de corrente contínua. *In*: SIMPÓSIO BRASILEIRO DE AUTOMAÇÃO INTELIGENTE, 14., 2019, Ouro Preto. **Anais** [...]. Ouro Preto: SBA, 2019. DOI: https://dx.doi.org/10.17648/sbai-2019-111612.

WILLIAMS, E. **AVR programming**: learning to write software for hardware. Maker Media/O'Reilly, 2014.

Capítulo 6

Simulador de circuitos PICSimLab para ensino remoto das disciplinas Sistemas Microcontrolados e Sistemas Embarcados na UTFPR

Paulo Rogério Scalassara
André Sanches Fonseca Sobrinho
Bruno Augusto Angélico

6.1 Introdução

O ensino de Engenharia vem evoluindo ao longo das últimas décadas, em especial na área de microeletrônica, pois os avanços tecnológicos ocorrem com grande velocidade. Técnicas e dispositivos se tornam obsoletos, enquanto outros surgem a cada ano. No Brasil, as novas Diretrizes Curriculares Nacionais (DCNs) para os cursos de Engenharia foram publicadas pelo Ministério da Educação em 2019 (Brasil, 2019). Com elas, busca-se aprimorar o aprendizado do aluno focando a formação por competências, com ênfase na prática e em abordagens ativas (Oliveira, 2019).

Essa mudança de paradigma se baseia em tendências internacionais do ensino de Engenharia utilizando metodologias baseadas em projetos, como o uso do *Project Based Learning* – PjBL (Campos-Roca, 2021; Wu *et al.*, 2014) ou voltadas para a aprendizagem usando um processo industrial de produção como a iniciativa CDIO – conceber, projetar, implementar, operar, do inglês *conceive, design, implement, operate* (Jing *et al.*, 2021; Larsson *et al.*, 2017). Independentemente da técnica, o objetivo é aumentar a motivação do estudante e enriquecer suas habilidades criativas por meio de foco nas aplicações e com a abordagem no desenvolvimento de soluções para problemas reais.

Justamente a prática do ensino de microeletrônica foi muito prejudicada com a pandemia de covid-19, iniciada em 2020. No caso da Universidade Tecnológica Federal do Paraná (UTFPR), *campus* Cornélio Procópio, as aulas presenciais foram suspensas em 16 de março de 2020, retornando na forma remota somente no final de agosto do mesmo ano. Como adaptar o ensino de disciplinas baseadas em microcontroladores para a forma remota e ainda manter a qualidade das experiências dos alunos? Este capítulo foca uma possível solução com o uso de softwares livres para a simulação de sistemas microcontrolados e na abordagem baseada em projetos.

Em diversas universidades ao redor do mundo, possíveis soluções foram apresentadas. Raczyński (2021) propôs o uso de uma bancada de testes remota, acessível via conexão VPN (*Virtual Private Network*), para execução de práticas em aplicações de microcontroladores disponíveis no kit didático da universidade. Entretanto, são necessários equipamentos custosos e pessoal adequado para execução na própria instituição, o que é praticamente inviável para instituições brasileiras.

Diferentemente, Karam e Salem (2021) e Mischie, Vasiu e Pazsitka (2021), optaram por usar somente um simulador para práticas remotas. No primeiro trabalho, utilizou-se o Proteus, o qual também já era utilizado na UTFPR para auxiliar nas aulas práticas. Entretanto, esse software possui custo elevado e os estudantes não têm acesso para utilizar em suas casas. No segundo trabalho, o software utilizado, apesar de gratuito, era disponibilizado pela Texas Instruments para uso somente com microcontroladores da família MSP430. Apesar de ser uma solução viável, acarretaria muito trabalho para adaptar todo o material das disciplinas da UTFPR a esse sistema. Assim, buscou-se outra solução que permitisse utilizar o mesmo material didático das aulas presenciais, que possuísse os recursos necessários para as aplicações práticas e fosse gratuito para que os estudantes pudessem instalar em seus computadores pessoais. O simulador escolhido foi o PICSimLab (versão 0.8.9) (Lopes, 2022; Parreira *et al.*, 2021), um software nacional e gratuito para simulação de placas de microcontroladores comuns no Brasil, que também é apresentado como um estudo de caso da UFOP no Capítulo 6 deste livro.

Após esta introdução, o capítulo está organizado da seguinte forma: na Seção 6.2, apresenta-se um panorama do ensino de microeletrônica na UTFPR, *campus* Cornélio Procópio; em seguida, nas Seções 6.3 e 6.4, apresentam-se as metodologias para ensino remoto de Sistemas Microcontrolados e Sistemas Embarcados, respectivamente. Por fim, apresentam-se os resultados e comentários finais nas Seções 6.5 e 6.6.

6.2 O ensino de Microeletrônica na UTFPR

Na UTFPR, *campus* Cornélio Procópio, são oferecidos diversos cursos de Engenharia (Controle e Automação, Elétrica, Eletrônica, da Computação e Mecânica), as quais possuem disciplinas da área de microeletrônica em suas matrizes curriculares. Especificamente, para os alunos de Engenharia de Controle e Automação (UTFPR, 2015), essa linha de aprofundamento se inicia no quinto semestre com a disciplina de Eletrônica Analógica, seguida, nos próximos semestres, por Eletrônica Digital, passando por Sistemas Microcontrolados, com foco nas ferramentas e interfaces com periféricos, e terminando com a disciplina de Sistemas Embarcados, quando se avança para sistemas operacionais de tempo real. Disciplinas optativas também podem ser cursadas para aprofundar os conhecimentos da área, como Sistemas Operacionais, Arquitetura de Computadores e Controle Digital.

Como mencionado, em Sistemas Microcontrolados, tem-se o aprendizado do funcionamento de um microcontrolador, suas partes fundamentais, a programação e algumas aplicações práticas, focando o interfaceamento com outros dispositivos. O Quadro 6.1 lista os conteúdos dessa disciplina com descrições e duração estimada, em semanas, de cada tópico. Ao final da disciplina, espera-se que os alunos entendam o funcionamento de um microcontrolador e consigam utilizá-lo em aplicações práticas.

Quadro 6.1 – Conteúdo da disciplina de Sistemas Microcontrolados

Tópicos	Descrição	Duração
Introdução, arquiteturas computacionais e modelos de microcontroladores	Partes constituintes do processador, memórias, arquiteturas básicas, filosofias CISC e RISC, construção de um microcontrolador simples	1 semana
Microcontrolador PIC18F4550 e programação em Assembly	Divisão das memórias (dados e programa), registradores de funções especiais, instruções e uso da interface de programação e simulação	2 semanas
Programação em C18	Compilador C18 e utilização da interface de programação	1 semana
Interfaceamento com botões, LEDs e displays de 7 segmentos	Exemplos em Assembly e C18 de interfaceamento com botões usando *pooling, LEDs e displays* de 7 segmentos usando varredura	2 semanas
Osciladores e funcionalidades especiais	Tipos e configurações dos osciladores, modos de economia de energia, *watchdog, proteções de* queda de alimentação da fonte	1 semana
Interfaceamento com display de cristal líquido (LCD) e teclado matricial	Interface com LCD 16x2 em C18 e leitura de teclado matricial por varredura	1 semana
Interrupções	Configuração e uso de interrupções externas com exemplos de leitura de botões	1 semana
Temporizadores	Tipos e configurações dos temporizadores e contagem de tempo usando interrupções	1 semana
Módulos de captura, compara e modulação por largura de pulso (PWM – *Pulse Width Modulation)*	Captura de temporização de eventos externos, geração de sinais e acionamento por PWM	2 semanas
Interface serial	Interface serial com protocolo RS-232 utilizando o módulo USART	1 semana
Interface com conversor analógico/digital	Aquisição de sinais analógicos usando módulo A/D	2 semanas

Na sequência, em Sistemas Embarcados, aborda-se o uso de sistemas operacionais em tempo real (RTOS – *real-time operating system*) em microcontroladores. O Quadro 6.2 apresenta a lista dos conteúdos dessa disciplina com duração estimada em semanas. Ao final, espera-se que os alunos consigam identificar quando usar um microcontrolador com sistema operacional e como projetar tal sistema.

Quadro 6.2 – Conteúdo da disciplina de Sistemas Embarcados

Tópicos	Descrição	Duração
Arquiteturas de *firmware*	A arquitetura *cooperative multitasking* é apresentada como uma alternativa à arquitetura *single loop* para tarefas que podem ser executadas em tempos determinados	3 semanas
Sistema operacional em tempo real	As características funcionais do sistema operacional em tempo real, com ênfase na preempção, são comparadas com as características funcionais do *cooperative multitasking*	2 semanas
FreeRTOS	Funções do FreeRTOS relacionadas ao gerenciamento de tarefas e exemplos aplicados em sistemas embarcados	3 semanas
Filas de mensagens	Estrutura funcional das filas de mensagens, funções do FreeRTOS relacionados ao gerenciamento de filas e exemplos aplicados em sistemas embarcados	1 semana
Semáforos binários	Estrutura funcional dos semáforos binários, funções do FreeRTOS relacionados ao gerenciamento dos semáforos binários e exemplos aplicados em sistemas embarcados	2 semanas
Semáforos contadores	Estrutura funcional dos semáforos contadores, funções do FreeRTOS relacionados ao gerenciamento dos semáforos contadores e exemplos aplicados em sistemas embarcados	1 semana
Grupo de eventos	Estrutura funcional dos grupos de eventos, funções do FreeRTOS relacionados ao gerenciamento dos grupos de eventos e exemplos aplicados em sistemas embarcados	1 semana
Gerenciamento de recursos	Gerenciamento de recursos utilizando seções críticas e semáforos binários são explorados neste tópico por meio de exemplos aplicados em sistemas embarcados	2 semanas

Ambas as disciplinas possuem metade de sua carga horária como aulas práticas em laboratório (UTFPR, 2015), com base no kit didático XM118 da Exsto Tecnologia, apresentado na Figura 6.1 em uma aplicação de comunicação com sensor. Esse sistema é composto pelo PIC18F4550, um microcontrolador de 8 bits fabricado pela Microchip Technology, e interfaces com diversos dispositivos, podendo-se citar: botões, LEDs, *displays* de sete segmentos, LCD 16x2, potenciômetros, sistema de controle de temperatura (composto por ventilador, aquecedor resistivo e sensor de temperatura), relés, interfaces serial RS-232 e USB, entre outros (Adriano *et al.*, 2014).

Figura 6.1 – Kit didático XM118 da Exsto usado nas aulas práticas presenciais.

O microcontrolador PIC18F4550 foi adotado para as disciplinas, primeiramente, por sua disponibilidade em kits didáticos nacionais e, em segundo lugar, por ser um dispositivo simples com os recursos básicos para o ensino de sistemas microcontrolados. Por fim, é amplamente usado em cursos de Engenharia no Brasil e no exterior, com muita bibliografia disponível (Bates, 2011; Miyadaira, 2012).

Para a utilização do kit didático, usa-se a interface de programação disponibilizada gratuitamente pela fabricante do microcontrolador, chamado MPLAB X IDE[1] (*Integrated Development Environment*). A programação e depuração dos códigos são comunicados para o microcontrolador por um gravador embutido no kit.

[1] MPLAB X IDE. Disponível em: https://www.microchip.com/en-us/tools-resources/develop/mplab-x-ide.

Assim, utilizando esses recursos, os alunos das disciplinas podiam praticar os conteúdos vistos na teoria de forma individual ou em grupos de duas ou três pessoas, conforme o tamanho da turma. Além das aulas práticas, o laboratório estava disponível em outros horários para realização de atividades e desenvolvimento de pesquisas. Entretanto, com a pandemia de covid-19, não foi mais possível utilizar esse espaço, também não sendo possível emprestar o kit didático para os alunos. Assim, optou-se pelo uso do simulador gratuito PICSimLab.[2]

6.3 O ensino remoto da disciplina Sistemas Microcontrolados

Nesta seção, detalha-se a utilização das ferramentas apresentadas para o ensino remoto da disciplina de Sistemas Microcontrolados na UTFPR. O ambiente virtual de aprendizagem (AVA) oficial da instituição é o Moodle, onde são disponibilizados os materiais da disciplina. Também ficou disponível o Google for Education, sendo o Google Meet utilizado para os encontros síncronos com os alunos. O material de apoio no Moodle consiste de slides e vídeos gravados pelo professor, contendo a teoria e exemplos práticos de programação. Também usa-se o AVA para disponibilizar as atividades aos alunos, receber suas resoluções e postar notas e correções.

A disciplina possui dois horários por semana para os encontros síncronos, sendo um utilizado na resolução de exercícios e outro para aula tira-dúvidas. Em cada semana, os alunos recebem acesso a novo material de estudo e uma lista de exercícios com uma ou duas questões teóricas e um problema prático para ser resolvido. Essas atividades são resolvidas no encontro síncrono da semana seguinte e uma breve avaliação, de no máximo trinta minutos, é aplicada usando o AVA.

Como já comentado, para substituir o uso presencial do kit didático, escolheu-se o PICSimLab, que é um software gratuito de simulação em tempo real de pla-

[2] PICSIMLab. Disponível em: https://sourceforge.net/projects/picsim.

cas de desenvolvimento populares com microcontroladores. Podem-se adicionar outros dispositivos usando a funcionalidade *Spare Parts*, além da disponibilidade de um osciloscópio de dois canais. Um dos motivos para a adoção desse simulador nas disciplinas com microcontroladores da UTFPR foi a possibilidade de simular a placa didática PICGenios, de fabricação da MicroGenios (Figura 6.2), a qual é muito similar ao kit XM118 disponível nos laboratórios da instituição. Dessa forma, o material didático e as atividades já desenvolvidas para as disciplinas presenciais foram facilmente adaptadas para a forma remota.

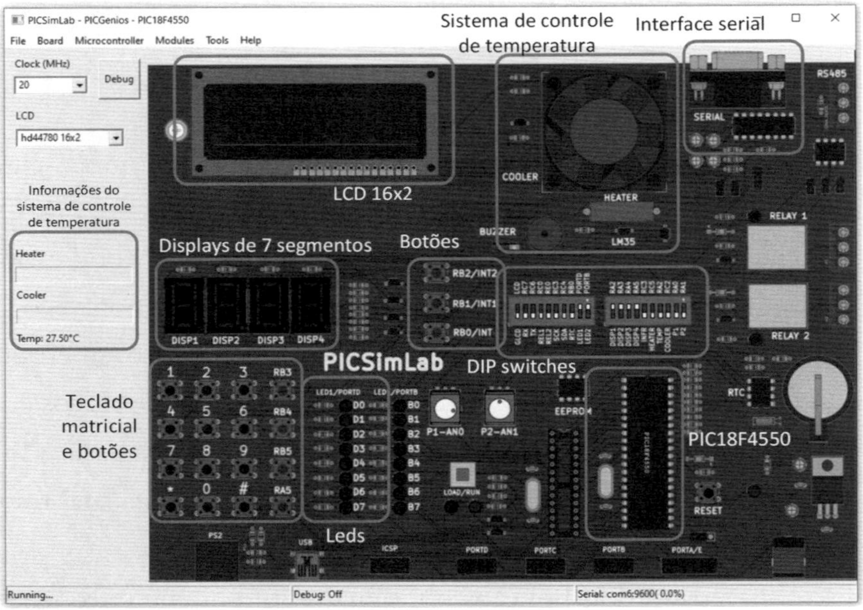

Figura 6.2 – Simulador PICSimLab configurado com a placa PICGenios e PIC18 F4550.

Assim, a parte prática da disciplina é conduzida com uma abordagem baseada em projetos, a qual vem se mostrando vantajosa para a aprendizagem de Engenharia nos últimos anos (Rodriguez-Sanchez *et al.*, 2016; Zamarreño, 2021). Um exemplo de projeto da disciplina no segundo semestre de 2021 consistia em controlar a temperatura de um forno elétrico por convecção, como ilustrado na Figura 6.3.

Esse projeto foi dividido em partes desenvolvidas ao longo do semestre, tendo interface com botões e LCD, interrupções, temporizadores, controle usando geração de sinal PWM e leitura de sinal analógico, além do uso da comunicação serial para o monitoramento remoto do sistema. Assim, conforme a teoria da disciplina avançava, uma nova parte do projeto era desenvolvida nas aulas práticas, usando o simulador.

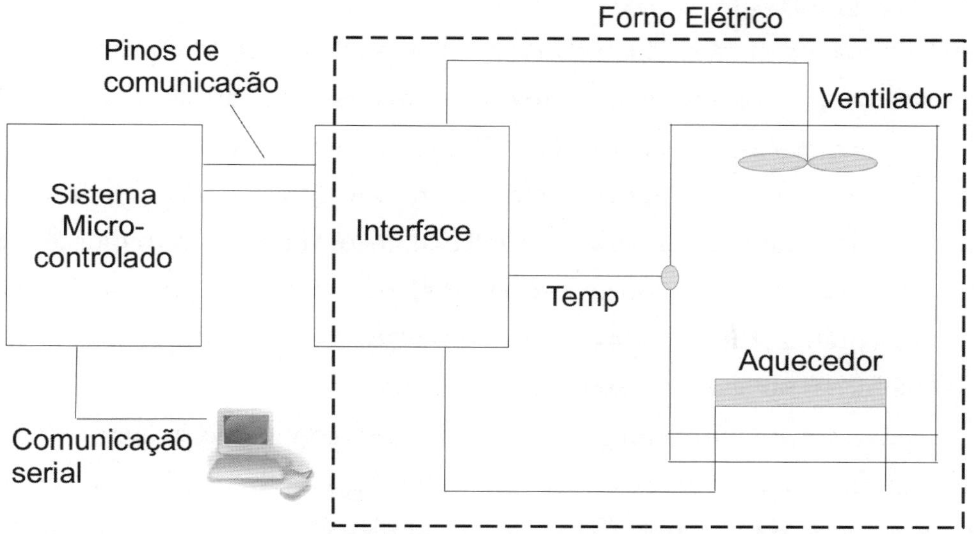

Figura 6.3 – Diagrama do projeto utilizado na disciplina de Sistemas Microcontrolados.

Conforme o Quadro 6.1, as primeiras semanas do curso são introdutórias, apresentando as partes do dispositivo, focando o entendimento de como construir um microcontrolador simples, seguindo a linha apresentada em Taub (1984). Também apresentam-se as linguagens de programação (Assembly e C18), além do uso do ambiente de desenvolvimento e simulação. Porém, na sequência, em cada nova semana, após a apresentação de um módulo de interface ou uma funcionalidade do microcontrolador, buscava-se incrementar o projeto proposto para a disciplina.

A primeira parte prática foca o interfaceamento com botões, os quais são a principal forma de interação com o usuário do sistema a ser projetado, podendo ser usados para navegar em um *menu* de opções ou realizar ajustes nas configurações. A proposta do sistema também continha um LCD para visualização de saídas, porém, de forma didática, optou-se por usar LEDs e *displays* de sete segmentos (em modo varredura), avançando para o uso dos LCDs nas semanas seguintes. Os LEDs e *displays*, além de vários outros recursos compartilhados do microcontrolador, podem ser ativados ou desabilitados usando chaves do tipo DIP *switch*, como indicado na Figura 6.2.

Com esses recursos, os estudantes podem implementar seus primeiros códigos, tanto em Assembly, quanto em C18, além de se familiarizar com a interface de programação e o simulador. As primeiras atividades consistem em acender LEDs ao se pressionar botões e interagir com contadores nos *displays* de sete segmentos. Abordam-se também os problemas encontrados com trepidações dos botões (*switch bounce*), o que não é emulado no PICSimLab, porém é bem comum na prática. Para demonstrar o efeito, apresentam-se vídeos com o sistema real e soluções possíveis de serem implementadas em software.

Após esses primeiros códigos, apresentam-se as configurações dos osciladores, algumas funcionalidades especiais, como economia de energia e *watchdog*, além de interface com LCD 16x2. Nessa etapa, as atividades focam em montagens de menus de interface com o usuário e apresentação de contadores no *displays*.

Nas semanas seguintes, apresentam-se informações sobre as interrupções e os temporizadores em hardware, os quais são recursos essenciais para o aprendizado de microcontroladores. Como prática, melhoram-se os códigos anteriores, usando a interrupção para o acionamento dos botões, evitando a técnica de *pooling*, e os temporizadores em vez de funções de atraso. Assim, os sistemas ficam dinâmicos, tendo interação melhorada com o usuário.

Nesse momento da disciplina, volta-se para a aplicação do projeto do forno elétrico, no desenvolvimento dos *menus* de interface com o usuário, e da programação dos temporizadores necessários para seu funcionamento. Uma das atividades solicitadas aos estudantes é a apresentação de fluxogramas de execução de seus códigos, ferramenta que auxilia bastante no entendimento do sistema.

Nas últimas semanas do curso, foca-se o projeto de um controlador PI (Proporcional-Integral) usando o sistema de temperatura do PICSimLab, ilustrado na Figura 6.4, o qual simula um sistema dinâmico de aquecimento com resistência (*heater*) e resfriamento com ventilador (*cooler*) da placa PICGenios, como explicado em Terçariol *et al.* (2012). Ambos os dispositivos são acionados por meio de transistores (na placa original). Também se tem um sensor de temperatura que produz uma tensão analógica entre 0 e 5 V com relação linear à temperatura (10 mV/ºC). O ciclo ativo dos sinais PWM de acionamento da resistência e do ventilador, mais a temperatura do sistema, são indicados em um painel à esquerda do simulador.

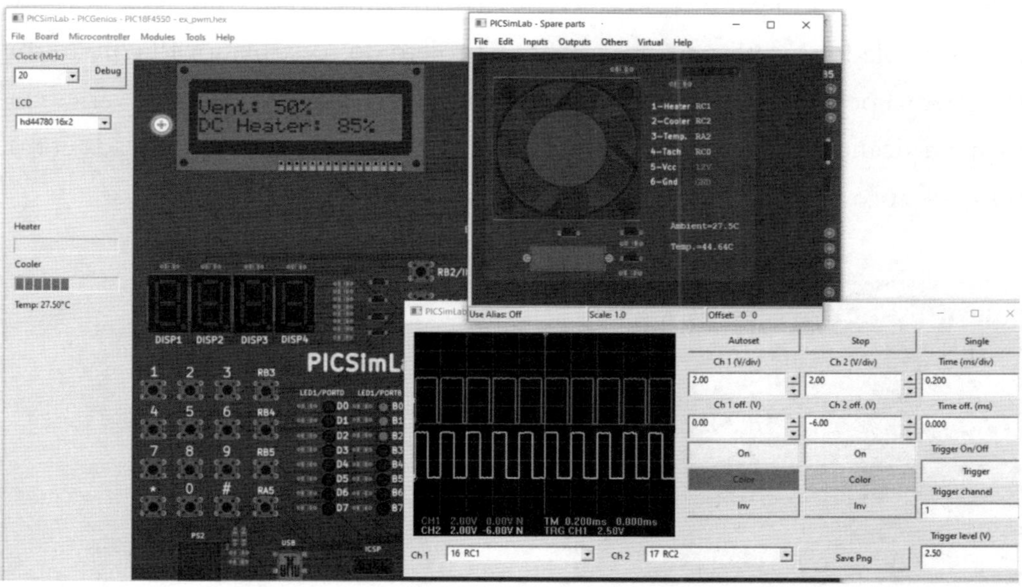

Figura 6.4 – Controle de temperatura com ventilador e aquecedor resistivo do simulador PICSimLab.

Para essa aplicação, apresenta-se o Módulo CCP (captura, compara e PWM), em especial, na geração de sinais PWM para o acionamento. Realizaram-se práticas de controle do aquecedor resistivo e de velocidade do ventilador em malha aberta, regulando com uso dos botões. Como ilustrado na Figura 6.4, pode-se analisar os ciclos ativos dos sinais usando o osciloscópio integrado. Observa-se o uso da funcionalidade de dispositivos extras (*Spare parts*), de forma a modificar os pinos de acionamento do microcontrolador, o que permite flexibilidade na configuração do hardware.

Por fim, apresentam-se os módulos de conversão analógico-digital (A/D) e de interface serial. Com o conversor A/D, é possível adquirir a tensão do sensor de temperatura e realizar o projeto do controle em malha fechada. Inicialmente, solicita-se aos estudantes que implementem um controle do tipo liga-desliga com histerese usando aquecedor resistivo, monitorando a temperatura pela interface serial. Na Figura 6.5, observa-se esse processo utilizando o terminal serial do PICSimLab. Usa-se também o software gratuito VSPE[3] (*Virtual Serial Ports Emulator*) para criar um par de portas seriais virtuais conectadas. Após os testes com esse controlador simples, avança-se para o projeto do controlador PI com monitoramento pela interface serial. Com a abordagem PjBL, realizam-se várias etapas para alcançar uma solução adequada para o projeto proposto. Em cada etapa, busca-se aproveitar melhor os recursos disponíveis no microcontrolador.

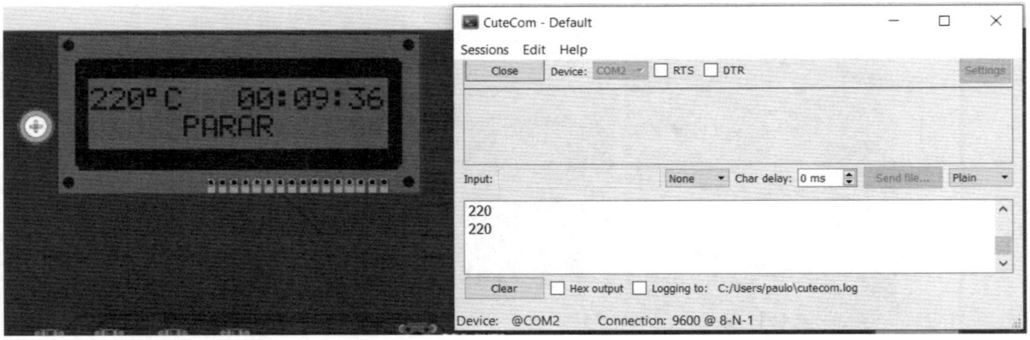

Figura 6.5 – PICSimLab em aplicação de controle de temperatura e comunicação por interface serial.

[3] VSPE. Disponível em: http://www.eterlogic.com/Products.VSPE.html.

Ao final da disciplina, os estudantes apresentam o projeto de controle digital do forno elétrico pelo Google Meet e entregam um documento contendo um fluxograma completo do sistema e o código comentado. Além disso, pede-se um manual do usuário, o qual deve explicar, para um leigo, passo a passo como se utilizar o equipamento.

6.4 O ensino remoto da disciplina Sistemas Embarcados

No curso remoto de Sistemas Embarcados, apresentam-se os tópicos listados no Quadro 6.2. Similarmente à disciplina anterior, utilizou-se a abordagem PjBL, focando a criação de sinais, na transmissão pela interface serial e no controle do sistema de temperatura. Porém, foram considerados projetos simples devido às limitações do uso de RTOS em um microcontrolador de 8 bits, pouca memória e baixa frequência (48 MHz), como o PIC18F4550, e da complexidade dos códigos a serem gerados pelos alunos.

Cada tópico da disciplina é explorado por meio de exemplos práticos com códigos em C18 usando o MPLAB X IDE e o PICSimLab. Um documento com o conteúdo e exemplos é disponibilizado no AVA antes das aulas remotas, onde também são enviadas as atividades e lançadas as notas. Os tópicos principais são comentados nesta seção, com base em exercícios apresentados em aulas teóricas e/ou incluídos nas atividades solicitadas aos estudantes. Para cada exercício, deve-se apresentar o código e as imagens do osciloscópio com os sinais pedidos.

6.4.1 Arquiteturas de *firmware*

Esta subseção cobre o uso da arquitetura multitarefa cooperativa como alternativa a um único laço (*single loop*), o que não garante que as tarefas sejam executadas dentro do intervalo de tempo definido (Kopják; Kovács, 2012). Essa arquitetura, além de utilizar um temporizador do microcontrolador para garantir que todas as tarefas sejam executadas dentro de um intervalo de tempo definido, também executa poucas tarefas em cada *loop*, garantindo que a soma dos tempos de duração das tarefas seja menor do que o intervalo de tempo definido. O Exercício 1 ilustra a situação.

Exercício 1. Implementar um sistema multitarefa cooperativo baseado no microcontrolador PIC18F4550 usando o PICSimLab, no qual as tarefas sejam realizadas sem atrasos. Deve-se usar, no máximo, duas das tarefas abaixo em cada *loop*:

- gerar uma onda quadrada com frequência de 6,25 Hz e 50% de ciclo ativo no pino RD1, ou seja, 80 ms em nível lógico alto e 80 ms em nível lógico baixo;
- gerar uma onda quadrada com frequência de 3,125 Hz e 50% de ciclo ativo no pino RD2, ou seja, 160 ms em nível lógico alto e 160 ms em nível lógico baixo;
- gerar uma onda quadrada com frequência de 1,5625 Hz e 50% de ciclo ativo no pino RD3, ou seja, 320 ms em nível lógico alto e 320 ms em nível lógico baixo.

Nesse exercício, o aluno deve configurar um temporizador do microcontrolador com base de tempo de 80 ms, sendo esse valor múltiplo para todas as tarefas. A primeira tarefa deve ser alocada no *slot* superior do algoritmo multitarefa cooperativa a ser executada a cada 80 ms. As demais tarefas devem ser alocadas nos casos do algoritmo multitarefa cooperativa a serem executadas a cada 160 ms, porém a terceira tarefa precisará de uma lógica adicional para ser executada a cada 320 ms. No máximo duas tarefas (tarefa1/tarefa2 ou tarefa1/tarefa3) são executadas em cada *loop*. Verifica-se o comportamento das tarefas usando o osciloscópio do PICSimLab, conforme ilustrado na Figura 6.6.

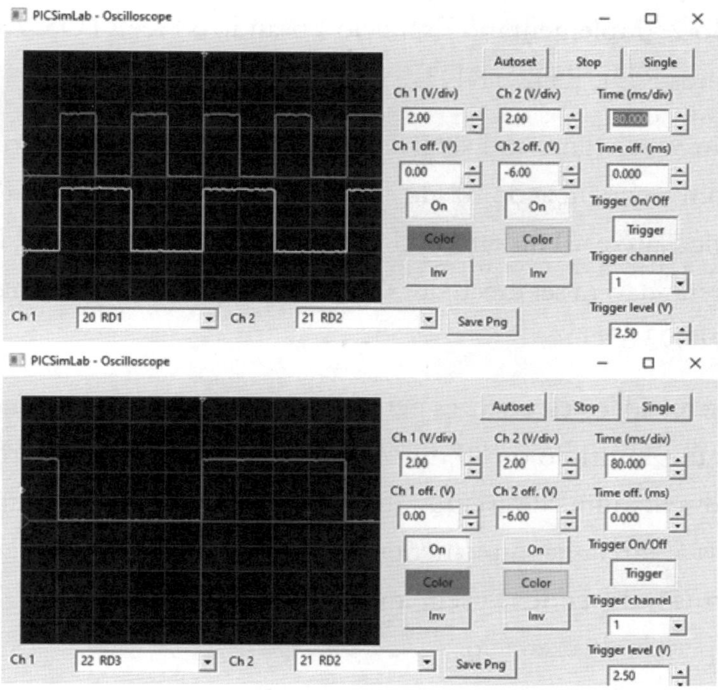

Figura 6.6 – Telas do osciloscópio com os sinais dos pinos RD1, RD2 e RD3 para o Exercício 1.

6.4.2 RTOS e FreeRTOS

Em seguida, apresentam-se as características funcionais do sistema operacional em tempo real, com ênfase na preempção, escalonamento de tarefas e nível de prioridade das tarefas, sendo comparadas com as características funcionais da multitarefa cooperativa (Siegesmund, 2014). O sistema operacional gratuito FreeRTOS[4] é adotado no curso, em conjunto com o MPLAB X IDE e programação em C18, e as funções relacionadas à criação e ao gerenciamento de tarefas são exploradas, como demonstrado no Exercício 2. Usando um sistema operacional, são necessárias somente três tarefas independentes. A vantagem de usar um RTOS é ainda mais evidente para os estudantes ao implementar o Exercício 3.

[4] FreeRTOS. Disponível em: https://www.freertos.org.

Exercício 2: implementar o Exercício 1 usando o FreeRTOS. Apresentar os sinais dos pinos RD1, RD2 e RD3.

Exercício 3: adicionar ao Exercício 2 uma quarta tarefa para gerar uma onda quadrada com frequência de 10 Hz e 60% de ciclo ativo no pino RD4 (60 ms em nível lógico alto e 40 ms em nível lógico baixo). Pode-se usar RTOS ou não, porém as tarefas devem ser executadas sem atraso. Apresentar os sinais nos pinos RD1, RD2, RD3 e RD4.

Nesse exercício, os estudantes percebem que o tempo de execução da nova tarefa não é um múltiplo de 80 ms. Assim, sem usar o RTOS, seria necessário criar uma nova máquina de estados, mais complexa, com maior chance de falhas e que afetaria as tarefas já implementadas. Usando o RTOS, cria-se uma quarta tarefa de forma independente, sem impactar as outras. A Figura 6.7 apresenta o resultado esperado do exercício.

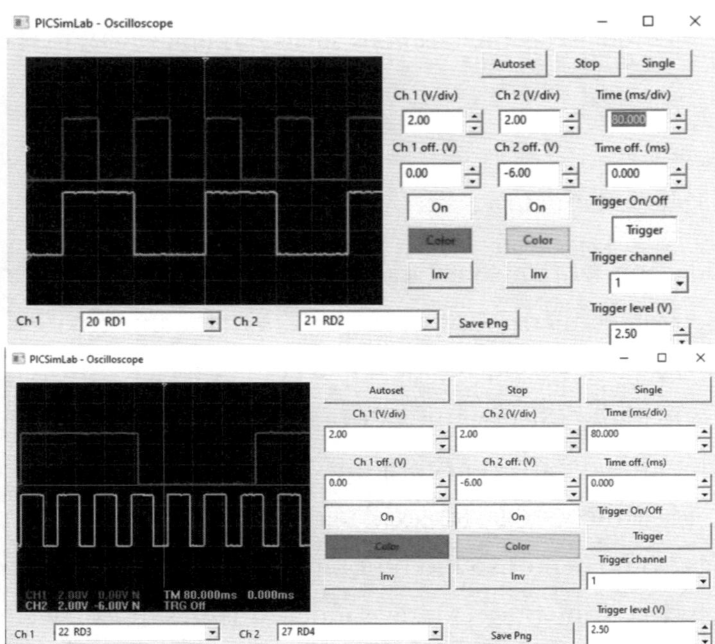

Figura 6.7 – Telas do osciloscópio com os pinos RD1, RD2, RD3 e RD4 para o Exercício 3.

6.4.3 Filas de mensagens

A estrutura funcional das filas é apresentada nesta subseção, principalmente no que diz respeito à escrita e leitura de dados sequenciais, utilizando as funções do FreeRTOS (Barry, 2016). O Exercício 4 demonstra a prática desse conteúdo.

Exercício 4: implementar um sistema baseado no PIC18F4550 utilizando FreeRTOS, no qual devem ser realizadas as seguintes tarefas:

- verificar se os botões conectados aos pinos RB0, RB1 e RB2 foram pressionados e depois liberados com atraso de 100 ms;
- ao se pressionar e liberar o botão em RB0, o LED em RD0 deve piscar com frequência de 2,5 Hz e ciclo ativo de 50% por 2 s. Para o botão em RB1, o LED deve piscar com frequência de 5 Hz e ciclo ativo de 50% por 2 s. Para o botão em RB2, o LED deve piscar com frequência de 10 Hz e ciclo ativo de 50% por 2 s.

Independentemente de quantas vezes os botões forem pressionados e soltos, o LED deve ser acionado a mesma quantidade e na ordem em que os botões forem pressionados.

A utilização da fila garante que o LED seja acionado seguindo o número de vezes e na ordem em que os botões forem pressionados. Também é importante destacar no código que a tarefa que aguarda os dados na fila se mantém no estado bloqueado enquanto a fila está vazia.

6.4.4 Semáforos binários

Nesta subseção, apresenta-se a estrutura funcional dos semáforos binários, principalmente no que diz respeito à ativação e verificação do semáforo, utilizando as funções do FreeRTOS. O Exercício 5 aborda esse conteúdo.

Exercício 5: implementar um sistema baseado no PIC18F4550 utilizando FreeRTOS, que crie um sinal PWM de 1 Hz no LED em RD1 conforme configurações recebidas pela interface serial (com taxa de transmissão de 9600 bps) e outro sinal no LED em RD0 conforme as seguintes condições:

- verificar o recebimento, pela interface serial, das seguintes mensagens de configuração do sinal em RD1: "D1", "D2", "D3", "D4", "D5", "D6", "D7", "D8", "D9", "T2", "T4", "T6" e "S". Após receber qualquer uma dessas mensagens, o microcontrolador deve retornar "OK";
- o ciclo ativo do sinal em RD1 deve ser configurado pelas mensagens "D1" (10%) a "D9" (90%);
- a duração do sinal em RD1 deve ser configurada pelas mensagens "T2" (2 segundos), "T4" (4 segundos) e "T6" (6 segundos);
- o sinal em RD1 deve ser gerado apenas com o recebimento do caractere "S";
- o LED em RD0 deve alternar de estado a cada 100 ms.

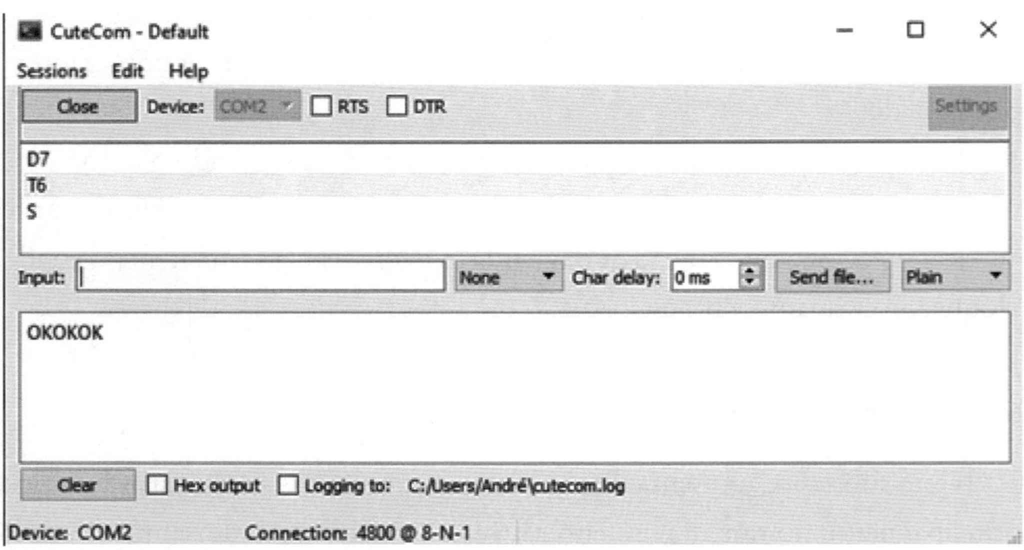

Figura 6.8 – Exemplo de comunicação serial vista no terminal do PICSimLab para o Exercício 5.

Os estudantes devem verificar que a detecção dos caracteres deve ocorrer o mais rápido possível pelo microcontrolador na interrupção (atividade rápida), ativando um semáforo que desbloqueará a tarefa responsável pela mensagem de resposta e a geração do sinal PWM (atividade lenta). A Figura 6.8 ilustra a comunicação serial desse exercício para configuração do ciclo ativo em 70% e duração de 6 s.

6.4.5 Semáforos contadores

A estrutura funcional dos semáforos contadores é apresentada como uma evolução dos semáforos binários, sendo "memorizada" o número de vezes que o semáforo é ativado. As funções do FreeRTOS relacionadas ao gerenciamento de semáforos contadores também são apresentadas. O Exercício 6 aborda esse conteúdo.

Exercício 6: implementar um sistema baseado no PIC18F4550 utilizando FreeRTOS, sendo que as seguintes tarefas devem ser realizadas:

- verificar se o botão em RB0 foi pressionado e solto com atraso de 100 ms;
- verificar se o botão em RB1 foi pressionado e solto com atraso de 100 ms;
- se o botão em RB0 foi pressionado e depois solto, o LED em RD0 deve piscar com frequência de 10 Hz e ciclo ativo de 50% por 2 s;
- se o botão em RB1 foi pressionado e depois solto, o ventilador funciona por 2 s.

Independentemente do número de vezes que os botões sejam pressionados e soltos, o LED e o ventilador devem ser acionados esse mesmo número de vezes. A execução de uma tarefa que "depende" de outra deve estar no estado bloqueado sempre que possível.

O uso dos semáforos contadores garante que o LED e o ventilador sejam acionados de acordo com o número de vezes em que os botões forem pressionados. Ao contrário da fila, não é necessário distinguir diferentes tarefas que bloqueiam uma mesma tarefa. Também é importante destacar no código que a tarefa que espera os semáforos ativados se mantém no estado bloqueado enquanto os semáforos estão desabilitados.

6.4.6 Grupo de eventos

Nesta subseção, apresenta-se a estrutura funcional do grupo de eventos, principalmente no que diz respeito à ativação, distinção de eventos e verificação dos eventos ativados, utilizando as funções do FreeRTOS, como abordado no Exercício 7. Os estudantes devem verificar que o grupo de eventos é possível, pois não é importante que o LED seja ativado o mesmo número de vezes e na ordem em que os botões forem pressionados. A distinção necessária de eventos é dada corretamente pelo grupo de eventos e requer menos memória de programa e de dados do que com o uso de fila.

Exercício 7: implementar novamente o Exercício 4, porém agora não é importante que, independentemente do número de vezes que os botões sejam pressionados e liberados, o LED em RD0 seja ativado o mesmo número de vezes e na ordem em que os botões forem pressionados. É importante que a execução de uma tarefa que "depende" de outra tarefa esteja no estado bloqueado sempre que possível.

6.4.7 Gerenciamento de recursos

O gerenciamento de recursos usando seções críticas e semáforos binários junto com as funções do FreeRTOS é explorado no Exercício 8. Objetiva-se que os estudantes aprendam a lidar com as limitações de se usar um RTOS em um microcontrolador com poucos recursos de memória de programa e de RAM, principalmente em relação ao limite máximo de cinco tarefas sendo executadas de forma preemptiva.

Exercício 8: implementar um sistema com PIC18F4550 e FreeRTOS para controle de temperatura, como na Figura 4, e comunicação serial, com as seguintes tarefas:

- manter a temperatura entre 30 e 40 °C. Obter a temperatura com o conversor A/D a cada 3 s e com a resistência sempre ligada. Ligar o ventilador para valores acima de 40 °C e desligar para valores abaixo de 30 °C. Enviar o valor pela interface serial;
- cada vez que o caractere "T" for recebido pela serial, o valor da temperatura deve ser enviado imediatamente pela mesma interface;
- cada vez que o caractere "L" for recebido pela serial, o ventilador deve ser ligado por 4 s, sem interrupções;
- cada vez que o caractere "D" for recebido pela serial, o ventilador deve ser desligado por 4 s, sem interrupções.

Nesse exercício, os estudantes devem adotar a seção crítica na tarefa que o ventilador deve ser ligado ou desligado por 4 s continuamente, sem interrupções da tarefa que a cada 3 s poderia alterar o funcionamento do ventilador.

6.5 Resultados

Ao final das disciplinas Sistemas Microcontrolados e Sistemas Embarcados, executadas remotamente em três semestres, foram aplicados questionários com Google Forms aos estudantes desses cursos da UTFPR. Perguntou-se sobre o simulador, critérios de avaliação e solicitaram-se comentários sobre a percepção do aprendizado do conteúdo.

A maioria, entre 65% e 90% dos matriculados nos cursos, concordou que o PICSimLab substituiu com sucesso o kit didático nas práticas. Um comentário comum foi que, embora o software não permitisse ver o funcionamento do sistema como um kit didático, foi essencial para o curso remoto. Além disso, entre 80% e 100% dos estudantes consideraram que o PICSimLab deve ser adotado nas disciplinas presenciais. Comentaram que, com o simulador, é possível testar os códigos a qualquer momento, mesmo fora do laboratório, ajudando o aprendizado e a resolução das atividades.

Um problema recorrente relatado pelos estudantes foi a dificuldade em conciliar todos os softwares necessários para realizar os projetos, especialmente com o uso do compilador C18, o qual foi descontinuado pela Microchip, substituído pelo compilador XC. Também reportaram problemas com a utilização do PICSimLab com componentes extras (*spare parts*) e, em especial, com o emulador de pares de portas seriais, porém vídeos detalhados de configuração foram adicionados no semestre seguinte. Com relação aos compiladores, objetiva-se, em trabalhos futuros, portar os códigos para o XC, de forma a atualizar a ferramenta empregada nas disciplinas.

Além disso, em seus comentários, diversos estudantes consideraram que a abordagem por projetos contribuiu para estimular seus estudos. Outros acharam que não influenciou sua participação, porém não atrapalhou. Com isso, observa-se uma concordância entre as percepções dos estudantes e a literatura sobre PjBL em disciplinas práticas de Engenharia. Com isso, os projetos também ajudaram não só no entendimento dos temas abordados nas disciplinas, como também no desenvolvimento das seguintes habilidades transversais, as quais, na visão dos autores, são essenciais para a formação de engenheiros (Souza; Campos, 2019): capacidade de aprendizagem, orientação para objetivos, resolução de problemas e trabalho em equipe. Alguns deles procuraram os docentes das disciplinas para realizar seus trabalhos de conclusão de curso na área, narrando terem sido motivados pelos projetos realizados. Por fim, todos eles avaliaram o curso como excelente ou muito bom, mesmo com as adaptações necessárias para oferecer o curso na modalidade remota.

6.6 Considerações finais

Neste capítulo, destacou-se a utilização do simulador PICSimLab no ensino remoto das disciplinas Sistemas Microcontrolados e Sistemas Embarcados na UTFPR, como forma de contornar os problemas causados pela Covid-19.

A avaliação positiva dos cursos pelos estudantes, principalmente em relação ao uso do PICSimLab para explorar os tópicos nas aulas teóricas remotas e implementar os exercícios das listas e projetos, encoraja a continuação do uso do simulador. Também estimula a melhoria contínua das atividades para usar mais de seus recursos, o que deu origem a um projeto de ensino na UTFPR intitulado "Desenvolvimento de experimentos utilizando o software PICSimLab", que contou com um aluno bolsista para o desenvolvimento de experimentos. Por fim, devido à flexibilidade observada para resolução de exercícios, e relatada pelos estudantes, considera-se usar o simulador em conjunto com o kit didático mesmo em um cenário de aulas presenciais.

Do ponto de vista dos docentes, os prejuízos causados pela pandemia foram minimizados com a solução proposta, porém a desobrigação de presença nas aulas síncronas, conforme regulamento da UTFPR, causou alguns problemas. Primeiro, apesar dos cronogramas bem definidos, alguns estudantes não acompanharam as disciplinas e desistiam ou abandonavam atividades, relatando não terem conseguido se organizar direito com a forma remota mais flexível de horários para realizar as tarefas. Segundo, foi dificultado o emprego de apresentações e/ou atividades interativas deles, pois alegavam não poderem participar dos momentos síncronos, inviabilizando atribuição de nota a essas atividades. Esses problemas podem ser evitados no futuro se for adotada uma abordagem híbrida ou com presença obrigatória dos estudantes.

Por fim, em trabalhos futuros, além de portar os códigos das disciplinas para o compilador XC, objetiva-se manter o repositório das disciplinas atualizado no GitHub, para, assim, disponibilizar os materiais desenvolvidos para possíveis interessados.

Referências

ADRIANO, J. D.; MARÇANO, R. O.; GROSSI, V. P. R.; GAMA, C. A.; COSTA, L. E. **XM118 – Microcontroladores PIC18**: teoria, caderno de experiências e manual. Santa Rita do Sapucaí: Exsto Tecnologia, 2014.

BARRY R. **Mastering the FreeRTOS real time kernel**. Bristol: Real Time Engineers, 2016.

BATES, M. **PIC Microcontrollers**: an introduction to microelectronics. 3rd ed. Oxford: Elsevier, 2011.

BRASIL. Ministério da Educação. Conselho Nacional de Educação. Câmara de Educação Superior. **Resolução nº 2, de 24 de abril de 2019**. Institui as Diretrizes Curriculares Nacionais do Curso de Graduação em Engenharia. Brasília, 2019. Disponível em: https://www.in.gov.br/web/dou/-/resolu%C3%87%C3%83o-n%C2%BA-2-de-24-de-abril-de-2019-85344528. Acesso em: 31 maio de 2022.

CAMPOS-ROCA, Y. Multidisciplinary project-based learning: improving student motivation for learning signal processing. **IEEE Signal Processing Magazine**, v. 38, n. 3, p. 62-72, 2021. DOI: https://doi.org/10.1109/MSP.2021.3053538.

JING F.; XUDONG, Z.; YUJIE, W.; CHUNXIAO, F. Research on practice teaching mode of digital system design based on the concept of "OBE-CDIO". *In*: INTERNATIONAL CONFERENCE ON BIG DATA AND INFORMATIZATION EDUCATION, 2021, Hangzhou. **Proceedings** [...]. Hangzhou: IEEE, 2021, p. 159-162. DOI: https://dx.doi.org/10.1109/ICBDIE52740.2021.00044.

KARAM, K.; SALEM, M. Taking the microcontrollers lab online: lessons learned. **IEEE Potentials**, v. 40, n. 5, p. 21-26, 2021. DOI: https://dx.doi.org/10.1109/MPOT.2021.3091115.

KOPJÁK, J.; KOVÁCS J. Timed cooperative multitask for tiny real-time embedded system. *In*: INTERNATIONAL SYMPOSIUM ON APPLIED MACHINE INTELLIGENCE AND INFORMATICS, 2012, Herl'any, Slovakia. **Proceedings** [...]. Herl'any: IEEE, 2012, p. 377-382. DOI: https://dx.doi.org/10.1109/SAMI.2012.6208993.

LARSSON, E. G.; DANEV, D.; OLOFSSON, M.; SÖRMAN, S. Teaching the principles of massive MIMO: exploring reciprocity-based multiuser MIMO beamforming using acoustic waves. **IEEE Signal Processing Magazine**, v. 34, n. 1, p. 40-47, 2017. DOI: https://dx.doi.org/10.1109/MSP.2016.2618914.

LOPES, L. C. G. **PICSIMLAB 0.8.9. 2022**. Disponível em: https://github.com/lcgamboa/picsimlab.

MIYADAIRA, A. N. **Microcontroladores PIC18**: aprenda e programe em linguagem C. 3. ed. São Paulo: Érica, 2012.

MISCHIE, S.; VASIU, G.; PAZSITKA, R. A MSP430 microcontroller simulator for teaching at university during the COVID-19 pandemic. *In*: INTERNATIONAL CONFERENCE ON APPLIED ELECTRONICS, 2021, Pilsen, Czech Republic. **Proceedings** [...]. Pilsen: IEEE, 2021, p. 1-4, 2021. DOI: https://dx.doi.org/10.23919/AE51540.2021.9542897.

OLIVEIRA, V. F. (org.). **A Engenharia e as novas DCNs**: oportunidades para formar mais e melhores engenheiros. 1. ed. Rio de Janeiro: LTC, 2019.

PARREIRA, P. F. P.; SILVA, T. R.; NOVAIS, H. A.; LUZ, E. J. S.; RÊGO SEGUNDO, A. K. Laboratório virtual de sistemas embarcados: uma abordagem de ensino remoto usando softwares gratuitos. *In*: SIMPÓSIO BRASILEIRO DE AUTOMAÇÃO INTELIGENTE (SBAI), 2021, Rio Grande. **Anais** [...]. Rio Grande: SBA, 2021. DOI: https://doi.org/10.20906/sbai.v1i1.2843.

RACZYŃSKI, M. Remote laboratory classes in a COVID pandemic situation. Example of subjects: microcontroller programming and electronic circuits. **The International Journal of Electrical Engineering & Education**, p. 1-13, abr. 2021. DOI: https://dx.doi.org/10.1177/00207209211004219.

RODRIGUEZ-SANCHEZ, M. C.; TORRADO-CARVAJAL, A.; VAQUERO, J.; BORROMEO, S.; HERNANDEZ-TAMAMES, J. A. An embedded systems course for engineering students using open-source platforms in wireless scenarios. **IEEE Transactions on Education**, v. 59, n. 4, p. 248-254, 2016. DOI: https://dx.doi.org/10.1109/TE.2016.2526676.

SIEGESMUND M. **Embedded C programming**: techniques and applications of C and PIC MCUS. Boston: Newnes, 2014.

SOUZA, A. S.; CAMPOS, L. B. P. Engineering students soft skill: the extension projects role. **Research, Society and Development**, v. 8, n. 4, p. e684712, 2019. DOI: https://dx.doi.org/10.33448/rsd-v7i4.712.

TAUB, H. **Circuitos digitais e microprocessadores**. São Paulo: McGraw-Hill, 1984.

TERÇARIOL, G.; MINAMIHARA, M.; BERTACHI, A.; ANGÉLICO, B. A. Sistema supervisório para controle de temperatura em kit educacional microcontrolado. *In*: CONGRESSO BRASILEIRO DE EDUCAÇÃO EM ENGENHARIA, 2012, Belém. **Anais** [...]. Belém: ABENGE, 2012. Disponível em: http://www.abenge.org.br/cobenge/legado/arquivos/7/artigos/103343.pdf. Acesso em: 22 abr. 2022.

UTFPR – UNIVERSIDADE TECNOLÓGICA FEDERAL DO PARANÁ. **Projeto Pedagógico do Curso de Graduação em Engenharia de Controle e Automação Campus Cornélio Procópio**. Cornélio Procópio: UTFPR, 2015. Disponível em: https://portal.utfpr.edu.br/cursos/coordenacoes/graduacao/cornelio-procopio/cp-engenharia-de-controle-e-automacao/documentos/atualizacao_ppc_eca-cp-segundo-ajuste-final.pdf. Acesso em: 22 abr. 2022.

WU, H.-T.; HSU, P.-C.; LEE, C.-Y.; WANG, H.-J.; SUN, C.-K. The impact of supplementary hands-on practice on learning in introductory computer science course for freshmen. **Computers & Education**, v. 70, p. 1-8, 2014. DOI: https://doi.org/10.1016/j.compedu.2013.08.002.

ZAMARREÑO, C. R. Hands-on teaching with microcontrollers. *In*: IEEE GLOBAL ENGINEERING EDUCATION CONFERENCE (EDUCON), 2021, Vienna, Austria. **Proceedings** [...]. Vienna: IEEE, 2021, p. 206-209. DOI: https://dx.doi.org/10.1109/EDUCON46332.2021.9454010.

Capítulo 7

Abordagens de Instrumentação Industrial para um ensino remoto participativo

Carmela Maria Polito Braga
Anísio Rogério Braga
Hugo César Coelho Michel

7.1 Introdução

As abordagens adotadas no plano de ensino remoto para a disciplina de Instrumentação Industrial na Universidade Federal de Minas Gerais (UFMG), durante a pandemia de covid-19, envolveram atividades individuais e de grupo, bem como processos de avaliação da aprendizagem utilizando recursos de plataformas digitais e ambientes de simulação, visando o aumento do engajamento dos estudantes à disciplina.

Nesse contexto, o planejamento era proporcionar aos estudantes uma participação mais ativa nos conteúdos abordados pela disciplina, envolvendo maior clareza quanto aos objetivos de cada aula, bem como quanto às estratégias de aprendizagem adotadas. Portanto, contrapõe-se à tendência de participação passiva deles, em uma metodologia tradicional, de meramente absorver conteúdos programáticos.

As metodologias são diretrizes que orientam os processos de ensino e aprendizagem, concretizadas em estratégias, abordagens, técnicas e procedimentos. As metodologias ativas têm foco na participação dos estudantes na construção do processo de aprendizagem, de forma flexível, interligada e híbrida. Em um mundo conectado e digital, essas metodologias expressam-se por meio de modelos de ensino híbridos, com inúmeras possibilidades de combinações, arranjos e atividades (Moran; Bacich, 2017).

A proposta de ensino desenvolvida neste capítulo combina metodologias ativas, com papel protagonista dos estudantes em algumas atividades, em um contexto híbrido. As condições impostas pela necessidade de ensino remoto tornaram ainda mais urgente esse modelo combinado, mais flexível, adequado às possibilidades individuais deles, tanto no uso do seu tempo quanto ao acesso a recursos computacionais. Essa estratégia é viabilizada por meio do uso de plataformas digitais, para permitir uma combinação de aulas expositivas tradicionais, videoaulas, interação em grupos de trabalho e discussões, e interação entre os estudantes e o professor.

Durante o período de ensino remoto emergencial (ERE) na UFMG, no que se refere à organização e oferta de atividades acadêmicas, em especial as disciplinas de graduação, destacam-se as duas plataformas digitais adotadas, que foram o Moodle© e o Microsoft Teams©, disponibilizados pela Moodle HQ e Microsoft, respectivamente. O Moodle[1] (*Modular Object-Oriented Dynamic Learning Environment*) é o ambiente virtual de aprendizagem (AVA) oficial da UFMG, sendo integrado ao sistema de matrícula. O Moodle é reconfigurado a cada semestre, alocando um ambiente virtual aos professores responsáveis por cada atividade acadêmica (e.g. disciplinas) e aos estudantes devidamente matriculados. Dessa forma, os professores possuem um ambiente para a estruturação e a disponibilização de conteúdos e atividades referentes à disciplina, por exemplo, planos de aulas e de ensino, materiais de aulas, vídeos, *links* de *websites*, atividades para entrega segura de trabalhos, atividades avaliativas etc.

Mesmo sendo um dos AVAs mais utilizados do mundo, o Moodle não oferece formas de comunicação por chamadas de voz ou vídeo. Portanto, era necessária uma plataforma que viabilizasse a realização de chamadas de vídeo com diversos alunos, simultaneamente, em uma aula síncrona. A UFMG adotou, oficialmente,

[1] Moodle. Disponível em: https://moodle.org/?lang=pt_br..0

a plataforma Microsoft Teams como o ambiente de colaboração pessoal, visando compensar a ausência de interação presencial.

A disciplina de Instrumentação Industrial é obrigatória para o curso de Engenharia de Controle e Automação e optativa para o curso de Engenharia Elétrica. No plano de ensino da disciplina, adota-se o uso de mapas conceituais como estratégia para categorizar o conhecimento de princípios e técnicas de medição das principais grandezas de processos industriais. Por outro lado, as abordagens práticas que envolvem a caracterização e a compensação dinâmica de sensores são desenvolvidas com o uso de cadernos eletrônicos de laboratório elaborados com a linguagem MATLAB© (MathWorks, 2022) mesclando-se conteúdos e códigos reconfiguráveis e executáveis. O plano de aulas da disciplina e as abordagens metodológicas adotadas são apresentadas neste capítulo, discutindo-se com mais detalhes o uso de mapas conceituais para as medições, a avaliação entre pares para os mapas conceituais, e o uso de cadernos eletrônicos como tutorial de experimentação com a técnica de compensação dinâmica de sensores.

Na Figura 7.1 está ilustrada uma visão geral da proposta de ERE adotada para a disciplina de Instrumentação Industrial, por meio de um mapa conceitual, detalhando visualmente sua organização. Neste mapa, é possível observar que se trata de um plano de ensino remoto, envolvendo atividades síncronas (via Microsoft Teams) e assíncronas (via Moodle, *links* para videoaulas, atividades individuais e em grupo). O entendimento é de que atividades como mapas conceituais e provas devem ser realizadas individualmente, enquanto trabalhos devem ser realizados em grupo.

A criação de mapas conceituais, como atividade individual, exige o engajamento de cada estudante no estudo e na estruturação dos conteúdos para sua compreensão e assimilação, relacionando-os com outros conteúdos já estudados. Assim, cada um deve desenvolver seus próprios mapas referentes às medições de movimento (posição, velocidade e aceleração), pressão, nível, temperatura e vazão, variáveis estas abordadas na disciplina. A forma de avaliação proposta para os mapas vem em consonância com o ERE, sendo cada mapa avaliado pelos pró-

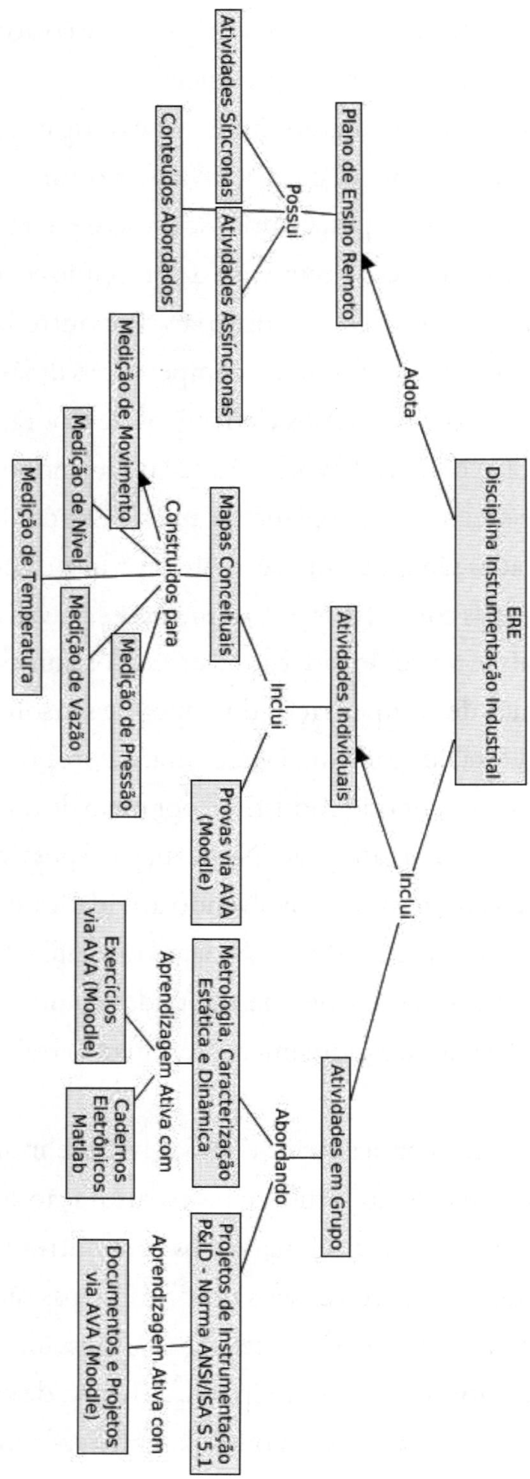

Figura 7.1 – Mapa conceitual da proposta de ensino emergencial remoto de Instrumentação Industrial.

prios estudantes (avaliação entre pares), por meio de uma atividade oferecida pelo Moodle, o Laboratório de Avaliação. O processo de avaliação visa conhecer, valorizar e responsabilizar. Desse modo, o processo de avaliação entre pares permite ao estudante construir uma base de conhecimento ao elaborar seu próprio mapa e conhecer os mapas desenvolvidos por outros colegas. A partir dos critérios de valoração definidos pelo professor, o estudante avalia seu próprio mapa e os de seus pares. Cada um desses cria uma consciência responsável quanto à qualidade e pertinência dos trabalhos desenvolvidos. Esse processo o prepara para a atuação profissional nos ambientes de desenvolvimento de projetos de Engenharia, em que há sempre três funções registradas em documentos de projetos: execução, verificação e aprovação.

É função do professor proporcionar aos estudantes momentos que possibilitem interação e discussão mais aprofundada sobre os problemas associados ao conteúdo da disciplina, simulando o ambiente profissional da Engenharia, com trabalhos desenvolvidos em equipes. A disciplina adota dois trabalhos em grupo: um envolvendo as caracterizações estática e dinâmica dos instrumentos; o outro envolvendo projetos e documentação de instrumentação industrial, referendando normas internacionais associadas. O primeiro trabalho envolve cadernos eletrônicos MATLAB©,[2] exercícios com entrega via AVA (Moodle) e exercícios com correção automática via AVA (Moodle). O segundo trabalho é baseado na documentação de um projeto real escolhido, compartilhado e com entrega via AVA (Moodle).

As provas também são realizadas utilizando-se outra atividade disponível no Moodle, que é o Questionário. Os Questionários Moodle oferecem dezenas de possibilidades de organização de avaliações mediante diversos tipos de questões objetivas e discursivas, com destaque para um tipo de questão, denominado *cloze* (perguntas que consistem em uma passagem de texto possuindo várias respostas embutidas dentro dela, incluindo escolha múltipla, respostas breves e respostas numéricas).

---

[2] A UFMG possui a licença Campus-Wilde Suite (CWS) do MATLAB©.

Quanto aos conteúdos, sendo a Instrumentação Industrial uma disciplina de conteúdo amplo, com inúmeras interfaces e possibilidades de abordagem, é necessária uma escolha, priorizando o que se considera essencial. No Quadro 7.1 é mostrada a síntese dos conteúdos e da abordagem metodológica no plano de ensino adotado, indicando-se a forma de construção de conhecimento intencionada: individual, grupal ou tutorial.

Com esse plano de ensino, objetiva-se proporcionar aos estudantes o desenvolvimento das seguintes habilidades e competências:

- habilidades: uso aplicado de técnicas de caracterização estática e dinâmica de instrumentos; desenvolvimento de experimentos e ajuste de modelos para caracterização estática e dinâmica de instrumentos; especificação técnica de instrumentos; e representação e interpretação de documentos de projetos de instrumentação industrial;
- competências: trabalho em equipe; escolha de instrumentos de medição e atuação adequados para dada aplicação; análise e escolha de tecnologias e padrões de transmissão de sinais de instrumentação; e pesquisa e análise de tendências e alternativas tecnológicas para medição, transmissão de sinais e integração ao sistema de controle e automação.

No restante deste capítulo, na Seção 7.2 é discutido o uso de mapas conceituais como estratégia metodológica para o estudo das medições. Na sequência são discutidas alternativas de avaliação com os recursos da plataforma Moodle, entrega de trabalhos e avaliação entre pares, por meio do Laboratório de Avaliação Moodle, aplicadas à avaliação dos mapas conceituais. Na Seção 7.3 é abordado o uso de cadernos eletrônicos (sintaxe MATLAB©) para o estudo de conceitos de sinais e sistemas, com exemplos de caracterização e compensação dinâmica de sensores. Um caso de uso do Tinkercad© para simulação híbrida e compensação digital de sensor usando módulo Arduino também é mostrado. Por fim, na Seção 7.4, conclui-se com os comentários finais.

Quadro 7.1 – Plano de ensino com conteúdos e abordagem metodológica para Instrumentação Industrial

Módulo	N° de Aulas	Conteúdo	Abordagem metodológica
1	04	Introdução à Instrumentação Industrial. Introdução à Metrologia. VIM.	Aulas expositivas síncronas – construção individual Videoaulas, de curta duração, organizadas por conteúdo na sequência do plano (assíncronas) – construção individual Questionário via Moodle, visando interação, compartilhamento de saberes, pesquisa de informações complementares – construção grupal Uso de cadernos eletrônicos para aprendizagem de técnicas de caracterização estática e dinâmica – construção tutorial Uso de Tinkercard© para simulação híbrida e compensação de sensor – construção tutorial
2	04	Configurações generalizadas e descrições funcionais de instrumentos, grandezas de influência e métodos para eliminação de perturbações.	
3	04	Condicionamento de sinais, transmissão em tensão e em corrente, ruídos e formas de acoplamento.	
4	04	Incerteza na medição	
5	04	Caracterização estática de instrumentos	
6	04	Caracterização dinâmica de instrumentos	
7	04	Documentação em projetos de Engenharia. Documentação de projeto pela norma ISA-S5.1	Aulas expositivas síncronas – construção individual Videoaulas, de curta duração, organizadas por conteúdo (assíncronas) – construção individual Leitura e interpretação de documentos de projeto de instrumentação industrial, especificação de instrumentos, via AVA – construção grupal
8	04	Medição de movimento	Aulas expositivas síncronas – construção individual Videoaulas, de curta duração, organizadas por conteúdo (assíncronas) – construção individual Mapas conceituais individuais para as medições – construção individual
9	04	Medição de pressão	
10	04	Medição de nível	
11	04	Medição de temperatura	
12	04	Medição de vazão	
13	04	Especificação de instrumentos	
14	04	Válvulas de controle	Aulas expositivas síncronas – construção individual Videoaulas, de curta duração, organizadas por conteúdo (assíncronas) – construção individual

7.2 Uso de mapas conceituais para aprendizagem

O mapeamento conceitual é uma metodologia que enfatiza a elaboração de conceitos e suas respectivas relações lógicas estruturantes, baseada na teoria da aprendizagem significativa, como elaborada por Ausubel (Pelizzari, 2002).

A teoria da aprendizagem significativa é uma teoria construtivista, em que a ênfase está na cognição, supondo que essa se dá por construção, ao invés de mera acumulação de informações (Valadares, 2011; Moreira, 2013). As condições necessárias para a aprendizagem significativa, ou a aprendizagem com significado, são: i) a existência de conhecimentos prévios adequados, chamados subsunçores; ii) a predisposição para aprender e a disponibilidade de materiais significativos, como materiais instrucionais que sejam bem organizados, bons livros e notas de aula, por exemplo. Diferente da aprendizagem significativa, tem-se a aprendizagem mecânica, baseada na memorização de novos conhecimentos, sem significado, sem a preocupação de relacionar com os conhecimentos já existentes e, portanto, com baixa retenção (Valadares, 2011; Moreira, 2013).

Os mapas conceituais são diagramas com representações gráficas das relações entre os conceitos e as ideias, que permitem organizar o conhecimento referente a um dado assunto. Assim, podem ser usados como uma estratégia de facilitação da aprendizagem significativa, em especial na condição de ensino remoto. Para o caso da disciplina de Instrumentação Industrial, que possui interface com várias áreas do conhecimento, como cálculo, estatística, física, sistemas dinâmicos lineares, teoria de controle de processos e ciência dos materiais, é necessário que seja construído um relacionamento entre os conceitos e as tecnologias. Esse relacionamento construído permite um entendimento abrangente e efetivo que resulta em competência, i.e., o saber agregado à necessária capacidade de decidir. Na disciplina, é necessário que o estudante seja capaz de escolher um medidor adequado, elaborar a especificação técnica (documento de projeto) para a aquisição dele, desenvolver sua documentação de instalação e de configuração, considerando sua inserção em um sistema. Além de possuir conteúdo denso, a disciplina de Instrumentação Industrial envolve relações interdisciplinares emaranhadas, e os mapas conceituais são utilizados como estratégia de aprendizagem para orientar os estudantes a identificarem e relacionarem os principais conceitos, tecnologias, ideias e representações associadas às medições de movimento, pressão, nível, temperatura e vazão.

Os mapas conceituais podem ser construídos por meio de softwares gráficos. Há variantes dessas ferramentas disponíveis, como EdrawMind,[3] CMAP[4] e Mindmeister,[5] para a construção de mapas conceituais e para mapas mentais, que possuem diferenças, embora muitas vezes sejam usados como sinônimos.

Os mapas mentais, ou mapeamento de ideias, foram definidos como "representações visuais não lineares de ideias e seus relacionamentos", segundo Biktimirov e Nilson (2006, *apud* Davies, 2011). Eles compreendem uma rede de conceitos conectados e relacionados, em que qualquer ideia pode ser conectada a qualquer outra. O pensamento espontâneo e livre é necessário para criar um mapa mental, cujo objetivo é encontrar associações criativas entre as ideias. Assim, os mapas mentais são, principalmente, mapas de associação envolvendo o uso de espessuras de linha, cores, imagens e diagramas para representar o conhecimento, além de possuírem estrutura livre e sem restrições (Davies, 2011).

O mapeamento conceitual é mais estruturado e menos pictórico que o mapeamento mental. Seu objetivo não é gerar elementos associativos espontâneos, mas delinear relações formais entre as ideias. Um mapa conceitual, que é um mapa relacional, tem uma estrutura hierárquica, em que os conceitos mais gerais ficam posicionados no topo e os conceitos mais específicos, organizados hierarquicamente, abaixo (ideias primárias, secundárias e terciárias). É preciso, então, identificar os conceitos-chave que devem ser incluídos no mapa que, normalmente, começa com uma palavra ou conceito ou frase que representa uma questão focal (Aguiar; Correia, 2013). As ligações entre os conceitos usam termos conectivos,

[3] EdrawMind. Disponível em: https://www.edrawmind.com/pt/.

[4] CMAP. Disponível em: https://cmap.ihmc.us/.

[5] Mindmeister. Disponível em: https://www.mindmeister.com/folders.

como "possui", "leva a", "resulta de", entre outros, para indicar as relações entre os conceitos representados. Mas os mapas conceituais podem assumir uma variedade de formas, de formas hierárquicas a não hierárquicas e até mesmo mapas orientados por dados (Davies, 2011).

Embora o trabalho individual de mapeamento do conhecimento referente às medições na disciplina tenha sido orientado para a construção de mapas conceituais, os estudantes utilizaram, muitas vezes, as ferramentas de software para o mapeamento mental. Acredita-se que isso seja devido à variedade de ferramentas livres disponíveis, inclusive dentro da plataforma Teams, ou devido à estrutura mais flexível, além do volume de conteúdo a ser abordado em cada mapa. Mas como a orientação e os critérios para a construção dos mapas são bem delimitados, o resultado é que muitos mapas desenvolvidos, embora não hierárquicos na estrutura, guardam mais semelhanças com um mapa conceitual do que com um mapa mental, pois estabelecem relações apropriadas entre os conceitos, ao invés de simples associações.

No entanto, eles têm semelhanças com mapas mentais, também, quanto a sua forma mais livre, não hierárquica e não estruturada, devido às ferramentas de software para mapeamento utilizadas. Os requisitos mínimos solicitados para esses mapas na disciplina são: i) conceitos gerais sobre a(s) grandeza(s) medida(s), principais unidades de Engenharia (UE) utilizada para a(s) grandeza(s) e definição dos mnemônicos ISA 5.1 para elemento primário; ii) transmissor e controlador com indicação; iii) chave de detecção de alto e baixo e elemento final de controle; iv) técnicas de medições estudadas, princípios físicos envolvidos e exemplos de aplicações/uso de cada técnica de medição.

O mapa desenvolvido com a ferramenta CMAP para a proposta de ensino remoto emergencial da disciplina de Instrumentação Industrial está ilustrado na Figura 7.1. Na Figura 7.2 é apresentado o mapa mental desenvolvido para o mesmo propósito, utilizando a ferramenta EdrawMind, como exemplo de uso deste tipo de mapeamento de ideias.

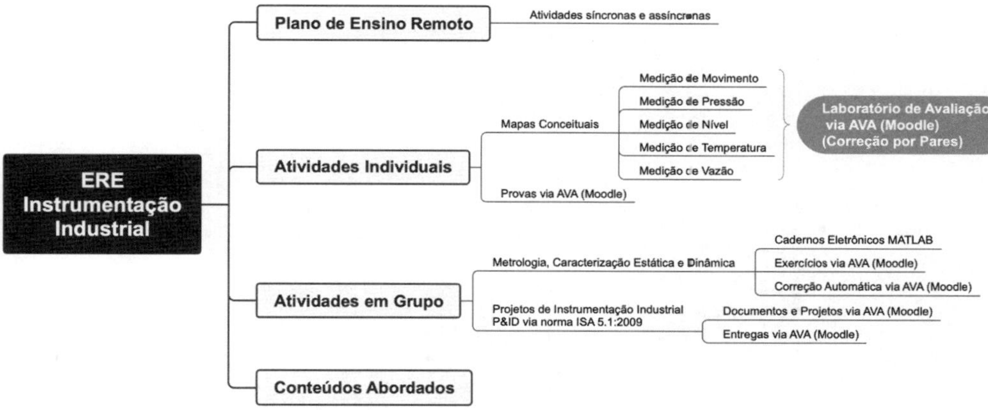

Figura 7.2 – Mapa mental da proposta de ensino remoto emergencial da disciplina de Instrumentação Industrial.

Em uma rápida análise da Figura 7.1 e da Figura 7.2, como alternativas para representar a proposta de ensino analisada, evidenciam-se as diferenças comentadas entre os mapas mentais e os mapas conceituais, bem como as questões discutidas nos dois últimos parágrafos. Pode-se observar que o mapa mental representado na Figura 7.2 estabelece relações apropriadas e bem-organizadas entre os conteúdos abordados na disciplina, embora não utilize termos conectivos de ligação, como o mapa conceitual mostrado na Figura 7.1.

Um exemplo de mapa conceitual para medição de pressão, como solicitado aos estudantes na disciplina, é mostrado na Figura 7.3, representando conceitos-chave e o uso de conectivos para estabelecer relações entre eles. Em função do volume de conceitos e relações envolvido nesse mapa, a representação gráfica ocupa espaços na vertical e nas laterais da questão focal, que é a medição de pressão.

Deve-se chamar a atenção para o fato de que o mapeamento conceitual se limita à representação das relações entre os conceitos, e há questões que requerem mais do que uma identificação de relações entre conceitos, pois exigem argumentos. Para esses casos, os mapas mentais são mais flexíveis, ou mesmo os mapas de argumento, como discutido em Davies (2011), embora não sejam objetos deste capítulo.

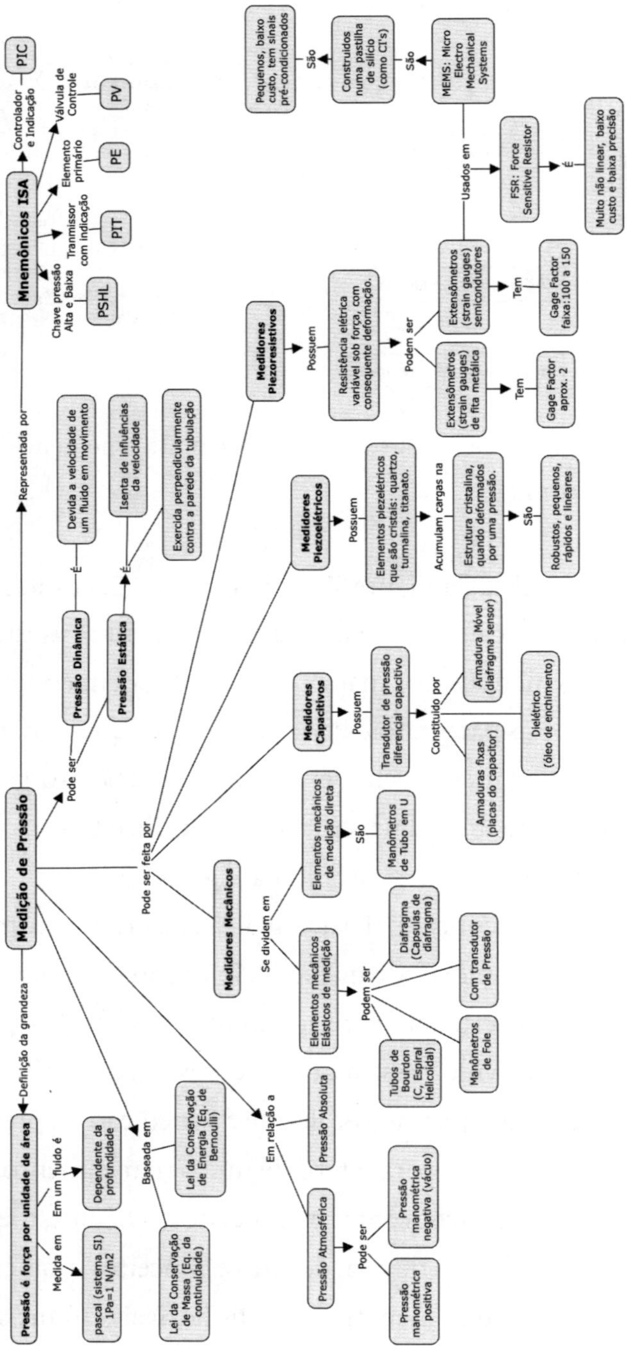

Figura 7.3 – Um mapa conceitual para medição de pressão.

7.2.1 Avaliação dos mapas conceituais

Os cursos on-line voltados para qualquer nível de instrução formal são denominados *massive online open courses* (MOOC) e caracterizam-se, principalmente, pela dificuldade ou impossibilidade de se realizar processos de avaliação, especialmente para atividades relacionadas ao campo de escrita, ou que demandam um desenho e diagramas descritivos (Chaparro-Peláez *et al.*, 2020). Nesse aspecto, a estratégia de avaliação por pares e de autoavaliação tem sido discutida e utilizada em diferentes contextos e formatos como parte dos processos de avaliação em cursos superiores (Correia *et al.*, 2015; Kulkarni *et al.*, 2013; Topping, 1998). Além disso, a avaliação entre os pares tem sido utilizada em estudos de *learning analytics* (análise de aprendizagem) aplicados a dados referentes à interação entre discentes por meio de AVA (Chaparro-Peláez *et al.*, 2020; Divjak; Maretić, 2017).

A avaliação por pares e a autoavaliação exigem que os docentes explicitem os objetivos e os critérios de avaliação para uma dada atividade, definindo escalas de pontuação. Isso também permite aos estudantes uma melhor compreensão do processo avaliativo e exige que esse processo seja objetivo.

Por outro lado, a adoção de mapas conceituais, desenvolvidos individualmente para cinco medições (movimento, pressão, nível, temperatura e vazão), aumenta de forma expressiva o volume de atividades que o professor precisa avaliar, o que, neste estudo de caso, possui peso significativo na avaliação global da disciplina (30%), substituindo uma prova. Dessa forma, adota-se a avaliação de trabalhos por pares para os mapas conceituais, totalmente automatizada pelo AVA, por meio do Moodle. Objetivamente, o professor disponibiliza todas as entregas de mapas conceituais aos estudantes, para que eles possam avaliar os trabalhos uns dos outros.

Visando a maior isonomia possível nas avaliações, o professor deve criar e disponibilizar um "Formulário de Avaliação" associado a cada atividade a ser avaliada pelos estudantes. No caso dos mapas, como se trata de uma avaliação rápida, adota-se a disponibilização de dois mapas, acrescidos de uma autoavaliação do próprio mapa, em um total de três avaliações por estudante. No Moodle, a avaliação de trabalhos por pares é oferecida por meio de uma atividade denominada Laboratório de Avaliação. A configuração de um Laboratório de Avaliação no Moodle é detalhada como suplemento deste capítulo no repositório do livro.

7.3 Uso de cadernos eletrônicos e estudo de caso com simulação híbrida usando o Tinkercad

Na disciplina Instrumentação Industrial são abordadas técnicas e tecnologias, principalmente, na camada que conecta o chão de fábrica aos sistemas computacionais de alto nível. Assim, uma vez que os estudantes tenham construído os próprios elos cognitivos multidisciplinares, é essencial que se possa experimentar, tanto via simulação quanto na prática, a integração dos conhecimentos aprendidos em várias disciplinas. O ambiente MATLAB© permite comparar e integrar simulação de sinais e sistemas usando equações com programação de fluxo de instruções, e de fluxo de dados no ambiente gráfico MATLAB©/Simulink©. Os cadernos eletrônicos (*Live Scripts* ou notebooks) permitem estabelecer a necessária base de codificação para compreender aspectos numéricos de simulação física e de sistemas. A partir dessa base, ilustra-se com exemplos a compensação digital dinâmica de um sensor de temperatura, utilizando simulação híbrida com circuitos físicos simulados e codificação digital de algoritmo de compensação.

Usando plataformas online gratuitas de simulação híbrida, i.e., simulação física e de sistemas, como o Tinkercad©, o estudante experimenta a implementação de circuitos básicos, interagindo com os códigos de implementação digital em uma plataforma Arduino simulada. Ao analisarem os próprios resultados, os estudantes se sentem motivados e encorajados a implementarem em hardware próprio, e de baixo custo, os algoritmos de compensação digital de um sensor, e.g. sensor de temperatura. A variável temperatura é interessante, pois permite ao estudante excitar o sensor usando a própria temperatura corporal, normalmente acima da temperatura ambiente.

Experimentalmente, quando se obtém uma compensação ideal por cancelamento de polo dominante com um zero em um compensador em cascata, verifica-se a validade da modelagem matemática para sinais e sistemas. A constante de tempo dominante é normalmente obtida por resposta ao degrau unitário ou por meio de caracterização pela transmissão de sinais senoidais (Doebelin, 1989). Ao se projetar um compensador usando o parâmetro constante de tempo dominante para um cancelamento ideal, verificando-se experimentalmente a compensação ideal, validam-se a modelagem, a aproximação linear, e o método de análise e projeto por funções de transferência. Além disso, a discretização dos modelos de função de transferência contínua, para serem implementados digitalmente em microcontroladores, permite uma desejável conexão entre as formulações teóricas e a validação experimental (Astrom; Murray, 2010). À frente, os Exemplos 1 e 2 ilustram a implementação de algoritmos de compensação analógica e digital de sensores utilizando código MATLAB©/Simulink©.

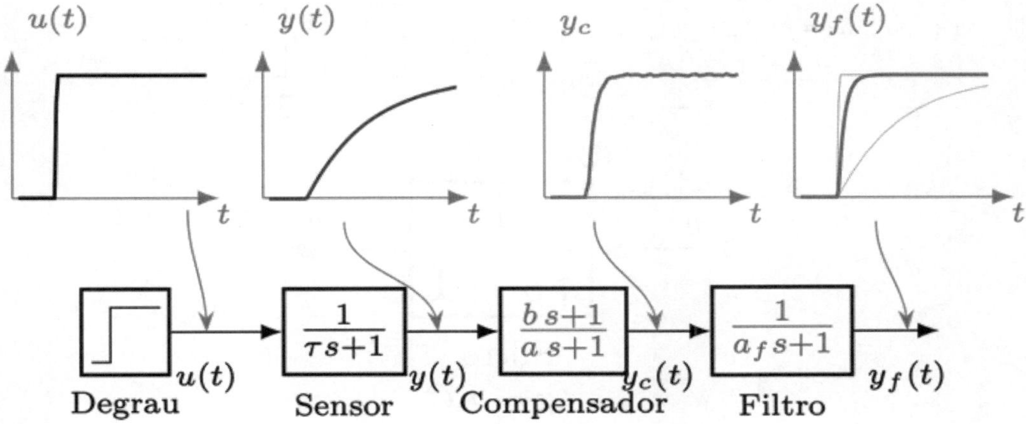

Figura 7.4 – Diagrama de blocos de uma estrutura de compensação dinâmica em malha aberta de sensor.

A Figura 7.4 ilustra o diagrama de blocos com as funções de transferências de um sensor, seguido por um sistema compensador e um filtro passa-baixas. Um sinal de excitação do tipo degrau é propagado através dos blocos em série, ilustrando o comportamento do processo de compensação dinâmica. Na Figura

7.4 observa-se que o sinal filtrado final $y_f(t)$ antecipa um valor final esperado para o sinal de entrada $u(t)$.

Para compreender o conceito de função de transferência e de compensação dinâmica é interessante experimentar com um sistema simples, como um filtro RC. O Exemplo 1 ilustra a modelagem de um filtro RC e um circuito analógico ativo com amplificadores operacionais implementando a compensação dinâmica de um sensor de temperatura TMP36 (disponível no TinkerCad) ou LM35 (usado nos testes experimentais).

Exemplo 1: obter a representação de função de transferência de um filtro RC, como ilustrado na Figura 7.5a. Projetar um circuito analógico com amplificador operacional para compensar dinamicamente o filtro RC em malha aberta.

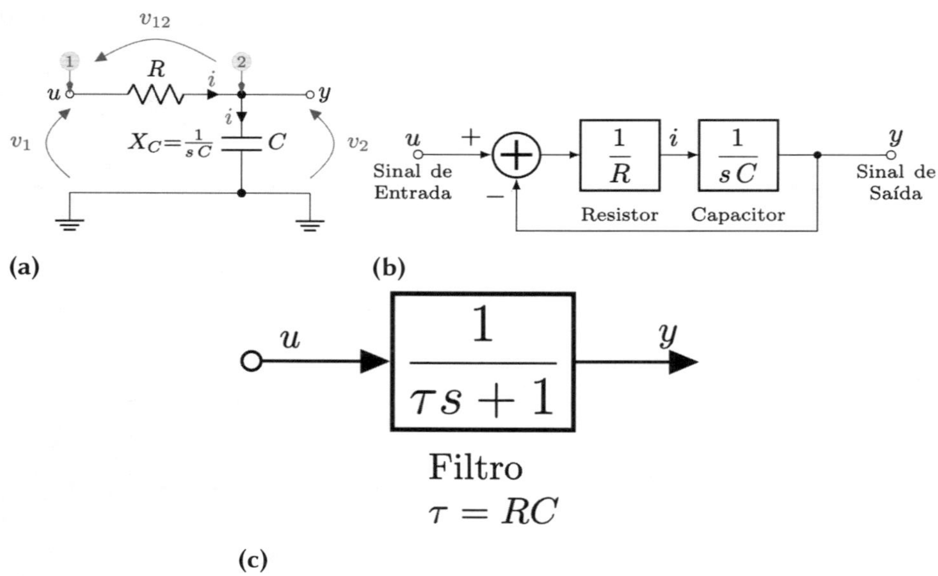

Figura 7.5 – Circuito de um filtro RC passa-baixa e representações do (a) diagrama esquemático, (b) diagrama de blocos e (c) função de transferência.

Solução: *Na Figura 7.5a, estão representadas medições de tensão e corrente elétrica com as quais se obtém a equação de Kirchhoff para a malha como* $v_{12} = v_1 - v_2$. *A corrente* i *que circula em* R *é a mesma que circula em* C. *Usando-se a* *impedância do capacitor* $\frac{v_2}{i} = \frac{1}{sC}$ *e a Lei de Ohm* $v_{12} = R \times I$ *constrói-se o diagrama de blocos (Figura 7.5b) em que* $u = v_1$ *e* $y = v_2$. *A função de transferência resultante do filtro está representada na Figura 7.5c. Na Figura 7.6 ilustra-se um circuito com amplificadores operacionais, que implementa a função de um compensador dinâmico, como representado em diagrama de blocos na Figura 7.4.*

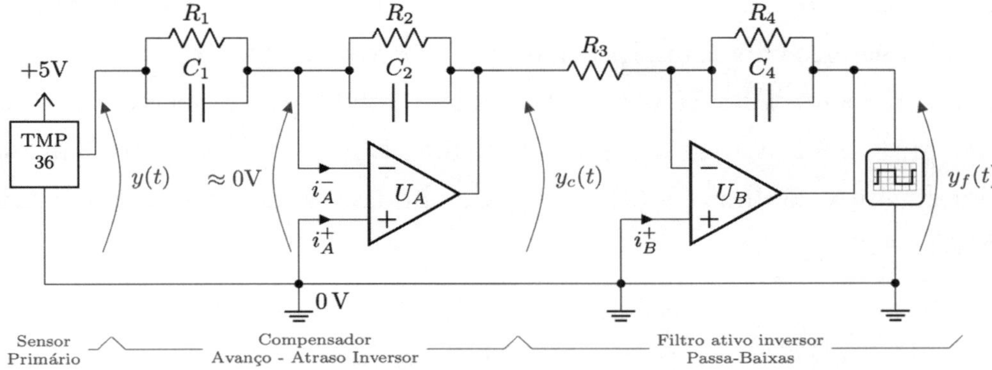

Figura 7.6 – Diagrama esquemático do circuito de um compensador dinâmico.

Considerando os amplificadores operacionais ideais, obtêm-se as seguintes funções de transferência: $\frac{Y_c}{Y} = \left(-\frac{R_2}{R_1}\right)\frac{R_1C_1s+1}{R_2C_2s+1}$ *e* $\frac{Y_f}{Y_c} = \left(-\frac{R_4}{R_3}\right)\frac{1}{R_4C_4s+1}$, *que combinadas resultam em:* $\frac{Y_f}{Y} = K\left(\frac{b\ s+1}{a\ s+1}\right)\frac{1}{a_f s+1}$, *em que* $K = \frac{R_2R_4}{R_1R_3}$, $a = R_2C_2$, $b = R_1C_1$ *e* $a_f = R_4C_4$. *O projeto do compensador consiste em ajustar a constante de tempo* $b = \tau$ *para obter cancelamento ideal do zero do compensador com o polo do sensor, e ajustar a constante de tempo desejada, na faixa* $\frac{\tau}{10} < a < \frac{\tau}{3}$. *Em implementação prática ou simulação analógica, recomenda-se utilizar resistores na faixa de 1 k*Ω *a 200 k*Ω *e capacitores na faixa de 0,1* μ*F a 1000* μ*F. Acelerar até no máximo dez vezes por estágio com amplificador operacional, evitando saturação dos amplificadores. Usar mais estágios em série, se necessário.*

Na Figura 7.4, por que filtrar o sinal compensado y_c reintroduzindo um atraso dinâmico em y_f após a compensação? Quando se acelera a resposta de um sinal, inevitavelmente, aumenta-se o ruído de alta frequência, razão de não ser recomendado acelerar mais que dez vezes em cada estágio de compensação (vide Figura 7.6). A filtragem após o compensador permite ajustar um compromisso entre aceleração da resposta e uma desejável relação sinal-ruído. Na implementação analógica, os ajustes do compensador ficam limitados aos valores ajustáveis de componentes eletrônicos. Por outro lado, uma implementação de compensação dinâmica digital elimina tal inconveniência ao permitir modificações de parâmetros via software, sem custos de modificação de componentes como resistores e capacitores. A discretização da função de transferência de um filtro RC e do compensador dinâmico para se implementar em microcontroladores é obtida usando a aproximação de Tustin (Astrom; Wittenmark, 1990) para o operador derivada $s = \frac{2}{h}(\frac{z-1}{z+1})$. A função de transferência do filtro $G_f(s) = \frac{1}{a_f\ s+1}$ e a do compensador dinâmico contínuo $G_c(s) = \frac{b\ s+1}{a\ s+1}$ são obtidas usando álgebra simbólica no MATLAB©:

$$G_f = \frac{h\,z + h}{(2\,a_f + h)\,z + h - 2\,a_f} \tag{7.1}$$

$$G_c = \frac{(2\,b + h)z + h - 2\,b}{(2\,a + h)z + h - 2\,a} \tag{7.2}$$

Manipulando-se algebricamente (7.1) e (7.2), obtêm-se equações equivalentes compactas como mostrado na Figura 7.7. A constante α_f do filtro digital é calculada especificando-se um valor para a decimação, m. A variável medida é, então, reamostrada com intervalo de amostragem $h_1 = m \times h$, sem falseamento (*aliasing*). Na Figura 7.8 estão ilustradas as posições relativas das frequências de amostragem $f_o = h_0^{-1}$ e $f_1 = h_1^{-1}$ e a possibilidade a ser mitigada de ocorrência de *aliasing* após os blocos amostradores.

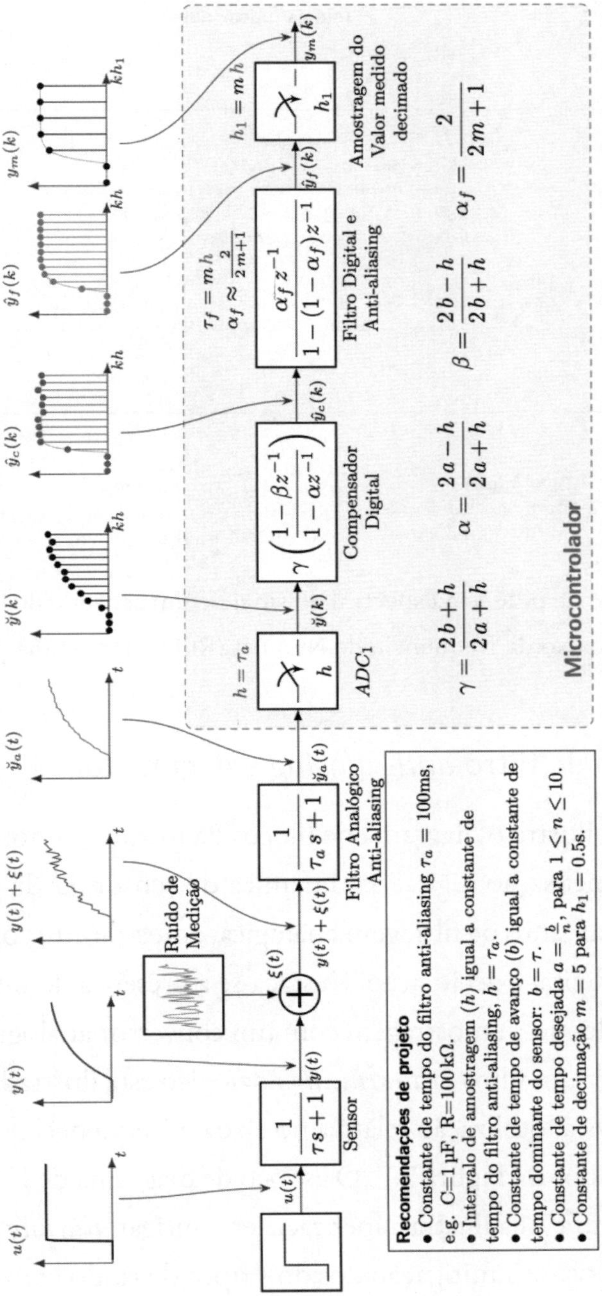

Figura 7.7 – Diagrama de blocos da medição de uma variável com compensação digital dinâmica.

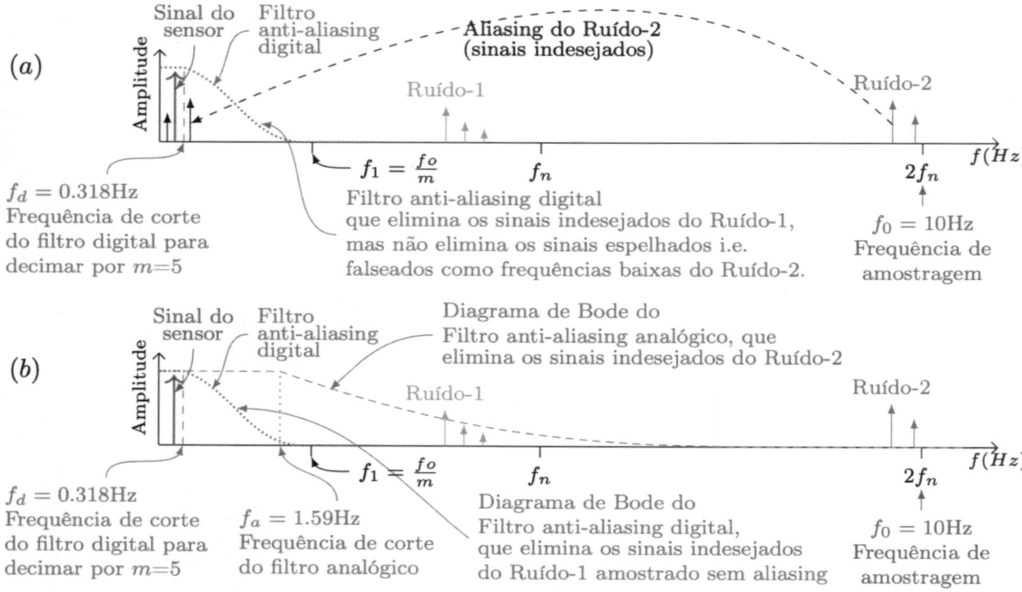

Figura 7.8 – Raias de potência espectral do sinal de um sensor e de dois tipos de ruído com frequência abaixo da frequência de Nyquist (Ruído-1) e acima dessa (Ruído-2).

7.3.1 Projeto de filtro *anti-aliasing* e decimador

A Figura 7.7 ilustra o diagrama de blocos da medição amostrada de uma variável, com compensação digital da dinâmica do sensor. O diagrama de blocos mostra o encadeamento de filtragem analógica, amostragem, compensação dinâmica, filtragem digital e decimação. Destaca-se a presença do filtro *anti-aliasing* analógico precedendo a amostragem com um conversor analógico-digital. O impacto de se omitir um filtro *anti-aliasing* analógico está ilustrado na Figura 7.8a, em que se observa a localização relativa no eixo da frequência de valores práticos de projeto sugeridos na Figura 7.7. O esboço de diagrama de Bode apenas do filtro digital na Figura 7.8a ilustra a ineficácia em mitigar *aliasing* do Ruído-2. Na Figura 7.8b observa-se a mitigação dos dois tipos de ruído com o uso adequado de filtros *anti-aliasing* analógico e digital.

O filtro analógico mitiga o falseamento do sinal amostrado devido à presença de ruído de medição e do processo (vide Ruído-2 na Figura 7.8b), com componentes de frequência maiores que a frequência de Nyquist, ω_n. Se o filtro for um circuito RC de 1ª ordem, a constante de tempo apropriada é da ordem de $\tau_a = 1/\omega_n$ e o intervalo de amostragem h é obtido de $h/\pi = 1/\omega_n$. Idealmente, um filtro de corte abrupto é requerido, entretanto, um filtro RC simples é suficiente (Clarke, 1984).

Em sistemas microcontrolados de baixo custo como módulos Arduino, um intervalo de amostragem de pelo menos 100 ms, normalmente, é adequado para se obter uniformidade do período de amostragem. Assim, uma escolha simples e fácil de lembrar é ajustar a constante de tempo do filtro *anti-aliasing* com o mesmo valor numérico do intervalo de amostragem $h = \tau_a$ = 100 ms. Dessa forma, assegura-se uma margem de segurança adequada (em relação ao intervalo máximo de amostragem ($h_{\max} = \pi\ \tau_a$ $\therefore$ $h_{\max} = 0,1\ \pi$) de modo que os sinais fora da faixa de ω_n sejam devidamente atenuados (vide Figura 7.8b). Com um circuito passivo, R é selecionado em torno de 100 kΩ e C = 1 μF, resultando na constante de tempo desejada de 100 ms. No caso de monitoramento do sinal de um sensor, um intervalo de amostragem de h = 100 ms é muito rápido para aplicações de monitoramento e controle de processos. Segundo Åström e Wittenmark (1990), os sistemas industriais amostram variáveis de processo em intervalos de 1 s por padrão. Então, projeta-se o filtro digital não apenas para suavizar o sinal da saída do compensador digital, mas também para atuar como um filtro *anti-aliasing*, permitindo uma reamostragem ou decimação com um intervalo $h_1 = m \times h$ e $1 < m < 600$ (Clarke, 1984). Se um filtro de ordem superior for requerido, vários filtros simples de 1ª ordem podem ser cascateados; isto é particularmente apropriado se m for grande, quando erros de arredondamento dos parâmetros do filtro digital têm que ser evitados, pois α_f tende a próximo de zero.

Exemplo 2: simular os modelos analógico e digital do compensador analógico desenvolvido no Exemplo 1 usando a simulação de sistemas no ambiente MATLAB©/Simulink©. Comparar os resultados de simulação de compensação contínua e discreta.

Solução: *A implementação dos modelos de função de transferência do filtro RC e do circuito analógico do compensador com amplificadores operacionais está ilustrado na Figura 7.9. O modelo do compensador digital conforme apresentado na Figura 7.7 também está implementado como se observa na Figura 7.9. Os resultados de simulação ilustrados na Figura 7.10 foram obtidos com intervalo de amostragem h = 0,1 s e com os seguintes ajustes de parâmetros: sensor:* $\tau = 10$*; Compensador:* $\tau_a = h$, $b = \tau$, $a = b/10$, $m = 10$*; Filtro digital:* $\alpha_f = 2/(2m+1)$*. O parâmetro* $\gamma = \frac{2\,b+h}{2\,a+h}$*. Para se experimentar com outros ajustes, sugere-se: supercompensar:* $b = 1.2\tau$*; subcompensar:* $b = 0.8\tau$*; Superacelerar:* $a = \tau/50$ *(ruído amplificado). Analisando os resultados gráficos na Figura 7.10, observa-se que ambos os métodos de compensação dinâmica, analógico e digital, produzem resultados equiparáveis e de acordo com o previsto teoricamente. Destaca-se o sinal compensado dinamicamente suavizado obtido com a decimação após a filtragem digital.*

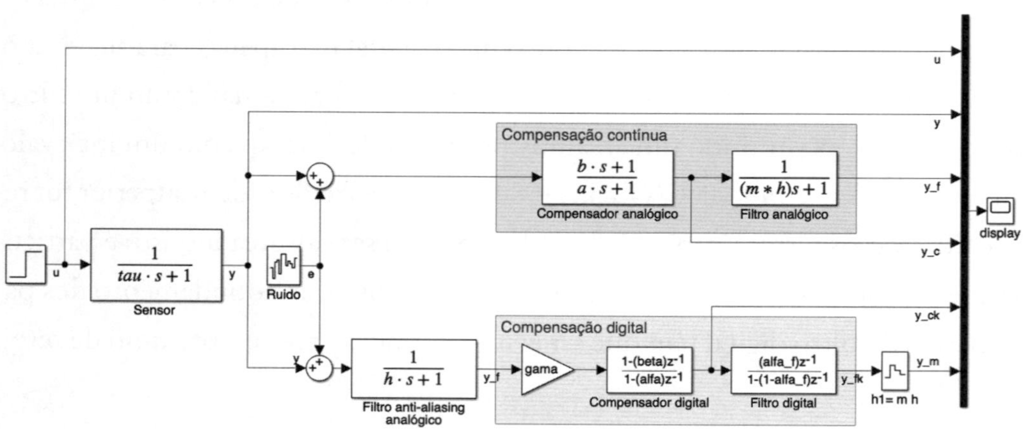

Figura 7.9 – Diagrama Simulink de simulação da compensação analógica e digital de sensor.

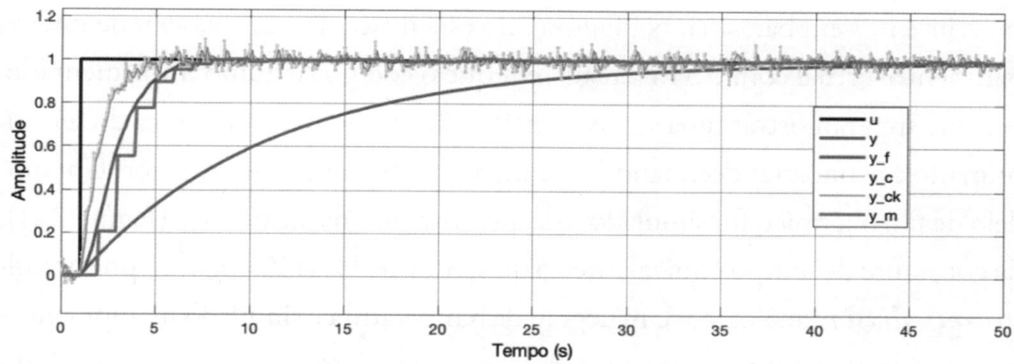

Figura 7.10 – Resultados de simulação da compensação de um sensor.

7.3.2 Implementação com fluxo de instruções

Para implementar em um microcontrolador é interessante primeiro testar o código na forma de fluxo de instruções, usando uma estrutura adequada através de um tutorial em um caderno eletrônico (código MATLAB©), identificando uma parte de *setup{}* a ser executada uma única vez e de *loop{}*, que é executada ciclicamente. No código para simulação (disponível no repositório deste capítulo), um sensor com constante de tempo $\tau = 10$ s é compensado com um cancelamento de polo e zero ideal ($b = 10$ s) e a resposta dinâmica é acelerada dez vezes. Uma decimação por $m = 10$ determina a constante de tempo do filtro digital. Recomenda-se executar o código fonte, modificando os parâmetros n (vezes que se deseja acelerar a resposta) e m (taxa de decimação). Sugere-se variar a constante b em 20% para cima e para baixo para se observar os efeitos de supercompensar e subcompensar.

7.3.3 Experimentando com a plataforma Tinkercad©

O Tinkercad© é uma plataforma web gratuita que oferece recursos de simulação física de circuitos eletrônicos acoplados a um módulo de simulação de um Arduino Uno. Por meio dessa plataforma, constrói-se um circuito semelhante a um circuito com condutores e componentes interligados flutuando ou inseridos em um *protoboard*, estabelecendo elos cognitivos com um cenário típico de experimentos em bancada. Na Figura 7.11 está ilustrada a montagem de um experimento virtual com o Tinkercad© em que o código Arduino implementado permite superamostrar uma variável analógica, compensar a dinâmica do sensor primário e reamostrar decimando para uma taxa de amostragem menor. Um modelo de filtro térmico foi simulado fisicamente com um filtro $R_\theta C_\theta$ (Figura 7.11), de constante de tempo equivalente ao do sensor real LM35, seguido por um filtro *anti-aliasing* analógico. Um degrau de temperatura é simulado manipulando o cursor do elemento sensor simulado, baseado no TMP36. Os resultados indicam o efeito da compensação dinâmica, acelerando-se dez vezes a velocidade da resposta do sinal do sensor.

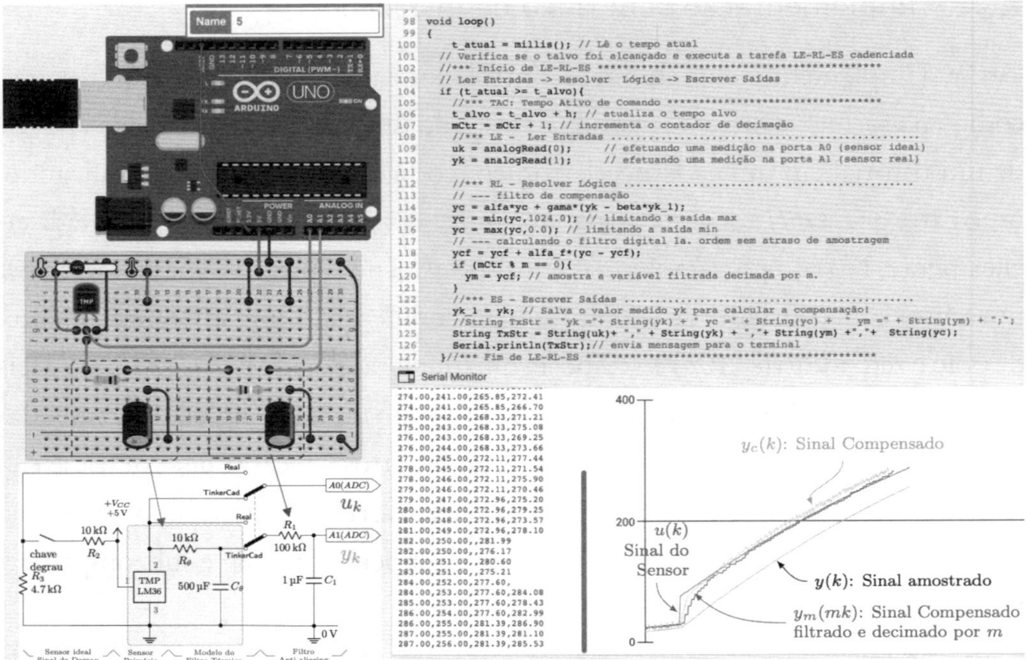

Figura 7.11 – Simulação física de sensor e compensação digital de um sensor TMP36 usando o Tinkercad©.

Na Figura 7.11 está desenhado um resultado gráfico das tendências dos sinais como recebidos pelo Serial Plotter simulado. A saída do TMP36 está conectada à porta A0 usando um fio na cor azul. O sinal amostrado após o filtro *anti-aliasing* é representado com um fio amarelo conectado à porta A1. Infelizmente, a resposta da simulação varia com a velocidade de resposta do servidor do TinkerCad© e alguns dados, eventualmente, são perdidos. O resultado ilustrado não convergiu para um estado estacionário, entretanto, observa-se o efeito da compensação em adiantar o sinal (y_m é a linha vermelha). O eixo horizontal representa os instantes de amostragem e o eixo vertical, a amplitude dos valores mensurado e calculado. A terminação de linha nos dados transmitidos pelo Arduino marca uma mudança no tempo de amostragem.

Na Figura 7.12, mostra-se o resultado da implementação em um módulo Arduino real equivalente à simulação feita no Tinkercad© como ilustrado na Figura 7.11. Uma chave *push-button* foi colocada debaixo do sensor na montagem física no *protoboard* para sinalizar o instante do degrau aplicado como sendo o de um sensor ideal acionado por um degrau (a amplitude do degrau é irrelevante nesse caso). Ao se pressionar a ponta do dedo indicador sobre o encapsulamento do sensor LM35, a chave *push-button* é acionada conjuntamente. Nos testes reais, o canal A0 do Arduino é conectado ao sinal do divisor de tensão contendo a chave *push-button*. A faixa de variação da temperatura é pequena (26 °C a 32 °C durante o degrau), mas o efeito da compensação é nitidamente observado no experimento real ilustrado na Figura 7.12. A constante de tempo dominante do sensor foi estimada graficamente, assumindo como sendo o intervalo de tempo entre a aplicação do degrau e o valor da resposta alcançando 63% da variação observada na temperatura. O valor obtido experimentalmente para a constante de tempo dominante do sensor foi de 5 s. O intervalo de amostragem primário foi ajustado para $h = 100$ ms e um fator de decimação $m = 5$ foi usado, resultando em uma amostragem final $h_1 = 500$ ms, como ilustrado na Figura 7.7 e Figura 7.8.

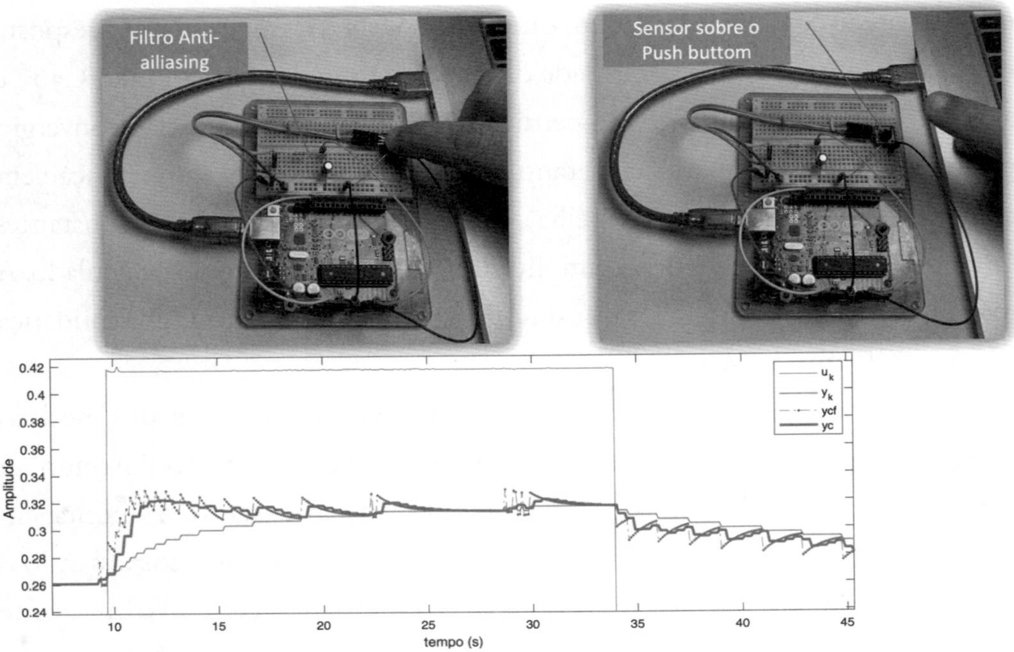

Figura 7.12 – Arranjo da montagem de um compensador digital usando Arduino UNO e resultado experimental de compensação de um sensor de temperatura LM35.

Deve ser observado que a constante de tempo de esfriamento é mais lenta do que o aquecimento com o dedo (vide Figura 7.12). Isso se deve à resistência térmica de contato da pele com o encapsulamento do sensor. Quando se encosta o dedo no encapsulamento do sensor, a fonte de calor está na circulação sanguínea, mais interna que as camadas de derme e epiderme (pele externa). O calor é transferido por meio da resistência térmica da derme-epiderme do dedo para a massa do encapsulamento do sensor. Quando se retira o dedo do contato com o encapsulamento do sensor, a resistência térmica é formada pela interface entre o ar e o encapsulamento, que, geralmente, é maior que a resistência entre o contato do dedo e o encapsulamento. Esse efeito de sistema bilinear (*i.e.*, um sistema com uma constante de tempo para aumento diferente da de diminuição da temperatura) não foi simulado, por simplicidade, mas é claramente observado no resultado real (vide Figura 7.12) comparando-se as respostas ao degrau com variação positiva e negativa aplicados.

O arranjo de simulação física na plataforma Tinkercad© se mostra flexível para validar questões teóricas de modelagem de sinais e sistemas usando funções de transferência. A discretização do esquema de compensação analógica ilustra a sistematização advinda de modelos no domínio da transformada Z que são adequados para obter equações algébricas facilmente implementáveis usando linguagens de fluxo de instruções e de fluxo de dados.

A plataforma Tinkercad© de simulação híbrida de sistemas físicos eletrônicos e digitais em ambiente remoto facilita o aprendizado por meio de experimentação. Como vantagem, obtêm-se algoritmos testados em simulação que são implementáveis diretamente em plataformas reais de microcontroladores de baixo custo.

7.4 Considerações finais

Os desafios do ensino remoto fomentaram a inovação e a experimentação com o uso de um plano de ensino flexível, com diferentes abordagens metodológicas, com ferramentas e plataformas digitais para interação remota, integrados de forma harmoniosa para permitir a construção de conhecimento. Esse plano de ensino permitiu que a distância entre os estudantes e o ambiente de laboratórios, peculiares da universidade, fosse mitigado integrando-se três construções cognitivas: individual, em grupo e tutorial.

O uso de mapas conceituais, plataformas para interação e avaliação online permitiu as construções individuais e em grupo. A experimentação digital tutorial usando ferramentas de simulação como o MATLAB©/Simulink© e, também, de acesso gratuito como o Tinkercad© facilitou o aprendizado com o uso da simulação. A integração de conceitos apresentados em diversas disciplinas, revisitados em Instrumentação Industrial, foi facilitada por meio da construção de experimentos usuais, como mensurar digitalmente uma variável de processo e como implementar a compensação dinâmica de um sensor. A maioria dos estudantes mostrou-se engajada nas atividades individuais e de grupo propostas, além de comprometida com o procedimento de avaliação entre os pares para os mapas conceituais, como observado pelos docentes no acompanhamento e ponderação desse processo avaliativo.

Foi mostrado neste capítulo como aplicações simples e uma base teórica robusta são integradas e exploradas em um ambiente de ensino remoto, com o suporte de tutoriais eletrônicos adequados. Foi mostrado, também, como o uso de mapas conceituais permite mobilizar os estudantes para relacionar novos conhecimentos àqueles já existentes, e como a adoção de avaliação entre pares possibilita o engajamento dos estudantes no processo de aprendizagem de forma colaborativa. As abordagens adotadas durante o ensino remoto e discutidas neste capítulo aplicam-se, também, ao ensino presencial, enriquecendo o conjunto de recursos à disposição dos professores, para promover uma participação mais ativa dos estudantes na construção do conhecimento. O uso de mapas conceituais é vantajoso para a aprendizagem significativa em qualquer regime de ensino, bem como o uso de plataformas digitais para organização e compartilhamento de materiais, envio de trabalhos, realização de atividades individuais e em grupo e experimentação digital tutorial. Essas práticas já se encontram incorporadas à práxis de ensino de Instrumentação Industrial dos autores e serão avaliadas com os estudantes, no ensino presencial, para permitir aprimorar as abordagens metodológicas para cada conteúdo do plano de ensino.

Referências

AGUIAR, J. G.; CORREIA, P. R. M. Como fazer bons mapas conceituais? Estabelecendo parâmetros de referências e propondo atividades de treinamento. **Revista Brasileira de Pesquisa em Educação em Ciências**, v. 13, n. 2, p. 141-157, 2013. Disponível em: https://periodicos.ufmg.br/index.php/rbpec/article/view/4265. Acesso em: 2 jun. 2022.

ASTROM, K. J.; MURRAY, R. M. **Feedback systems**: an introduction for scientists and engineers. Princeton University Press, 2010.

ASTROM, K. J.; WITTENMARK, B. **Computer-controlled systems**: theory and design. 2. ed. Prentice-Hall, 1990.

CHAPARRO-PELÁEZ, J.; IGLESIAS-PRADAS, S.; RODRÍGUEZ-SEDANO, F. J.; ACQUILA-NATAL, E. Extraction, processing and visualization of peer assessment data in Moodle. **Applied Sciences**, v. 10, n. 1, 2020. DOI: https://dx.doi.org/10.3390/app10 010163.

CLARKE, D. W. PID algorithms and their computer implementation. **Transactions of the Institute of Measurement and Controle**, v. 6, n. 6, p. 305-316, 1984. DOI: https: //doi.org/10.1177/014233128400600605.

CORREIA, A. L.; COSTA, D. V.; BARBOSA, A. A.; COSTA, E. B. Uso de avaliação por pares em disciplinas introdutórias de programação. *In*: WORKSHOP SOBRE EDUCAÇÃO EM COMPUTAÇÃO, 23., 2015, Porto Alegre. **Anais** [...]. Porto Alegre: SBC, 2015, p. 11-20. DOI: https://doi.org/10.5753/wei.2015.10217.

DAVIES, M. Concept mapping, mind mapping and argument mapping: what are the differences and do they matter? **Higher Education**, v. 62, n. 3, 2011. Disponível em: https://www.jstor.org/stable/41477852. Acesso em: 2 jun. 2022.

DIVJAK, B.; MARETIĆ, M. Learning analytics for peer-assessment: (dis)advantages, reliability and implementation. **Journal of Information and Organizational Sciences**, v. 41, n. 1, p. 21-34, 2017. DOI: https://doi.org/10.31341/jios.41.1.2.

DOEBELIN, E. O. **Measurement systems**: application and design. Mcgraw- Hill, 1989.

KULKARNI, C.; WEI, K. P.; LE, H.; CHIA, D.; PAPADOPOULOS, K.; CHENG, J.; KOLLER, D.; KLEMMER, S. R. Peer and self assessment in massive online classes. **ACM Transacations on Computer-Human Interaction**, v. 20, n. 6, p. 1-31, 2013. DOI: https: //doi.org/10.1145/2505057.

MATHWORKS. **Live scripts and functions**. 2022. Disponível em: https://www.mathworks.com/help/matlab/live-scripts-and-functions.html. Acesso em: 2 maio 2022.

MOREIRA, M. A. Aprendizagem significativa em mapas conceituais. **Textos de Apoio ao Professor de Física**, Porto Alegre: UFRGS, Instituto de Fisica, v. 24, n. 6, 2013. Disponível em: http://www.if.ufrgs.br/public/tapf/v24_n6_moreira.pdf. Acesso em: 2 jun. 2022.

PELIZZARI, A.; KRIEGL, M. L.; BARON, M. P.; FINCK, N. T. L.; DOROCINSKI, S. I. Teoria da aprendizagem significativa segundo Ausubel. **Revista PEC**, v. 2, n. 1, p. 37-42, 2002.

TOPPING, K. Peer assessment between students in colleges and universities. **Review of Educational Research**, v. 68, n. 3, p. 249-276, 1998. DOI: https://doi.org/10.3102%2F00346543068003249.

VALADARES, J. A teoria da aprendizagem significativa como teoria construtivista. **Aprendizagem Significativa em Revista**, v. 1, n. 1, p. 36-57, 2011. Disponível em: http://www.if.ufrgs.br/asr/artigos/Artigo_ID4/v1_n1_a2011.pdf. Acesso em: 2 jun. 2022.

Capítulo 8

Práticas de ensino remoto da robótica utilizando simuladores: estudos de caso com minicurso prático e competição de equipes

Filipe Augusto Santos Rocha
Wenderson Gustavo Serrantola
Jacó Dias Domingues
Gustavo Medeiros Freitas

8.1 Introdução

A engenharia é um campo essencialmente prático, uma vez que é função do engenheiro elaborar sistemas que atuem no mundo real. Esse profissional deve ser capaz de concatenar os conceitos assimilados durante o curso com problemas reais, elaborando métodos que interagem com o meio físico por meio das ferramentas e tecnologias vigentes mais adequadas. Portanto, o ensino da Engenharia requer atividades práticas para a efetiva formação do futuro engenheiro (Potkonjak *et al.*, 2016).

As aulas em laboratório/campo são eficazes em fomentar a associação entre teoria e prática (Wood, 2008). Durante a pandemia de covid-19, o foco dos debates pedagógicos mudou de "em que contexto se deve utilizar tecnologias remotas?" para "qual é a melhor ferramenta para cada modalidade educacional?" (Daniela; Visvizi, 2021). No entanto, o ensino remoto na Engenharia requer a organização adequada de material e ferramentas, além de um ambiente de comunicação integrado entre alunos e professores, que torna não trivial a realização de atividades práticas da Engenharia em ambientes remotos (Gomes; Silva; Teixeira, 2020).

Como ferramenta viável, os simuladores disponibilizam elementos virtuais que, se configurados com certo grau de rigor, comportam-se de modo semelhante a seus respectivos sistemas reais (Teixeira; Housell, 2018). Esses podem então substituir elementos físicos em aulas experimentais ou trabalhos práticos. De fato, os simuladores são extensamente utilizados no ensino da Engenharia.

Como exemplo, Parreira *et al.* (2021) substituem os microcontroladores e outros eletrônicos por componentes simulados na disciplina de Sistemas Embarcados. Dinis *et al.* (2017) utilizam simuladores e realidade virtual para estimular alunos de Engenharia Civil ao situá-los em ambientes virtuais representativos (*e.g.*, um canteiro de obras). Cañas *et al.* (2020a) apresentam um curso completo de robótica aérea autônoma utilizando o simulador Gazebo na RoboticsAcademy, que é uma plataforma aberta de aprendizado de robótica a distância em cursos de Engenharia. Outra iniciativa apresentada em Nascimento *et al.* (2021) propõe um *framework* de aprendizado, utilizando ambiente simulado para robótica educacional, denominado sBotics.

Além desses, os projetos educacionais de larga escala para o fomento das ciências exatas buscam incorporar simuladores em suas atividades, como a iniciativa europeia RoboSTEAM (Conde *et al.*, 2020). Mais exemplos de laboratórios virtuais no ensino da Engenharia, Ciência e Tecnologia podem ser encontrados em Potkonjak *et al.* (2016).

Com a atual eficiência dos algoritmos e o avanço tecnológico dos hardwares, mesmo computadores modestos podem ser capazes de executar satisfatoriamente os softwares de simulação robótica. Logo, é viável que o discente execute tais simuladores em sua máquina pessoal, em sua própria residência, e de maneira irrestrita a um sistema robótico virtual de alto padrão. O professor pode então exemplificar conceitos teóricos ou propor trabalhos práticos em ambientes simulados preparados a priori. Essa metodologia é geralmente apreciada pelos alunos, aumentando o engajamento na disciplina (Tselegkaridis; Sapounidis, 2021). Além disso, a competência de desenvolver simulações é, em si, valorizada por recrutadores, constituindo um elemento importante na formação dos futuros engenheiros.

Considerando o cenário exposto, este capítulo apresenta práticas no ensino remoto da engenharia de robôs utilizando simuladores. O intuito é vislumbrar novas possibilidades pedagógicas a distância por meio da descrição de eventos concretizados nesse âmbito. A primeira prática apresentada consiste em um minicurso remoto em que os alunos aprenderam a usar o simulador CoppeliaSim ao modelar o robô móvel Curiosity da NASA. O segundo evento foi o ROSI Challenge, uma competição em equipes, realizada de maneira virtual em simulador, para a implementação de capacidades autônomas em robô móvel industrial. As reações dos participantes a ambos os eventos demonstraram que as práticas simuladas aumentam o interesse dos discentes pela área de robótica, facilitando a assimilação do conteúdo ministrado, além de desenvolverem outras habilidades dos participantes.

O restante deste capítulo é organizado da seguinte maneira. A Seção 8.2 apresenta trabalhos similares na literatura que são pertinentes por utilizarem simuladores no ensino da engenharia robótica. A Seção 8.3 apresenta o simulador CoppeliaSim, software de simulação utilizado. A Seção 8.4 apresenta a experiência prévia dos autores com métodos pedagógicos utilizando simuladores, além de dois estudos de caso: o Laboratório Virtual de Robótica e o ROSI Challenge. Por fim, a Seção 8.5 apresenta as considerações finais deste capítulo.

8.2 Trabalhos relacionados

Os simuladores são largamente difundidos no projeto e ensino da engenharia de robôs. Assim, esta seção aborda trabalhos que utilizam esse recurso para incrementar atividades pedagógicas em Engenharia, presenciais e a distância. A disciplina Laboratório de Projeto III do curso de Engenharia de Sistemas da Universidade Federal de Minas Gerais (UFMG) utiliza a metodologia de Aprendizagem

Baseada em Projeto (ABPj). São aplicadas técnicas correntes de gestão de projetos para a prototipagem do software e hardware de um guindaste em escala reduzida para o transporte de uma moeda como elemento de carga (Nésio; Freitas; Freitas, 2020). Devido à necessidade do ensino remoto iniciado pela pandemia em 2020, a disciplina substituiu a construção física do guindaste, pela modelagem no simulador CoppeliaSim. A nova abordagem viabilizou a continuidade das aulas, além de permitir o projeto de tarefas mais complexas em ambientes similares aos de plantas industriais, por exemplo, usar a estrutura no carregamento de contêineres em navios. Além disso, a disciplina proporcionou a vários alunos um primeiro contato com programas de CAD (*Computer Aided Design*) e simuladores, ferramentas muito utilizadas no dia a dia de um engenheiro.

Cañas *et al.* (2020a) propõem o ensino da robótica por meio do paradigma "aprenda fazendo". Os discentes aprendem teorias de inteligência robótica e as aplicam em diversas tarefas práticas utilizando robôs simulados. O arcabouço de programação envolve o *Robot Operating System* (ROS), o simulador Gazebo e algoritmos em Python. O curso disponibiliza os modelos virtuais dos robôs prontos, além da interface desses com códigos base do ROS implementados a priori. O intuito é que os alunos foquem apenas a camada mais elevada de inteligência e comportamento do robô, não se envolvendo com configurações do simulador ou habilitação do *middleware*. O modelo proposto foi testado com mais de 150 alunos de cursos de graduação e pós-graduação. Um questionário quantitativo indica que mais da metade dos participantes consideram a experiência de aplicar conceitos teóricos da robótica em ambiente simulado como muito boa/excelente.

Costa, Rossetti e Sousa (2017) utilizam simuladores para promover competições de carros autônomos em disciplina do curso de mestrado da Faculdade de Engenharia da Universidade do Porto. Os autores se baseiam no Gazebo e ROS para disponibilizarem um ambiente virtual inspirado em um desafio real proposto pela Sociedade Portuguesa de Robótica (SPR). O formato de trabalho em competição aumentou o entusiasmo dos alunos, estimulando a solução de desafios encontrados em problemas práticos.

Teixeira e Hounsell (2018) propõem o uso do simulador CoppeliaSim aliado a Modos de Treinamento (MT) em disciplina introdutória de Robótica. A metodologia MT foca o aprendizado por atividade prática com intervenção gradualmente decrescente do professor. O simulador apresenta conceitos teóricos de braços robóticos, permitindo aos alunos visualizarem e interagirem com instâncias de conceitos como volume de trabalho, cinemática direta, etc. Os discentes reagiram positivamente ao método, concordando com a adequação do roteiro experimental e da ferramenta no ensino da Robótica. Uma revisão mais detalhada sobre o uso de simuladores no ensino da robótica pode ser encontrada em Tselegkaridis e Sapounidis (2021).

Em estudo prévio dos autores deste capítulo (Lima *et al.*, 2018), o simulador CoppeliaSim foi utilizado em atividades práticas de duas disciplinas presenciais na Universidade Federal de Ouro Preto (UFOP). Os discentes se basearam em modelos simulados preparados *a priori* para programarem conceitos teóricos de robótica em equipamentos virtuais (a Subseção 8.4.1 apresenta mais detalhes desse trabalho). No geral, os alunos concordaram que o uso de simuladores em atividades práticas desperta a atenção para a disciplina de Robótica e auxilia na assimilação do conteúdo teórico.

O presente capítulo estende o trabalho anterior ao apresentar práticas de ensino remotas utilizando simuladores em que os discentes: i) aprendem a utilizar o CoppeliaSim, implementando suas próprias simulações customizadas; ii) desenvolvem habilidades técnicas e colaborativas ao participarem de uma competição de robótica com alto grau de complexidade da tarefa proposta.

8.3 Ferramentas de simulação robótica

Os simuladores robóticos vêm desempenhando papel essencial na pesquisa de novas tecnologias robóticas como uma poderosa ferramenta de teste de eficiência, segurança, novos conceitos e robustez dos algoritmos desenvolvidos para os robôs em um ambiente seguro e controlável, evitando danos às plataformas robóticas e outros objetos. Outro recurso interessante é a portabilidade do código de uma plataforma simulada para uma real, garantindo assim que algoritmos desenvolvidos possam ser transferidos aos robôs reais com pouca ou nenhuma alteração necessária (Andrews; Stepney; Timmis, 2012; Noori *et al.*, 2017).

Devido a essas necessidades, muitos simuladores comerciais e de código aberto foram desenvolvidos. Cada ambiente de simulação oferece desempenho, detalhes do modelo e recursos integrados diferentes, os quais podem afetar diretamente o resultado de um estudo baseado em simulação. Desse modo, a escolha de um simulador adequado é importante nas atividades robóticas (Pitonakova *et al.*, 2018).

8.3.1 Plataformas de simulação robótica

Os simuladores robóticos mais comuns buscam encapsular, em torno de motores de física[1] estabelecidos na comunidade, as ferramentas que viabilizam a modelagem de dispositivos robóticos. Tais ferramentas são as principais diferenças entre os atuais simuladores.

Diversos artigos foram publicados comparando essas diferentes ferramentas e seus respectivos simuladores. Nogueira (2014) compara os simuladores CoppeliaSim e Gazebo, avaliando os pontos fortes e fracos, além da facilidade de integração com o *framework* ROS. Noori *et al.* (2017) compararam em detalhe os simuladores MORSE e Gazebo com a utilização do *framework* ROS. Pitonakova *et al.* (2018) compararam as características e performance de três simuladores: CoppeliaSim, Gazebo e ARGoS.

[1] Software que fornece uma simulação aproximada de alguns sistemas físicos, como dinâmica de um corpo rígido, dinâmica de um corpo flexível e dinâmica dos fluidos.

O ROS é um metassistema operacional para a programação de robôs, i.e., disponibiliza uma infraestrutura para a execução e intercomunicação entre aplicações de alto nível e dispositivos físicos (hardware), sendo executado, porém, sobre um outro sistema operacional base (e.g., Linux). O ROS facilita a programação e o reaproveitamento de código no desenvolvimento de robôs, sendo há anos o padrão de programação na comunidade científica robótica e recebendo crescente atenção em práticas educacionais (Cañas *et al.*, 2020b). Uma vez que as práticas de ensino apresentadas neste capítulo utilizam o simulador CoppeliaSim, a Subseção 8.3.2 se aprofunda nesse simulador, apresentando suas principais ferramentas e funcionalidades.

8.3.2 CoppeliaSim

O CoppeliaSim[2] (anteriormente nomeado V-REP) é um simulador robótico desenvolvido pela empresa Coppelia Robotics, amplamente utilizado na indústria, educação e pesquisa. Algumas de suas principais aplicações são: simulação de sistemas de automação fabril, monitoramento remoto, controle de hardware, prototipagem e verificação rápida, monitoramento de segurança, desenvolvimento rápido de algoritmo, educação relacionada à robótica, apresentação de produto, entre outros. A Figura 8.1 demonstra a interface de usuário do CoppeliaSim.

Esse simulador possui três tipos de licença para utilização: i) licença *player*, gratuita, com restrições de funções de edição de modelos; ii) licença *edu* (educacional), gratuita e completa para uso educacional; iii) licença *pro*, paga e completa com direito a uso comercial. É possível utilizar o CoppeliaSim nos sistemas operacionais Linux, Mac e Windows, não sendo necessária nenhuma modificação no modelo/cena para sua reutilização em qualquer um dos sistemas suportados.

Outra grande vantagem consiste em suas ferramentas de edição de cena, carregamento de modelos 3D e manipulação de malhas, que permitem uma fácil edição do robô/modelo. A ferramenta de manipulação de malhas permite, além da

[2] CoppeliaSim. Disponível em: https://www.coppeliarobotics.com/.

Figura 8.1 – Interface do CoppeliaSim, juntamente com alguns modelos/objetos disponibilizados em sua biblioteca.

criação de novas malhas, a manipulação de partes individuais de um modelo importado permitindo alterar suas texturas, materiais, entre outras propriedades.

O CoppeliaSim possui uma extensa e variada biblioteca de modelos robóticos, incluindo manipuladores de diversas arquiteturas, robôs bípedes, hexápodes, com rodas, aéreos e semelhantes a cobras, além de atuadores e sensores robóticos. Por fim, sua capacidade de permitir diferentes linguagens de programação e sua fácil integração com outros sistemas robóticos geram um importante ganho de tempo na criação do modelo/cena.

O simulador atualmente suporta quatro motores de física diferentes, três *open sources*: Bullet physics library, Open Dynamics Engine (ODE) e Newton Dynamics e um pago Vortex Studio. É possível, a qualquer momento, uma rápida alteração entre os motores de física pelo usuário. A razão para essa diversidade é que a simulação de física é uma tarefa complexa, que pode ser alcançada com vários graus de precisão, velocidade ou com suporte de diversos recursos.

8.3.3 Ambiente de programação do CoppeliaSim

No CoppeliaSim, a simulação pode ser dividida em três principais componentes: objetos de cena, módulos de cálculo e mecanismos de interação. Os objetos da cena são os principais elementos utilizados para a criação de uma cena de simulação, e sua construção segue o conceito de blocos elementares organizados hierarquicamente. Assim, cada objeto tem uma posição e orientação dentro da cena, podendo ser anexado a outros objetos ou construídos uns sobre os outros.

Os objetos de cena raramente são utilizados separados, usualmente operando em conjunto com outros objetos de cena (*e.g.*, um sensor de proximidade). Além disso, o CoppeliaSim possui cinco algoritmos básicos (denominados de módulos de cálculo) que podem operar diretamente em um ou vários objetos de cena, além de poderem ser combinados entre si (Freese *et al.*, 2010). Os módulos de cálculo são: *Collision detection*; *Minimum distance calculation*; *Forward/Inverse kinematics*; *Path/Motion planning*; e *Dynamics/Physics*.

O CoppeliaSim possui um ambiente de desenvolvimento integrado e baseado em arquitetura de controle distribuída, ou seja, cada objeto/modelo pode ser controlado individualmente por meio dos mecanismos de interação. O *script* embutido permite personalizar um objeto de cena, uma cena de simulação, ou até mesmo o próprio simulador, e representa a característica mais poderosa e distinta do CoppeliaSim. Os *plugins* e os *add-ons* são utilizados como uma ferramenta de personalização, permitindo estender as funcionalidades básicas do simulador por meio de funções escritas pelo usuário. A API (*Application Programming Interface*) remota é uma das várias maneiras pelas quais um aplicativo externo, ou seja, um aplicativo em execução em um processo diferente ou em uma máquina diferente, pode interagir com o CoppeliaSim ou com a simulação. A API remota pode ser implementada em diferentes linguagens de programação, entre eles C/C++, Python, Java, Matlab, Octave e Lua. Por fim, as interfaces ROS e Bluezero permitem a integração do simulador com o nós do ROS e o software BlueZero (B0), respectivamente.

8.4 Estudos de caso

Esta seção apresenta as duas práticas de ensino remoto propostas neste capítulo: i) o Laboratório Virtual de Robótica (LVR); e ii) o ROSI Challenge. Em formato de aula expositiva online, o LVR tem como objetivo ensinar aos alunos o uso do simulador CoppeliaSim por meio de implementação prática guiada de um modelo robótico relevante de alto padrão. Já o ROSI Challenge possui formato de competição, com o objetivo de fomentar o interesse e o desenvolvimento técnico dos participantes na área de robótica por meio da resolução de tarefas industriais complexas.

8.4.1 Experiências prévias em sala de aula

Os autores deste capítulo propuseram em Lima *et al.* (2018) a utilização de simuladores robóticos em atividades de sala de aula, nas disciplinas de graduação de Elementos de Robótica e Robótica Móvel ministradas na UFOP entre 2017 e 2018, como forma de suporte às aulas teóricas.

Os dispositivos robóticos de alto desempenho geralmente apresentam custos elevados. Aliando isso à realidade financeira das universidades públicas do Brasil, grande parte das instituições não consegue adquirir equipamentos a fim de enriquecer a experiência didática. Dessa forma, o ensino da robótica acaba se restringindo aos conceitos teóricos, tendo como resultado egressos com pouca ou nenhuma experiência prática.

Buscando amenizar essa situação, a solução adotada consistiu na utilização de ferramentas computacionais, no caso o CoppeliaSim integrado ao ROS, emulando a interação com dispositivos robóticos reais. Para tal, foram propostas duas práticas, aplicadas no formato de trabalho prático, demandando que os alunos apliquem em simulação conceitos teóricos das disciplinas, desenvolvendo assim seus conhecimentos de programação.

A primeira prática foi aplicada na disciplina Elementos de Robótica, com os alunos programando um manipulador robótico utilizando o ROS, com o objetivo de empurrar e derrubar cinco caixas presentes no cenário virtual implementado no CoppeliaSim, evitando colisões com os demais objetos do ambiente (Figura 8.2a). Nessa prática, foi utilizado o robô IRB 4600 da ABB, um manipulador industrial antropomórfico previamente disponibilizado no CoppeliaSim.

A segunda prática foi implementada na disciplina de Robótica Móvel, com os alunos programando robôs móveis utilizando o ROS para uma competição. Navegando em um cenário virtual implementado no CoppeliaSim (Figura 8.2b), os robôs deviam detectar caixas e derrubá-las de uma arena suspensa, sem que os dispositivos móveis saiam da arena. O robô que marcar mais pontos derrubando caixas ou empurrando o oponente para fora da arena é o vencedor. Para a competição realizada em sala de aula (Figura 8.2c), foram utilizados robôs virtuais Pioneer 3-DX, também previamente disponibilizados no CoppeliaSim.

Ao término das disciplinas, os estudantes responderam um questionário sobre o ambiente de simulação desenvolvido utilizando CoppeliaSim e ROS, buscando avaliar as contribuições dessas ferramentas para uma maior absorção do conteúdo teórico ministrado. Com base nas respostas, é possível concluir que o uso de simuladores despertou o interesse dos alunos, permitindo consolidar os conceitos teóricos lecionados em sala de aula. Foi possível observar também que a utilização de simuladores pode trazer benefícios significativos ao processo de aprendizagem dos estudantes, sendo uma alternativa efetiva para amenizar as dificuldades das universidades públicas brasileiras na aquisição de dispositivos robóticos.

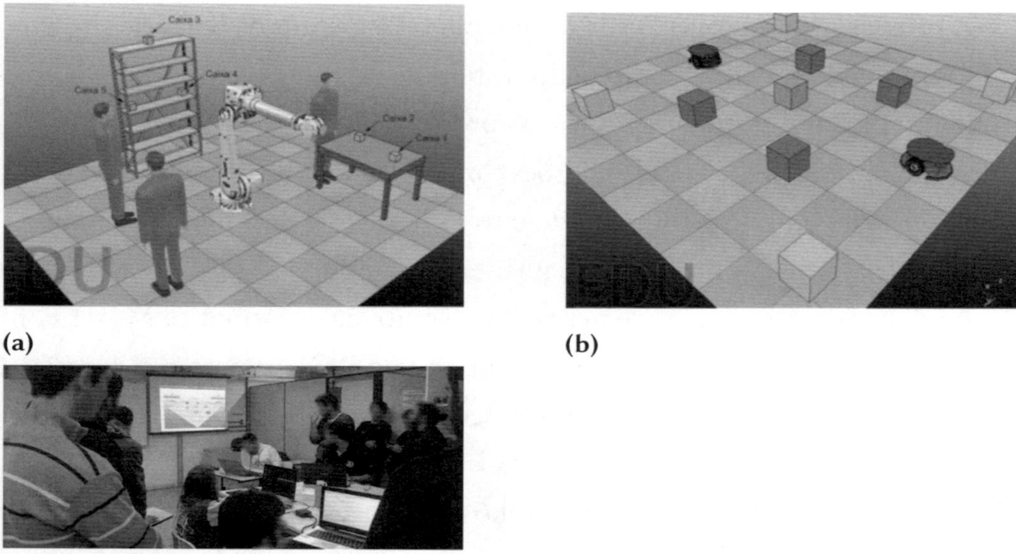

(a) (b) (c)

Figura 8.2 – Cenários virtuais implementados no CoppeliaSim utilizados em práticas das disciplinas de (a) Elementos de Robótica e (b) Robótica Móvel da UFOP; (c) realização da competição de robôs móveis em sala de aula.

Fonte: Lima *et al.* (2018).

8.4.2 Laboratório Virtual de Robótica

O Laboratório Virtual de Robótica (LVR) é um curso que habilita o aluno a implementar projetos robóticos customizados em simulação, tendo como público-alvo discentes de graduação e pós-graduação. O objetivo é habilitar o aluno a compreender um projeto robótico real, implementar seu modelo dinâmico virtual no CoppeliaSim e habilitá-lo a nível de programação com ferramentas estado da arte (*e.g.* Matlab©, Python e ROS).

Sendo baseado em projeto, o curso ensina a usabilidade e conceitos do simulador por meio de exposição teórica gradual concomitante à realização de um novo modelo robótico simulado. O professor acompanha os alunos durante a implementação, demonstrando o passo a passo da criação do modelo, expondo em cada etapa os conceitos teóricos e paradigmas envolvidos. Ao final, é esperado que o aluno seja capaz de extrapolar o conhecimento adquirido ao criar modelos para uma plataforma robótica qualquer.

O LVR aconteceu no formato de minicurso online durante o Simpósio Brasileiro de Automação Inteligente (SBAI) de 2021, na cidade de Ouro Preto (MG). Participaram daquela edição, durante as oito horas de aula, dezoito alunos.

Durante o minicurso foi proposta a modelagem do *rover* Curiosity[3] (Figura 8.3a), robô móvel da Agência Espacial Norte-Americana (NASA – National Aeronautics and Space Administration) que explora desde 2012 a superfície de Marte. O Curiosity é um robô de grande porte, pesando cerca de 900 kg distribuídos em dimensões de 2,9 m × 2,7 m × 2,2 m. A plataforma possui nove rodas, sendo quatro esterçáveis, instaladas sob suspensões ativas com múltiplas articulações. Além disto, há dois braços manipuladores, sendo um com quatro graus de liberdade instalado à frente do chassi, e outro com três graus de liberdade, localizados na parte superior com os braços carregando sensores, câmeras e atuadores. Todas essas características fazem do Curiosity uma plataforma relevante e complexa para modelagem, requerendo que o discente desenvolva conhecimentos avançados da ferramenta de simulação.

A criação do *rover* é separada em duas etapas: modelagem e programação. Ambas as etapas buscam refletir o fluxo que se adotaria em uma modelagem genérica de protótipos robóticos no CoppeliaSim.

Na etapa de modelagem, os alunos baixam, do repositório oficial da NASA, os arquivos CAD (do inglês, *Computer Aided Design*) do projeto original do Curiosity.[4] Esses são arquivos de malhas tridimensionais, similares aos obtidos em projetos construtivos de robótica usando as ferramentas CAD mais recentes. Os arquivos são importados no CoppeliaSim como sólidos tridimensionais, denominados como peças. O primeiro cuidado dos alunos é posicionar cada peça cor-

[3] *Rover* Curiosity. Disponível em: https://mars.nasa.gov/msl/home/.

[4] NASA. Disponível em: https://nasa3d.arc.nasa.gov/detail/mars-rover-curiosity/.

retamente por meio de coordenadas de posição 3D e ângulos de Euler. Os valores adequados para a pose de cada componente são disponibilizados *a priori* pelo material do curso.

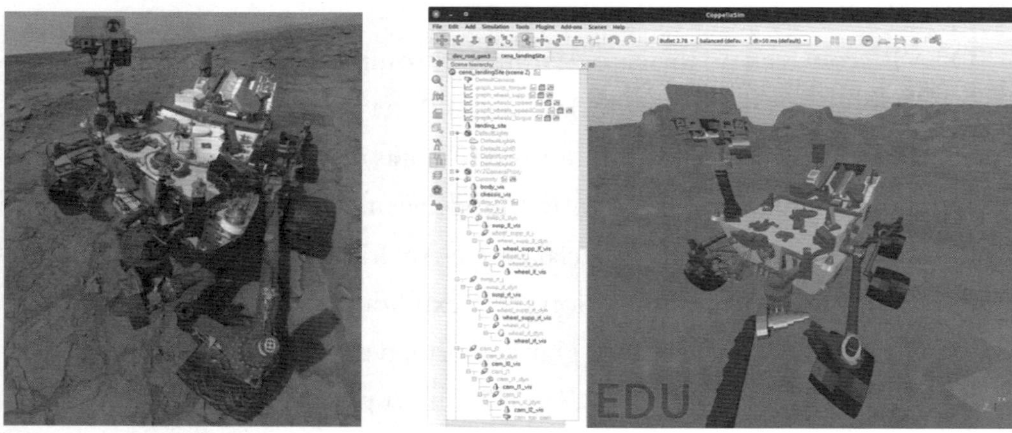

(a) (b)

Figura 8.3 – (a) *Selfie* do *rover* Curiosity explorando a superfície de Marte; (b) modelo do *rover* implementado no CoppeliaSim durante o LVR.

Fonte: (a) Welch, Limonadi e Manning (2013); (b) arquivo dos autores.

O projeto original do Curiosity é complexo em termos de representação tridimensional. Entretanto, o motor de física utilizado (Bullet 2.78) funciona mais eficientemente se os elementos simulados são volumes simplificados (*e.g.*, compostos por retângulos, esferas, cilindros, etc.). Assim, os alunos aprendem como gerar sólidos mais simples representativos de cada peça importada. Essas novas peças são habilitadas dinamicamente, *i.e.*, recebendo atributos de massa, inércia, atrito, colisão etc. Os objetos dinâmicos são então interconectados sistematicamente por meio de juntas prismáticas e rotacionais. As ligações seguem a hierarquia de montagem do Curiosity real, sendo todas as cadeias cinemáticas partindo do chassi e indo até cada elemento final (*e.g.*, as rodas ao final das suspensões, os sensores ao final dos braços manipuladores). A cada junta é atribuído um valor de torque máximo aplicável, emulando assim a limitação de motores reais.

Ao final da primeira etapa, o modelo é coeso, *i.e.*, comportando-se como uma única plataforma robótica com diversas peças e partes móveis (Figura 8.3b). Assim, a segunda etapa de criação foca a programação do modelo. O aluno é habilitado a interagir com o robô por meio de algoritmos, enviando comandos às suas juntas e obtendo leituras de seus sensores.

Três métodos de programação são apresentados no curso. O primeiro utiliza os *scripts* embutidos. Os alunos aprendem a obter entradas de tecla no console do simulador e a convertê-las em comandos de velocidade das juntas de tração do *rover*, sendo possível controlar o robô usando o teclado.

O segundo método usa um *script* em Python conectado ao simulador através da API. Os alunos aprendem a habilitar a API remota do CoppeliaSim e a escrever um código em Python que se comunica com a interface.

O último método de programação apresentado utiliza ROS. Os alunos aprendem a conectar o CoppeliaSim no ROS, criando então nós que trocam dados com o modelo virtual. É ensinado como enviar comandos de tração ao *rover* a partir de comandos de teclado, além de obter dados de um acelerômetro virtual acoplado ao chassi do robô.

Em termos de material didático, o LVR explora os recursos informáticos disponíveis. Com o curso baseado na realização de um modelo específico, a prática utiliza somente um conjunto restrito de funcionalidades do simulador. Assim, a primeira etapa consiste em uma rápida apresentação sobre o CoppeliaSim e suas características gerais.

A partir dessa etapa, durante a implementação do modelo (parte majoritária do curso), uma apostila digital em formato de site oferece suporte ao curso, descrevendo o passo a passo das tarefas a serem executadas. O material online organiza o conteúdo em seções, complementando a explanação verbal e visual do professor por meio de elementos textuais expositivos e descritivos, imagens, vídeos, algoritmos, equações, links, arquivos para download etc. A linguagem é objetiva, construindo gradativamente o vocabulário técnico, favorecendo o acesso por iniciantes da robótica, mas ao mesmo tempo sendo menos formal, buscando assim incitar o interesse dos alunos mais jovens e/ou de outras áreas.

Ao final do LVR, um questionário em Escala de Likert proposto aos alunos mensurou suas reações quanto ao formato do curso (Figura 8.4).

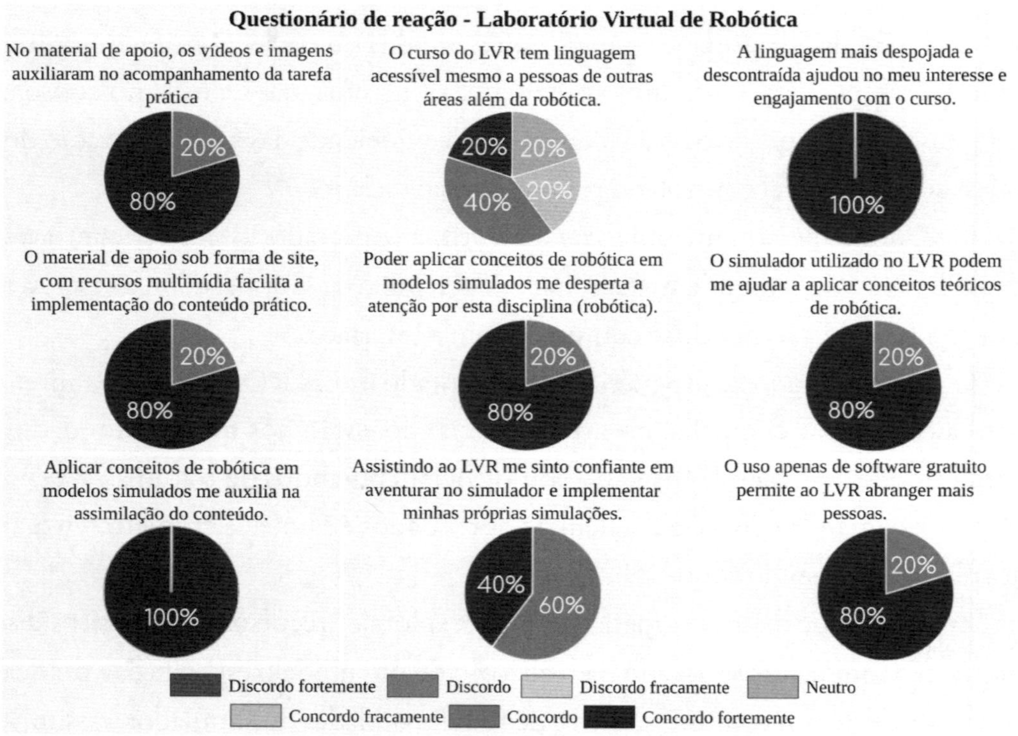

Figura 8.4 – Resultado do questionário de reação do Laboratório Virtual de Robótica em Escala de Likert.

Fonte: dados da pesquisa.

Os participantes concordaram que o material interativo de apoio auxiliou no desenvolvimento das tarefas propostas. Sendo autocontido, o conteúdo online detalha cada etapa da implementação, podendo ser inclusive utilizado sozinho para o acompanhamento das tarefas. Os alunos também se mostraram receptivos a uma linguagem (tanto verbal, quanto escrita) mais descontraída, mas ainda assim mantendo o rigor técnico. Considerando a extensão do curso (oito horas ininterruptas), tal estratégia contribuiu no engajamento dos alunos. Em termos de ensino, os participantes concordaram que instanciar conceitos da robótica em modelos simulados desperta sua atenção, além de contribuir na assimilação de conteúdo. Deveras, o aprendizado é mais eficaz quando teoria e prática são aliadas. Nesse âmbito, os modelos robóticos simulados permitem a experimentação de conceitos teóricos de forma visual e espacial em equipamentos virtuais, *i.e.*, o aluno tem à disposição uma ferramenta para testar e explorar o que é aprendido em sala de aula.

8.4.3 ROSI Challenge

O ROSI Challenge[5] é um desafio em equipes para a programação de funcionalidades autônomas em um robô móvel simulado operando em ambiente industrial. Na edição de 2019, 27 equipes, de diversas regiões do Brasil, se inscreveram para participar do desafio. Todas as etapas ocorreram de forma remota, com os competidores desenvolvendo suas soluções e as enviando para avaliação por parte de uma banca. A apresentação dos resultados finais, com presença facultativa dos competidores, ocorreu durante o XIV Simpósio Brasileiro de Automação Inteligente (SBAI 2019), na cidade de Ouro Preto. Contando com o apoio de patrocinadores, o desafio ofereceu ajuda de custo para as equipes assistirem à final de forma presencial, além de premiação em dinheiro aos vencedores.

A plataforma robótica, objeto da competição, foi o ROSI (robô para serviços de inspeção), demonstrado na Figura 8.5a. Esse robô pertence à mineradora Vale S.A., tendo sido projetado e construído pelo Instituto Tecnológico Vale (ITV) em parceria com o Grupo de Simulação e Controle em Automação e Robótica (GSCAR – COPPE/UFRJ).

[5] ROSI Challenge. Disponível em: http://www.sbai2019.com.br/rosi-challenge/.

(a) (b)

Figura 8.5 – (a) Protótipo do ROSI ao lado de um transportador de correia; (b) modelo simulado do ROSI durante a competição inspecionando um equipamento em fogo.

O ROSI é um robô móvel terrestre com sistema de locomoção híbrido e reconfigurável: quatro rodas permitem à plataforma se locomover por terrenos planos, enquanto quatro braços rotacionais com esteiras colaboram na transposição de obstáculos e terrenos acidentados (Rocha *et al.*, 2021). Um braço manipulador antropomórfico embarcado transporta em seu punho um conjunto de sensores para realizar coletas em campo. O robô pesa cerca de 70 kg, com dimensões de 0,89 m × 0,67 m × 0,62 m.

Um dos objetivos do ROSI é inspecionar transportadores de correia (TC), que são equipamentos logístico de grande extensão, comuns na indústria mineral para o transporte contínuo de material granulado. Tais estruturas são comumente constituídas por uma base formada por pilares metálicos que suportam rolos em angulação inclinada; há uma correia de borracha, geralmente larga e de grande comprimento, que se mantém apoiada pelos rolos e é tracionada por motores; o material a ser transportado é colocado sobre e deslocado pela correia. Nesse contexto, o ROSI tem por tarefa se deslocar pelos pátios industriais, a céu aberto, com diferentes tipos de terreno, coletando dados de imagem (do espectro visível e infravermelho), som, vibração mecânica, e formas volumétricas (por meio de *lasers*) do TC (Garcia *et al.*, 2019).

Considerando esse cenário real, o Challenge propôs aos participantes a implementação de diversas tarefas autônomas em uma simulação do ROSI operando em pátio de TC no CoppeliaSim (Figura 8.5b). O intuito é que o conjunto das tarefas propostas seja representativo de uma rotina de inspeção comum.

O modelo simulado possui em sua base sensores como: um LiDAR (*Light Detection And Ranging*) 3D de dezesseis feixes; IMU (*Inertial Measurement Unit*); GPS (*Global Positioning System*); e câmera estéreo. Tais sensores são úteis principalmente para o mapeamento e localização da plataforma. Para a inspeção, há também no punho do braço manipulador embarcado: um LiDAR planar; câmera RGB; e uma ponteira ligada a um sensor de força linear (esquema para toque e medição de vibrações).

Nas etapas avaliativas de desempenho das equipes na solução da inspeção autônoma, o regulamento pontua a realização de certas tarefas e penaliza quando eventos ou ações específicos ocorrem. São propostas as tarefas de: i) adquirir imagens da lateral do TC em uma linha de visão contínua; ii) desviar de obstáculos enquanto realizando coleta contínua de imagens; iii) identificar um rolo em chamas por meio de imagens; iv) tocar o suporte metálico de um rolo identificado em chamas com a ponteira de toque; v) tocar o eixo de um rolo com a ponteira de toque; vi) subir e descer um conjunto de degraus. Além da teoria de robótica clássica, tais tarefas demandam conhecimento acerca de robótica móvel, reconhecimento de padrões, visão computacional, localização e mapeamento, entre outras áreas. Os eventos penalizantes são: i) capotamento do robô; ii) inação por período maior que um minuto; iii) saída da região de simulação; iv) toque indevido de alguma parte do robô com qualquer estrutura; v) compressão excessiva da ponteira durante o toque.

Um dos objetivos do desafio é popularizar a programação de alto nível para robôs móveis. Assim, o paradigma de solução proposto pelo Challenge visa abranger as tecnologias mais difundidas atualmente no campo da robótica e o compartilhamento de código.

As equipes implementam suas soluções no formato de pacotes do ROS. Podem ser utilizadas bibliotecas padrão disponíveis no repositório PIP do Python (*e.g.* OpenCV). Os códigos são enviados a um repositório do GitHub e, para a finalidade da competição, são inicialmente privados, com acesso somente pela comissão; entretanto, esses devem se tornar públicos ao fim do desafio por requisição do regulamento. O próprio simulador utilizado no Challenge também está disponível publicamente online. Os repositórios das equipes devem conter um arquivo de instruções claro e objetivo, indicando a estrutura do pacote ROS, instruções de instalação e modo de execução. Além disso, as equipes devem escrever seus algoritmos de maneira clara, estruturada e comentada.

Três etapas constituem o ROSI Challenge: i) pré-avaliação; ii) eliminatória; iii) final classificatória. A primeira etapa (pré-avaliação) objetiva garantir que os algoritmos implementados pelas equipes estão de acordo com o padrão da competição, não sendo uma etapa de eliminação ou classificação. A banca do desafio coleta os códigos das equipes de seus repositórios e os analisa sob os aspectos de: acesso aos arquivos; factibilidade da instalação de dependências; conformidade da estrutura do pacote ROS; correta execução no simulador; legibilidade de código; entre outros. Caso alguma inconsistência seja encontrada, as equipes recebem a descrição das inconformidades, tendo a obrigação de as corrigir antes da próxima etapa.

A segunda etapa, de caráter eliminatório, tem por objetivo selecionar dez equipes para avançarem à etapa final. Os códigos são novamente coletados pela banca, do repositório de cada equipe, em data e hora definidos. As soluções apresentadas são executadas três vezes, com o modelo do ROSI operando em ambiente representativo de um pátio de TC. Cada rodada recebe uma nota de acordo com as tarefas propostas e as penalidades descritas anteriormente. A maior nota obtida das três é considerada a pontuação da equipe nesta etapa.

A etapa final da competição é estritamente classificatória. Entre a segunda e terceira etapas, as equipes podem solicitar até sete análises de execução do código no computador oficial da competição. Nesses casos, a comissão apenas indica às equipes se o código executou corretamente, ou não. Na etapa final, as soluções das equipes são executadas novamente no ambiente de pátio de TC, variando-se (com respeito ao cenário da segunda etapa) a posição inicial da ROSI, dos obstáculos e dos rolos em chamas. Porém, todas as equipes são avaliadas sob as mesmas condições.

Na edição de 2019 do ROSI Challenge, a avaliação da etapa final ocorreu presencialmente durante o XIV SBAI. O vídeo ilustrando o melhor desempenho de cada equipe foi apresentado publicamente aos competidores (a presença das equipes era facultativa, não causando penalização em caso de ausência), à banca avaliadora composta por três membros e à plateia geral. A banca avaliou as equipes baseando-se nas tarefas propostas e penalizações dispostas no regulamento da competição. A média da pontuação de cada membro da banca foi então considerada como a nota da equipe na etapa final. Após as apresentações dos vídeos, as notas finais foram divulgadas e os vencedores presentes receberam seus prêmios.

O formato do desafio e a complexidade das tarefas exigiu das equipes um trabalho coordenado e uma comunicação constante com a organização. Os softwares e cronograma de tarefas propostos buscam refletir o padrão adotado em modalidades correntes de trabalho técnico remoto, em que normalmente há requisições de tarefas que possuem prazo para entrega. O desafio estimula assim, além dos conhecimentos técnicos em robótica teórica/prática e do uso de ferramentas online, o desenvolvimento de competências pessoais como o trabalho em equipe, segmentação de problemas e resolução gradual.

Em termos práticos, o uso do simulador viabiliza a competição em larga escala da resolução de uma tarefa robotizada industrial complexa. O ROSI é um dispositivo robótico de alto custo, sendo impraticável disponibilizar um hardware a cada equipe. Porém, com o modelo simulado, cada competidor tem acesso irrestrito a uma versão virtual do robô. O simulador foi concebido para ser similar ao protótipo em termos dinâmicos, funcional e de programação. A interface ROS do modelo simulado é compatível com a do robô real, *i.e.*, os códigos podem ser diretamente adaptados ao protótipo. Além disso, a cena de simulação apresenta diferentes desafios encontrados em um pátio industrial. Assim, a complexidade dos problemas propostos pelo ROSI Challenge é similar à experiência encontrada no desenvolvimento de tecnologia no mercado de trabalho.

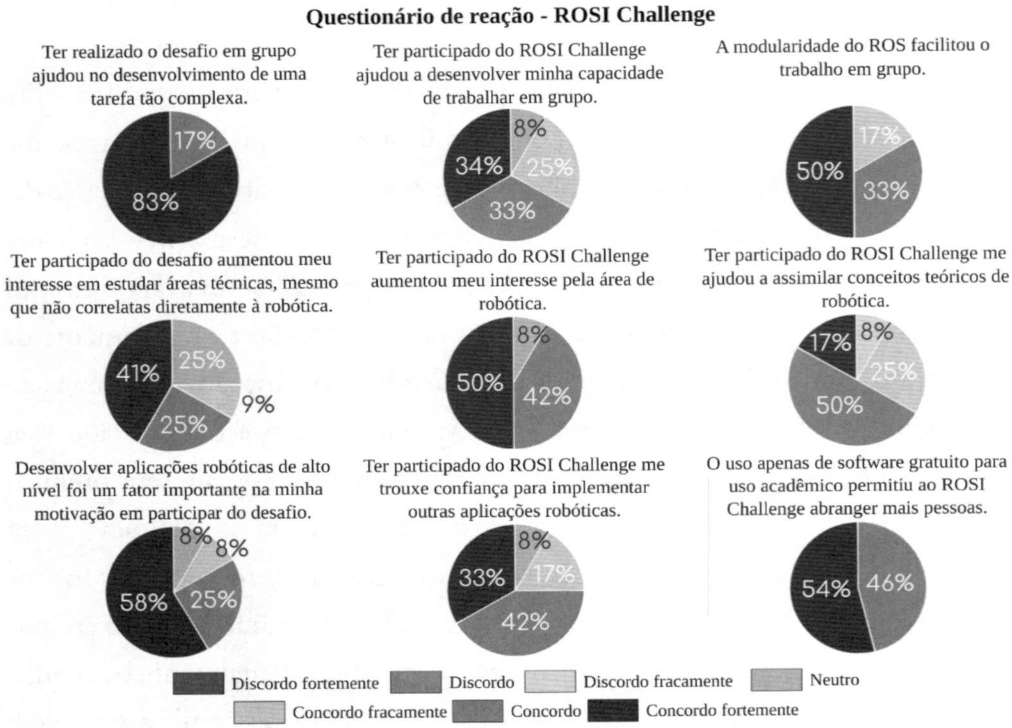

Figura 8.6 – Resultado do questionário de reação do ROSI Challenge em Escala de Likert.

Fonte: dados da pesquisa.

Um questionário em Escala de Likert proposto aos competidores mediu suas reações quanto ao formato do desafio (Figura 8.6). Os participantes concordaram fortemente que trabalhar em grupo auxiliou no cumprimento de uma tarefa complexa, e em seu próprio desenvolvimento pessoal quanto ao trabalho em equipe. A utilização do ROS, que requer em sua filosofia uma construção modular das funcionalidades, também foi vista como benéfica com respeito ao desenvolvimento por diversas pessoas em paralelo. A alta complexidade da tarefa do desafio, em si, também foi vista como um fator motivacional. Aparentemente, implementar uma aplicação de alto nível para fins realistas, mesmo que em ambiente simulado, suscita o engajamento dos participantes.

Ainda em relação às respostas obtidas dos competidores, esses também concordaram que o desafio aumentou seu interesse pela área de robótica e afins. Mais uma vez, aliar a teoria adquirida a uma aplicação prática se sugere como um método eficaz de ensino e aprendizado. Além disso, a oportunidade de aplicar os conhecimentos em uma competição de larga escala e visibilidade aumentou a confiança dos competidores quanto às suas próprias capacidades na solução e desenvolvimento de outras aplicações robóticas. Assim, é sugerido que o modelo de competição adotado – com uma tarefa grande e complexa, a ser executada por um grupo num determinado prazo, utilizando ferramentas de simulação e programação estado da arte – contribuiu não somente no desenvolvimento técnico dos participantes, como também em qualidades como maior engajamento sobre o objeto de trabalho, confiança técnica e capacidade de trabalho em equipe.

8.5 Considerações finais

O presente capítulo contribui nas práticas remotas de ensino da Engenharia ao apresentar ferramentas e dois estudos de caso em que simuladores viabilizaram atividades a distância de ensino da robótica. O capítulo apresenta uma revisão sobre os simuladores de robôs estado da arte disponíveis, aprofundando nas características e funcionalidades do CoppeliaSim, software escolhido para as atividades remotas apresentadas. O primeiro estudo de caso ponderou sobre um minicurso online que visou ensinar aos discentes o uso e modelagem de plataformas robóticas no CoppeliaSim. O professor aliou, gradual e paralelamente, a explanação teórica com implementação prática, utilizando de conteúdo interativo online como material de apoio. Os alunos concordaram que o método proposto contribuiu na assimilação do conteúdo aprendido, além de encorajá-los a realizarem suas próprias simulações e, em outro nível, motivá-los no estudo da robótica.

O segundo estudo de caso apresentado compreende um desafio em equipes para a programação, em ambiente simulado, de uma plataforma móvel terrestre para a inspeção de equipamentos industriais. Em formato totalmente remoto, o uso de simulador permitiu a participação de diversas equipes de todo o país, que tinham à disposição um modelo virtual representativo de um protótipo real. Os participantes indicaram que o uso de simulador contribuiu na assimilação de conteúdo e motivação quanto à temática de robótica. Além disso, o desenvolvimento de uma tarefa de alta complexidade em grupo estimulou, além do conhecimento técnico, qualidades de trabalho em equipe, segmentação de tarefa, busca de soluções, entre outras.

Além dos benefícios diretamente visíveis introduzidos pelos modelos de ensino apresentados, mensurados em Escala de Likert, outros eventos indiretos reverberaram a partir da experiência dos alunos com os estudos de caso apresentados. Por exemplo, uma das equipes participantes do ROSI Challenge publicou no Congresso Brasileiro de Automática (CBA) de 2020 um artigo que descreve sua estratégia para controle do robô durante a competição (Nunes *et al.*, 2020). Assim, o desafio fomentou também a pesquisa e retorno do conhecimento para a comunidade científica. Mais recentemente, quando perguntados sobre o impacto do desafio em suas vidas, ex-participantes da competição afirmaram que a experiência na competição foi fator importante de destaque em processos seletivos de estágio, intercâmbio, e até em proposta de projeto para iniciação científica. Outros informaram que o período em que o grupo se reuniu para a realização dos códigos, além da viagem em grupo "marcante" para Ouro Preto, gerou fortes laços de amizade entre os integrantes, demonstrando inclusive o fortalecimento de relações interpessoais nutrido pelo desafio.

Ademais, a capacidade de implementar simulações e integrá-las a ambientes de programação é uma habilidade curricular relevante em si. Diversas empresas de desenvolvimento robótico e grupos de pesquisa utilizam simuladores desde a concepção de um novo projeto até o teste *a priori* de novas funcionalidades autônomas. Acredita-se que a incorporação de atividades com simuladores no ensino da Engenharia se justifica não somente por ser atrativa aos estudantes e viabilizar as atividades remotas, como também por ser elemento essencial na própria formação do Engenheiro.

Finalizando, este capítulo propôs práticas educacionais que utilizam simuladores no ensino remoto de Engenharia, além de seu amplo e diverso impacto positivo nos participantes. Os estudos de caso descritos podem ser adaptados para disciplinas acadêmicas regulares, enriquecendo ou substituindo atividades com equipamentos físicos.

Referências

ANDREWS, P. S.; STEPNEY, S.; TIMMIS, J. Simulation as a scientific instrument. *In*: 2012 WORKSHOP ON COMPLEX SYSTEMS MODELLING AND SIMULATION, 2012, Orleans. **Proceedings** [...]. Orleans, 2012, p. 1-10. Disponível em: http://www-users.cs.york.ac.uk/susan/bib/ss/nonstd/cosmos12-instr.pdf. Acesso em: 24 jun. 2022.

CAÑAS, J. M.; PERDICES, E.; GARCIA-PÉREZ, L.; FERNÁNDEZ-CONDE, J. A ROS-based open tool for intelligent robotics education. **Applied Sciences**, v. 10, n. 21, p. 7419, 2020a. DOI: https://doi.org/10.3390/app10217419.

CAÑAS, J. M.; MARTIN-MARTIN, D.; ARIAS, P.; VEGA, J.; ROLDÁN-ÁLVAREZ, D.; GARCIA-PÉREZ, L.; FERNÁNDEZ-CONDE, J. Open-source drone programming course for distance engineering education. **Electronics**, v. 9, n. 12, p. 2163, 2020b. DOI: https://doi.org/10.3390/electronics9122163.

CONDE, M. A.; RODRÍGUEZ-SEDANO, F.; FERNÁNDEZ, C.; RAMOS, M.- J.; ALVES, J.; CELIS-TENA, S.; GONÇALVES, J.; LIMA, J.; REIMANN, D.; JORMANAINEN, I.; GARCÍA-PEÑALVO, F. J. Adaption of RoboSTEAM project to the pandemic situation. *In*: INTERNATIONAL CONFERENCE ON TECHNOLOGICAL ECOSYSTEMS FOR ENHANCING MULTICULTURALITY (TEEM'20), 8., 2020, Salamanca. **Proceedings** [...]. Salamanca: ACM, 2020, p. 40-47. DOI: https://doi.org/10.1145/3434780.3436620.

COSTA, V.; ROSSETTI, R.; SOUSA, A. Simulator for teaching robotics, ROS and autonomous driving in a competitive mindset. **International Journal of Technology and**

Human Interaction (IJTHI), v. 13, n. 4, p. 19-32, 2017. Disponível em: https://ideas.repec.org/a/igg/jthi00/v13y2017i4p19-32.html. Acesso em: 24 jun. 2022.

DANIELA, L.; VISVIZI, A. **Remote learning in times of pandemic**: issues, implications and best practice. Routledge, 2021.

DINIS, F. M.; GUIMARÃES, A. S.; CARVALHO, B. R.; MARTINS, J. P. P. Virtual and augmented reality game-based applications to civil engineering education. *In*: 2017 IEEE GLOBAL ENGINEERING EDUCATION CONFERENCE (EDUCON), 2017, Athens. **Proceedings** [...]. Athens: IEEE, 2017. p. 1683-1688. DOI: https://doi.org/10.1109/EDUCON.2017.7943075.

FREESE, M.; SINGH, S.; OZAKI, F.; MATSUHIRA, N. Virtual robot experimentation platform V-REP: a versatile 3D robot simulator. *In*: ANDO, N.; BALAKIRSKY, S.; HEMKER, T.; REGGIANI, M.; VON STRYK, O. (ed.). **Simulation, Modeling, and Programming for Autonomous Robots (SIMPAR 2010)**. Berlin: Springer, 2010. p. 51-62. (Lecture Notes in Computer Science, v. 6472). DOI: https://doi.org/10.1007/978-3-642-17319-6_8.

GARCIA, G.; ROCHA, F.; TORRE, M.; SERRANTOLA, W.; LIZARRALDE, F.; FRANCA, A.; PESSIN, G.; FREITAS, G. ROSI: A novel robotic method for belt conveyor structures inspection. *In*: 2019 INTERNATIONAL CONFERENCE ON ADVANCED ROBOTICS (ICAR), 19., 2019, Belo Horizonte. **Proceedings** [...]. Belo Horizonte:IEEE, 2019. p. 326-331. DOI: https://doi.org/10.1109/ICAR46387.2019.8981561.

GOMES, A. S. A.; SILVA, J. F.; TEIXEIRA, L. R. L. Educational robotics in times of pandemic: challenges and possibilities. *In*: 2020 LATIN AMERICAN ROBOTICS SYMPOSIUM (LARS), 2020 BRAZILIAN SYMPOSIUM ON ROBOTICS (SBR), 2020 WORKSHOP ON ROBOTICS IN EDUCATION (WRE), 2020, Natal. **Proceedings** [...]. Natal: IEEE, 2020. p. 1-5. DOI: https://doi.org/10.1109/LARS/SBR/WRE51543.2020.9307145.

LIMA, A. T.; DE OLIVEIRA, I. F.; RODRIGUES, G. B.; DOMINGUES, J. D.; ROCHA, F. A. S.; FREITAS, G. M. Utilização do Robot Operating System (ROS) em conjunto com o simulador V-REP no ensino da robótica. *In*: CONGRESSO BRASILEIRO DE AUTOMÁTICA (CBA 2018), 2018, João Pessoa. **Anais** [...]. João Pessoa: SBA, 2018. Disponível em: https://www.sba.org.br/open_journal_systems/index.php/cba/article/view/149. Acesso em: 24 jun. 2022.

NASCIMENTO, L. M.; NERI, D. S.; FERREIRA, T. N.; PEREIRA, F. A.; ALBUQUERQUE, E. A. Y.; GONÇALVES, L. M. G.; SÁ, S. T. L. sBotics-gamified framework for educational robotics. **Journal of Intelligent & Robotic Systems**, v. 102, n. 1, p. 1-20, 2021. DOI: https://doi.org/10.1007/s10846-021-01364-8.

NÉSIO, R.; FREITAS, P. F.; FREITAS, G. M. Laboratório de projeto-concepção, gestão e implementação de projetos aplicados ao ensino de Engenharia de sistemas. *In*: CONGRESSO BRASILEIRO DE AUTOMÁTICA (CBA 2020), 2020, Porto Alegre. **Anais** [...]. SBA: Porto Alegre, 2020. Disponível em: https://www.sba.org.br/open_journal_systems/index.php/cba/article/view/1600. Acesso em: 24 jun. 2022.

NOGUEIRA, L. Comparative analysis between Gazebo and V-REP robotic simulators. *In*: SEMINÁRIO INTERNO DE COGNIÇÃO ARTIFICIAL (SICA 2014), 4., Campinas. **Anais** [...]. Campinas: Unicamp, 2014. Disponível em: https://faculty.dca.fee.unicamp.br/gudwin/courses/IA889/apresentacoes2014.html. Acesso em: 24 jun. 2022.

NOORI, F. M.; PORTUGAL, D.; ROCHA, R. P.; COUCEIRO, M. S. On 3D simulators for multi-robot systems in ROS: MORSE or Gazebo? *In*: 2017 IEEE INTERNATIONAL SYMPOSIUM ON SAFETY, SECURITY AND RESCUE ROBOTICS (SSRR), 2017, Shanghai. **Proceedings** [...]. Shanghai: IEEE, 2017. p. 19-24. DOI: https://doi.org/10.1109/SSRR.2017.8088134.

NUNES, A. H. D.; ARAÚJO, A. R.; ALVES, M. L. A.; REZENDE, A. M. C.; SILVA, I. B.; PIMENTA, L. C. A. Controle de robô para serviços de inspeção industrial utilizando campos vetoriais artificiais variantes no tempo. *In*: CONGRESSO BRASILEIRO DE AUTOMÁTICA (CBA 2020), 2020, Porto Alegre. **Anais** [...]. SBA: Porto Alegre, 2020. Disponível em: https://www.sba.org.br/open_journal_systems/index.php/cba/article/view/1067. Acesso em: 24 um. 2022.

PARREIRA, P. F. P.; SILVA, T. R.; NOVAIS, H. A.; SILVA LUZ, E. J.; RÊGO SEGUNDO, A. K. Laboratório virtual de sistemas embarcados: uma abordagem de ensino remoto usando softwares gratuitos. *In*: SIMPÓSIO BRASILEIRO DE AUTOMAÇÃO INTELIGENTE (SBAI 2021), 2021, Rio Grande. **Anais** [...]. SBA: Rio Grande, 2021. Disponível em: https://www.sba.org.br/open_journal_systems/index.php/sbai/article/view/2843. Acesso em: 24 out. 2022.

PITONAKOVA, L.; GIULIANI, M.; PIPE, A.; WINFIELD, A. Feature and performance comparison of the V-REP, Gazebo and ARGoS robot simulators. *In*: GIULIANI, M.; ASSAF, T.; GIANNACCINI, M. (ed.). **Towards autonomous robotic systems**. TAROS 2018. Cham: Springer, 2018. p. 357-368. (Lecture Notes in Computer Science, vol. 10965). DOI: https://doi.org/10.1007/978-3-319-96728-8_30.

POTKONJAK, V.; GARDNER, M.; CALLAGHAN, V.; MATTILA, P.; GUETL, C.; PETROVIC, V. M.; JOVANIVIC, K. Virtual laboratories for education in science, technology, and engineering: a review. **Computers & Education**, v. 95, p. 309-327, 2016. DOI: https://doi.org/10.1016/j.compedu.2016.02.002.

ROCHA, F.; GARCIA, G.; PEREIRA, R. F. S.; FARIA, H. D.; SILVA, T. H.; ANDRADE, R. H. R.; BARBOSA, E. S.; ALMEIDA, A.; CRUZ, E.; ANDRADE, W.; SERRANTOLA, W. G.; MOURA, L.; AZPÚRUA, H.; FRANCA, A.; PESSIN, G.; FREITAS, G. M.; COSTA, R. R.; LIZARRALDE, F. ROSI: A robotic system for harsh outdoor industrial inspection-system design and applications. **Journal of Intelligent & Robotic Systems**, v. 103, n. 2, p. 1-22, 2021. DOI: https://doi.org/10.1007/s10846-021-01459-2.

TEIXEIRA, J.; HOUNSELL, M. Desenvolvimento de um simulador robótica educacional 3D com modos de treinamento. **Revista Principia**, João Pessoa, n. 39, p. 79-86, 2018. DOI: http://dx.doi.org/10.18265/1517-03062015v1n39p79-86.

TSELEGKARIDIS, S.; SAPOUNIDIS, T. Simulators in educational robotics: A review. **Education Sciences**, v. 11, n. 1, p. 11, 2021. DOI: https://doi.org/10.3390/educsci11010011.

WELCH, R.; LIMONADI, D.; MANNING, R. Systems engineering the curiosity rover: a retrospective. *In*: 2013 INTERNATIONAL CONFERENCE ON SYSTEM OF SYSTEMS ENGINEERING, 8., 2013, Maui. **Proceedings** [...]. Maui: IEEE, 2013. p. 70-75. DOI: https://doi.org/10.1109/SYSoSE.2013.6575245.

WOOD, R. J. Robotic manipulation using an open-architecture industrial arm: a pedagogical overview. **IEEE Robotics & Automation Magazine**, v. 15, n. 3, p. 17-18, 2008. DOI: https://doi.org/10.1109/MRA.2008.928281.